全国大学生数学建模竞赛

B 题优秀论文评述

主 编 马 翠 周 彦

副主编 罗万春 宋丽娟 雷玉洁 姜翠翠 陈代强

U0213366

中国水利水电出版社
www.waterpub.com.cn
·北京·

内 容 提 要

本书精选了陆军军医大学（原第三军医大学）2009—2016 年获全国大学生数学建模竞赛奖项的 B 题优秀论文，从模型建立、求解方法、论文写作等多方面评优点、论不足、述改进，力求保持论文原味，让读者通过阅读全面领悟论文建模方法，快速提高数学建模能力。因此，特别推荐给参加各类数学建模竞赛的学生及相关问题领域的研究人员作为学习材料和建模参考书。

图书在版编目（CIP）数据

全国大学生数学建模竞赛B题优秀论文评述 / 马翠，周彦主编. -- 北京 : 中国水利水电出版社，2021.4（2024.1重印）
ISBN 978-7-5170-9464-7

Ⅰ. ①全… Ⅱ. ①马… ②周… Ⅲ. ①数学模型—竞赛—高等学校—教学参考资料 Ⅳ. ①O141.4

中国版本图书馆CIP数据核字(2021)第042938号

策划编辑：寇文杰　　责任编辑：王玉梅　　封面设计：梁　燕

书　　名	**全国大学生数学建模竞赛 B 题优秀论文评述** QUANGUO DAXUESHENG SHUXUE JIANMO JINGSAI B TI YOUXIU LUNWEN PINGSHU
作　　者	主　编　马　翠　周　彦 副主编　罗万春　宋丽娟　雷玉洁　姜翠翠　陈代强
出版发行	中国水利水电出版社 （北京市海淀区玉渊潭南路 1 号 D 座　100038） 网址：www.waterpub.com.cn E-mail：mchannel@263.net（万水） sales@waterpub.com.cn 电话：（010）68367658（营销中心）、82562819（万水）
经　　售	全国各地新华书店和相关出版物销售网点
排　　版	北京万水电子信息有限公司
印　　刷	三河市华晨印务有限公司
规　　格	170mm×240mm　16 开本　21.25 印张　389 千字
版　　次	2021 年 4 月第 1 版　2024 年 1 月第 2 次印刷
定　　价	95.00 元

前 言

数学源于生活，又服务于生活。但中小学以来学习的数学是纯数学，多数学习者既难体察数学之用，又难体会数学之趣，更难体味数学之美。数学之难，难于逻辑、难于推理；数学之苦，苦于无用、苦于枯燥。数学建模正是解决数学学习中无趣、无用、枯燥这一窘境的钥匙，是从“纯数学”转为“用数学”的桥梁。

数学教学，尤其是非数学专业的大学数学教学同样陷入了教师难教、学生厌学的困境。传统数学教学模式已不适应时代的发展，与计算机联系紧密的数学在“互联网+”时代竟然连软件编程都没有涉及。

值此之际，数学建模竞赛应运而生，1980 年，COMAP（The Consortium for Mathematics and Its Applications）成立，其初衷是提高各年龄段学生的数学教育水平，最初是和教师、学生及商业团队创设数学用于研究和建模实际问题的学习情境。COMAP 的教育理念聚焦数学建模：把数学工具用于探究实际问题。1985 年，COMAP 举办了首届数学建模竞赛，并先后组建了四项赛事：针对大学生和高中生的 MCM（The Mathematical Contest in Modeling）、MCM 衍生出的 ICM（The Interdisciplinary Contest in Modeling）、HiMCM（The High School Mathematical Contest in Modeling）和针对中学生的 IM2C（The International Mathematical Modeling Challenge）。

1992 年，中国工业与应用数学学会举办了我国首届大学生数学建模竞赛，1994 年 4 月国家教委高教司向各省（自治区、直辖市）教委发出教高司〔1994〕76 号文件《关于组织数学建模、机械设计、电子设计竞赛的通知》，要求数学建模竞赛由中国工业与应用数学学会具体组织。2003 年，教育部高教司颁发了《关于鼓励教师积极参与指导大学生科技活动的通知》，明确要求有关高等学校“承认教师在指导全国大学生电子设计竞赛和数学建模竞赛以及得到社会认可的其他科技竞赛活动中的工作量”，“建立有效的激励机制，鼓励更多的教师更加积极地参与指导大学生的科技活动和竞赛活动”。自此，数学建模竞赛得以蓬勃发展，全国大学生数学建模竞赛参赛队数大约以每年 20%左右的幅度增加。

陆军军医大学（原第三军医大学）于 2003 年首次参赛，最初参加专科组，2004 年开始逐渐参加本科组，2008 年完全参加本科组竞赛。至 2007 年，根据全国组委会的统计，原第三军医大学以 11 项全国一等奖并列全国 42 位（1994－2007 年的获奖总数）。陆军军医大学的数学建模竞赛大致划分为三个阶段：2003－2006 年，发展期；2007－2017 年，成熟期；2018 至今，调整期。我校数学教研室每年组织参与的竞赛包括本科三大赛事（全国大学生数学建模竞赛、美国大学生数学建模竞赛、军队院校军事建模竞赛）和研究生两大赛事（中国研究生数学建模竞赛、全军军事建模竞赛），已经形成了一套行之有效的数学建模教学模式。研究生数学建模竞赛三年三获全国一等奖，其中两篇全国优秀论文，本科生军事建模竞赛四年两夺“军事运筹杯”，美国大学生数学建模竞赛获得一项特等奖和多项一等奖。在全国大学生数学建模竞赛中，我国获得了全国一等奖 23 项、二等奖 48 项的成绩，这些成绩是在参赛队数较少的情况下获得的。2017 年由于军队院校编制与体制调整，我校数学建模竞赛遇到了前所未有的挑战，数学建模的教学和竞赛组织方式需要进一步调整以适应改革。

为了展示我校数学建模成果，为以后的数学建模教学和竞赛提供借鉴，本书将我校在全国大学生数学建模竞赛中获得全国奖的论文筛选出来，以原汁原味的论文和评述，整理成 A 题和 B 题两辑出版。本书可以作为研究生、本科生、专科学员参加数学建模竞赛的指导用书，也可以作为科研人员从事相关科研时数学建模方法的参考书。

本书的顺利出版，要感谢陆军军医大学基础医学院领导的支持。对于数学建模竞赛的健康成长，我们衷心感谢陆军军医大学的校首长、教务处黄继东处长，直接主管竞赛的柏杨参谋、梅林参谋、邬晓薇参谋以及生物医学工程系、图书馆。数学建模的开展离不开数学原教研室主任罗明奎教授、王开发教授的无私付出。最后感谢陆军军医大学数学建模的教师团队和所有参加数学建模竞赛的同学，没有你们的努力就没有我校的数学建模成果。

竞赛论文毕竟是三天的成果，时间仓促、水平有限、错漏难免，恳请各位专家批评指正。

罗万春
2021 年 1 月于重庆

B题入选论文

年份	等级	参赛学生	指导教师	论文题目
2009	全国二等奖	杨济宁、何骁、朱俊宇	雷玉洁	眼科病床的合理安排
2010	全国一等奖	段傲文、王健、白建越	马翠	上海世博会影响力的定量评估
2011	全国一等奖	唐棣、董小小、魏歆	罗万春	基于 0-1 规划的交巡警平台设置与调度模型
2011	全国二等奖	张雁磊、尚永宁、雷舟杰	周彦	交巡警服务平台的设置与调度
2012	全国二等奖	敖翔、刘志敏、庞剑飞	马翠	基于优先级的太阳能小屋外表面光伏电池铺设优化模型
2013	全国一等奖	戴晨曦、范莉萍、袁强	罗万春	基于 0-1 规划与 Floyd 算法的碎纸片拼接模型
2014	全国一等奖	邵辉、黄嘉诚、王家瑞	周彦	基于几何关系的折叠桌设计优化方案
2014	全国一等奖	朱世奔、刘馨竹、史书杰	罗万春	平板折叠桌的创意设计分析
2014	全国二等奖	戴晨曦、刘炳文、杜凯	马翠	基于自适应遗传算法的创意平板折叠桌的多目标优化模型
2015	全国二等奖	黄浩钊、周大鹏、滕培煜	陈代强	基于层次分析法的“互联网+”时代出租车资源配置及补贴方案的设计
2016	全国一等奖	陈剑、吴康、高承国	马翠	小区开放对周边道路交通影响综合评价模型

目　　录

2009年B题

眼科病床的合理安排

医院就医排队是大家都非常熟悉的现象，它以这样或那样的形式出现在我们面前，例如，患者到门诊就诊、到收费处划价、到药房取药、到注射室打针、等待住院等，往往需要排队等待接受某种服务。

我们考虑某医院眼科病床的合理安排的数学建模问题。

该医院眼科门诊每天开放，住院部共有病床79张。该医院眼科手术主要分四大类：白内障、视网膜疾病、青光眼和外伤。附录中给出了2008年7月13日至2008年9月11日这段时间里各类病人的情况。

白内障手术较简单，而且没有急症。目前该院是每周一、三做白内障手术，此类病人的术前准备时间只需1～2天。做两只眼的病人比做一只眼的病人要多一些，大约占到60%。如果要做双眼是周一先做一只，周三再做另一只。

外伤疾病通常属于急症，病床有空时立即安排住院，住院后第二天便会安排手术。

其他眼科疾病比较复杂，有各种不同情况，但大致住院以后2～3天内就可以接受手术，主要是术后的观察时间较长。这类疾病手术时间可根据需要安排，一般不安排在周一、周三。由于急症数量较少，建模时这些眼科疾病可不考虑急症。

该医院眼科手术条件比较充分，在考虑病床安排时可不考虑手术条件的限制，但考虑到手术医生的安排问题，通常情况下白内障手术与其他眼科手术（急症除外）不安排在同一天做。当前该住院部对全体非急症病人是按照FCFS（First Come，First Serve）规则安排住院的，但等待住院病人队列却越来越长，医院方面希望你们能通过数学建模来帮助解决该住院部的病床合理安排问题，以提高对医院资源的有效利用。

问题一：试分析确定合理的评价指标体系，用以评价该问题的病床安排模型的优劣。

问题二：试就该住院部当前的情况，建立合理的病床安排模型，以根据已知的第二天拟出院病人数来确定第二天应该安排哪些病人住院。同时对你们的模型利用问题一中的指标体系作出评价。

问题三：作为病人，自然希望尽早知道自己大约何时能住院。能否根据当时住院病人及等待住院病人的统计情况，在病人门诊时即告知其大致入住时间区间。

问题四：若该住院部周六、周日不安排手术，请你们重新回答问题二，医院的手术时间安排是否应作出相应调整？

问题五：有人从便于管理的角度提出建议，在一般情形下，医院病床安排可采取使各类病人占用病床的比例大致固定的方案，试就此方案，建立使得所有病人在系统内的平均逗留时间（含等待入院及住院时间）最短的病床比例分配模型。

注：因篇幅原因，文中提及并未列出的“附录”均为题目自带，有需要的读者可在全国大学生数学建模竞赛官方网站（http://www.mcm.edu.cn/index_cn.html）上下载。

2009年B题 全国二等奖

眼科病床的合理安排

参赛队员：杨济宁 何 骁 朱俊宇

指导教师：雷玉洁

摘 要

本文针对目前医院手术住院的病床安排问题，建立了评价体系，并改进了目前医院广泛使用的FCFS（First Come, First Serve）病床安排模型。我们模型的特点：整体规划，局部巡回，分类排队，统筹分配。

问题一：我们运用灰色综合评价的方法建立医院病床安排模型的评价体系，确定院外等待时间和手术等待时间为评价指标。同时认为病人住院等待手术的时间更加重要，通过查阅文献[1]，给院外等待时间和手术等待时间分别赋予0.382和0.618的权值。然后按照灰色综合评价的方法，利用MATLAB 7.0.1编程解出FCFS模型的灰色关联系数为0.4064。

问题二：FCFS模型机械化地按先后顺序安排病人入院，造成了病人手术等待时间较长。基于问题一的评价指标，我们制订出一系列病床安排规则，进行目标规划。在对模型进行求解的时候，我们采用了"病床巡回"的算法，按照本问建立的模型重新安排病人入院，得出新的病人出入院的数据，并通过问题一建立的评价体系，求出该方案的灰色关联系数为0.6974，优于FCFS模型。

问题三：按照问题二建立的病床安排模型，只需在门诊时确定病人疾病类型以后，即能知道该病人应该被安排在星期几入院。至于是第几周入院，则根据排在该病人前面同类型病人的人数来确定。

问题四：由于医院在双休日不安排手术，对各种病手术准备时间和康复时间进行分析后，认为白内障手术要尽量安排在靠近双休日的日期进行，即在周三、周五进行。根据问题二的方法，建立巡回方案2，求出该方案的灰色关联系数为0.6442，说明即使在双休日不安排手术，"病床巡回"模型还是优于医院原有的FCFS模型，同时医生也得到了适当的休息。

问题五：首先根据不同原则建立两种病床比例分配模型。模型一综合了各类病人人数及其院内平均逗留时间两项指标，采用归一化方法得出病床分配方案一。模型二考虑五类病床周转率的均衡性指标，得出病床分配方案二。由于分配方案一、方案二均存在一定缺陷，我们又建立了模型三，以系统内所有病人的平均逗留时间最短为目标，采用规划和排队论相结合的方法，通过LINGO 8.0软件编程求解得出最优的病床分配方案：白内障（单眼）病床15张，白内障（双眼）病床18张，青光眼病床13张，视网膜疾病病床23张，外伤病床10张。

关键词：灰色综合分析　病床巡回　目标规划　病床周转率的均衡性　排队论

一、问题重述

医院就医排队是大家都非常熟悉的现象，它以这样或那样的形式出现在我们面前，例如，患者到门诊就诊、到收费处划价、到药房取药、到注射室打针、等待住院等，往往需要排队等待接受某种服务。

我们考虑某医院眼科病床的合理安排的数学建模问题。

该医院眼科门诊每天开放，住院部共有病床79张。该医院眼科手术主要分四大类：白内障、视网膜疾病、青光眼和外伤。附录中给出了2008年7月13日至2008年9月11日这段时间里各类病人的情况。

白内障手术较简单，而且没有急症。目前该院是每周一、三做白内障手术，此类病人的术前准备时间只需1～2天。做两只眼的病人比做一只眼的病人要多一些，大约占到60%。如果要做双眼是周一先做一只，周三再做另一只。

外伤疾病通常属于急症，病床有空时立即安排住院，住院后第二天便会安排手术。

其他眼科疾病比较复杂，有各种不同情况，但大致住院以后2～3天内就可以接受手术，主要是术后的观察时间较长。这类疾病手术时间可根据需要安排，一般不安排在周一、周三。由于急症数量较少，建模时这些眼科疾病可不考虑急症。

该医院眼科手术条件比较充分，在考虑病床安排时可不考虑手术条件的限制，但考虑到手术医生的安排问题，通常情况下白内障手术与其他眼科手术（急症除外）不安排在同一天做。当前该住院部对全体非急症病人是按照FCFS（First come, First serve）规则安排住院的，但等待住院病人队列却越来越长，医院方面希望你们能通过数学建模来帮助解决该住院部的病床合理安排问题，以提高对医院资源的有效利用。

问题一：试分析确定合理的评价指标体系，用以评价该问题的病床安排模型的优劣。

问题二：试就该住院部当前的情况，建立合理的病床安排模型，以根据已知的第二天拟出院病人数来确定第二天应该安排哪些病人住院。同时对你们的模型利用问题一中的指标体系作出评价。

问题三：作为病人，自然希望尽早知道自己大约何时能住院。能否根据当时住院病人及等待住院病人的统计情况，在病人门诊时即告知其大致入住时间区间。

问题四：若该住院部周六、周日不安排手术，请你们重新回答问题二，医院的手术时间安排是否应作出相应调整？

问题五：有人从便于管理的角度提出建议，在一般情形下，医院病床安排可采取使各类病人占用病床的比例大致固定的方案，试就此方案，建立使得所有病人在系统内的平均逗留时间（含等待入院及住院时间）最短的病床比例分配模型。

二、模型假设

（1）假设各类手术必要准备时间分别为定值，不根据病人个体差异有所改变。

（2）考虑到费用问题，假设病人宁愿在院外等待，也不愿意住院等待。

（3）假设医院的主要利益来自手术费用，即医院宁愿多接纳手术台数，也不愿让病人在术前占着床位空等。

（4）在安排巡回方式时，同类型病人的院外等待时间、手术等待时间、康复时间均采用平均值，但采用补进的方式取整。例如：白内障（单眼）病人的平均康复时间为 2.90 天，我们则取 3 天。

（5）假设医院手术条件充分，足以应付当天所需的手术台数。

三、符号说明

（1）r_i：第 i 个评价方案的关联系数。

（2）X_{ij}：第 i 类病中编号为 j 的病人院外等待时间（$i=1,2,3,4,5$ 时分别表示白内障（单眼）、白内障（双眼）、青光眼、视网膜疾病、外伤病人；院外等待时间=入院时间-门诊时间）。

（3）Y_{ijk}：第 i 类病中编号为 j 的病人在星期 k 入院时的手术等待时间（$i=1,2,3,4,5$ 表示同上；手术等待时间=施行手术时间-入院时间；$k=1,2,\cdots,7$ 分别表示星期一，星期二，…，星期日）。

（4）Z_{ij}：第 i 类病中编号为 j 的病人的康复时间（$i=1,2,3,4,5$ 表示同上；康复时间=出院时间-施行手术时间）。

（5）U_{ij}：第 i 类病中编号为 j 的病人的院内逗留时间（$i=1,2,3,4,5$ 表示同上；院内逗留时间=手术等待时间+康复时间）。

（6）y_i：第 i 类病人手术准备时间（$i=1$ 时表示单眼白内障，即 $y_1=1$；$i=2$ 时表示其他非急诊病人，即 $y_2=2$；具体见问题一的分析）。

（7）P_{ik}：第 i 类病人在星期 k 的门诊人数。

（8）Q_{ik}：第 i 类病人在星期 k 的总共等待人数。

（9）R_i：第 i 类病人的总就诊人数。

（10）T_i：第 i 类病人的总逗留时间。

（11）T_i'：第 i 类病人的床位分配比例系数。

（12）$\bar{V}_i$：第 i 类病人在系统内的平均逗留时间。

（13）L_i：排队系统中第 i 类病人等待入院的队长。

四、模型的建立与求解

1.1 问题一

1.1.1 问题分析

对于医院病床的安排模型的优劣，客观地可以从以下三个方面给出指标：

（1）院外等待时间（越短越优）。

（2）手术准备时间（越短越优）。

（3）床位利用率（越高越优）。

每种病人的康复时间是随机的，且认为不能人为地改变。但同类病人的康复时间差别不大，故可取其平均值代表每种病人的康复时间，具体见表1。

表1 各类病人的基本数据

病人	人数/人	手术必要准备时间/天	平均康复时间/天	平均院外等待时间/天	手术准备时间/天
外伤	55	1	6.04	1.00	1.00
单眼白内障	72	1	2.90	12.67	2.38
双眼白内障	82	2	2.96	12.51	3.63

续表

病人	人数/人	手术必要准备时间/天	平均康复时间/天	平均院外等待时间/天	手术准备时间/天
青光眼	39	2	8.08	12.26	2.34
视网膜疾病	101	2	10.12	12.54	2.37

说明：

（1）从题目所给数据可以看出，白内障患者如果是周日和周二入院，第二天就能进行手术，因此可以说每次手术需要的准备时间仅为 1 天。对于双眼患者，须进行两次手术，每次必要准备时间为 1 天，于是我们认为双眼患者的手术必要准备时间为 2 天。

（2）青光眼和视网膜疾病的病人，只有在周六和周一入院，即第三天和白内障手术发生冲突的时候，手术准备时间为 3 天，其余全为 2 天，因此我们认为这两种病人手术需要的准备时间为 2 天。

（3）对于外伤病人，门诊过后只要医院有能力接收则立即安排住院手术，故此类病人不存在院外等待时间和手术准备时间的优化，可不参与本题的评价；由于康复时间的不可改变性，本问的评价模型也不予以考虑。

根据题目所给数据可知，该医院院外等待的病人越来越多，即病床始终处于完全被利用的状态，因此我们最初确立的第三项评级指标——床位利用率，可以略去。

1.1.2 模型的建立与求解

灰色综合分析方法是对受多种因素影响的事物和现象从整体观念出发进行综合评价的方法。该方法不仅可以充分利用原始数据所提供的信息，而且计算比较简便，是一种被广泛使用的综合评价方法。

基于本题的特点，我们采用灰色综合分析法给出该问题的病床安排模型的评价指标体系。具体步骤如下所述。

1. 评价指标体系和最优指标集的确定

（1）由问题分析，确立评价指标为院外等待时间和手术准备时间。

（2）最优集是指一种绝对理想的方案，即两项指标同时达到最优值。在评价体系中最优集的灰色关联系数为 1，其余方案的灰色关联系数均小于 1，且越接近 1 的方案越优越。

由题目所给数据，求出该指标最优值为 6.60 天（这里的最优值为理想状态下病人院外等待时间与院内最少逗留时间相等）。

按照病人人数比例，运用归一法，给每种病人赋予权重W_i，见表2。

利用平均手术准备时间的公式$\bar{y}=\sum_{i=1}^{4}(W_i y_i)$计算出手术准备时间的最优指标$\bar{y}=1.49$。

表2　各类病人的权重

病人	人数/人	权重 W_i	手术准备时间/天
单眼白内障	72	0.245	1
双眼白内障	82	0.279	2
青光眼	39	0.133	2
视网膜疾病	101	0.343	2

综上，有以下结果，见表3。

表3　FCFS方案的评价指标与最优集

评价项目	院外等待时间/天	手术等待时间/天
最优指标	6.60	1.49
FCFS方案	12.53	2.70

2. 对评价指标体系和最优指标集做无量纲化处理

我们采用初值法，即数列中的每个数据均除以最优指标集合中本指标相应的数值，得到无量纲处理后的评价指标，见表4。

表4　无量纲处理后的评价指标

评价项目	院外等待时间/天	手术准备时间/天
最优指标	1.00	1.00
FCFS方案	1.90	1.81

3. 求差数列$\varDelta_{ij}$

$$\varDelta_{ij}=\left|a'_{ij}-a'_j\right|$$

- $\varDelta_{ij}$：第i个评价对象第j个指标数据与最优指标集中第j个指标数据的绝对差。
- a'_j：第j项最优指标初值化后的值（$j=1$表示院外等待时间，$j=2$表示手术准备时间）。

- a'_{ij}：第 i 个评价方案第 j 项指标初值化后的值（$j=1,2$，其表示意义同 a'_j）。

即得到 Δ_{ij}，见表 5。

表 5 Δ_{ij}

评价项目	院外等待时间/天	手术准备时间/天
Δ_{1j}	0	0
Δ_{2j}	0.61	0.81

4. 计算关联系数 r_{ij}

根据 $r_{ij}=\dfrac{\min\limits_i\min\limits_j|\Delta_{ij}|+\rho\max\limits_i\max\limits_j|\Delta_{ij}|}{|\Delta_{ij}|+\rho\max\limits_i\max\limits_j|\Delta_{ij}|}$，式中 ρ（$\rho\in(0,1)$）为分辨系数，ρ 越小，关联系数间差异越大，区分能力越强。通常取 $\rho=0.5$。

5. 计算第 i 个评价对象的灰色关联系数

这里我们利用著名的黄金分割率[1]，按照医院效率兼顾经济利益的原则，由于在院内等待更耗费患者的医疗费用，我们在缩短排队时间的时候应该更加注重缩短手术等待时间。因此，将手术等待时间和院外等待时间分别赋权重 0.618 和 0.382 后参与计算。

根据 $r_i=\sum\limits_{j=1}^{2}w_jr_{ij}$，其中 $w_1=0.382$，$w_2=0.618$，对于题中医院所用的 FCFS 进行评价，见表 6。

表 6 FCFS 的灰色关联系数与排名

方案	灰色关联系数	排序
最优指标方案	1.0000	1
FCFS 方案	0.4064	2

对于后面问题中的病床安排模型，同样可以按照如上的灰色关联系数对其进行排名，从而比较出优劣情况。

说明：对于以上评价体系，我们已用 MATLAB 7.0.1 编写出程序，在以后几个问题的评价中，只需输入该方案的院外等待时间和手术等待时间的平均值即可求出灰色关联系数，从而得出该方案的优劣情况。

1.2 问题二

1.2.1 问题分析

本问需要讨论安排病人入院的情况，由于每种病人在康复时间、施行手术时间，以及手术准备时间方面均有差异，因此我们直接将不同类型病人分到不同的类别。

由于施行手术时间的限制，因此不同类型病人的入院时间不同，在医院等待施行手术的时间也不一样。归纳整理题目所给数据可得到表 7、表 8。

表 7 不同类病人不同日期入院等待时间 单位：天

入院时间	疾病类型				
	白内障（单眼）	白内障（双眼）	青光眼	视网膜疾病	外伤
星期一	2	2	3	3	1
星期二	1	1	2	2	1
星期三	5	5	2	2	1
星期四	4	4	2	2	1
星期五	3	3	2	2	1
星期六	2	2	3	3	1
星期日	1	1	2	2	1

表 8 各种疾病的相关数据

比较项目	疾病类型				
	白内障（单眼）	白内障（双眼）	青光眼	视网膜疾病	外伤
手术准备时间/天	1	3	2	2	1
平均康复时间/天	3	3	8	10	5
可施行手术时间	星期一、星期三	星期一、星期三	星期二、星期四、星期五、星期六、星期日	星期二、星期四、星期五、星期六、星期日	星期一至星期日
i 的取值	1	2	3	4	5

当前该住院部对全体非急症病人按照 FCFS（First Come, First Serve）规则安排住院，即医院一旦有空床，非急诊病人就按照排队的先后顺序入院，但是由于有施行手术时间的限制，就造成了一些在不恰当时间入院的病人在院内等待手术

的时间过长。

例如：第 50 号病人为 2008 年 7 月 18 日门诊的白内障患者，按照 FCFS 规则，他在 2008 年 7 月 30 日（周三）入院。因为白内障手术准备时间至少为 1 天，并且目前该院是每周一、三做白内障手术，所以他只有等到 2008 年 8 月 4 日（下周周一）才进行手术，入院后的手术等待时间就长达 5 天，而该病人在医院逗留时间一共才 7 天。

再如：第 27 号病人为 2008 年 7 月 16 日门诊的青光眼病人，按照 FCFS 规则，他在 2008 年 7 月 28 日（周一）入院，等待 2 天后，本应在 2008 年 7 月 30 日（周三）进行手术，但是因为这一天只做白内障手术，所以第 27 号病人就要多等待 1 天，到 2008 年 7 月 31 日（周四）才进行手术，就使手术等待时间达到了 3 天。同理，青光眼和视网膜疾病的病人若在周六入院也会出现上述情况。

可见 FCFS 规则对于这种情况的处理就显得非常不合理。它不仅造成了病人入院后的手术等待时间过长，医疗费用大幅增加，而且造成了医院床位轮换率偏低，门诊后等待入院的队伍越来越长的结果。

1.2.2 制定规则

FCFS 模型的最大缺点就是机械化地按先后顺序安排病人入院，从而造成安排在不恰当时间进来的病人，在医院等待手术时间过长，同时使得其他病人不能入院，在院外等待时间变长。

基于以上缺陷，我们需要制定如下规则，合理安排病人的入院时间。

【规则一】对于白内障病人，首先安排白内障（双眼）病人全部在周日入院，若此时病床还有剩余则安排白内障（单眼）病人入院；白内障（单眼）病人则在不与白内障（双眼）病人入院时间发生冲突的前提下，安排在周日或周二入院。

【规则二】对于青光眼和视网膜疾病的病人，不安排在周一、周六入院。

【规则三】对于随机性较大且数量较少的外伤病人予以单独考虑，即每天空出一定病床接待外伤病人。

【规则四】一类病人出院后空出的床位留给同类排队的病人使用。如果该类病的床位空出时间与以上三条规则规定的入院时间冲突，则让床位空置，待该类病人可以入院的时候入院。

规则说明：

（1）由于医院在周一、周三只进行白内障手术（急症除外），在保证白内障患者的手术等待时间最短（即手术等待时间=手术必要准备时间）的情况下，须安排他们在周日、周二入院。又由于白内障（双眼）病人需要进行两次手术，为保证其手术等待时间最短，必须安排他在周日入院，即可在下周周一、周三进行两次手术。

（2）青光眼和视网膜疾病的病人手术必要准备时间为2天，又不能在周一、周三进行手术，所以不让他们在周一、周三的前两天入院，即不安排在周六、周一入院。

（3）对于随机性较大且数量较少的外伤病人，他们不能在院外等待，因此，对他们予以单独考虑。根据题中数据可知，外伤病人约占病人总人数的七分之一，简化起见则医院留出10张空床仅接待外伤病人。

（4）由于医院每种类型等待入院的病人数量可观，不会出现缺少病人的情况，为了简化模型，我们制定了【规则四】。这样站在患者的角度，可节省空等的住院费用。同时，尽管总的逗留时间没有改变，但减少了占较大权重的“手术等待时间”，可提高模型的评价指数。

1.2.3 建立模型

1.2.3.1 约束条件的分析

1. 手术等待时间的限制

根据2.1中的问题分析，由于第 i 类病中编号为 j 的病人只能选择在一周中的某天入院，因此该病人在星期 k 入院与否为互斥事件。于是，可引入0-1变量：

- $C_{ijk}=0$，表示第 i 类病中编号为 j 的病人在星期 k 不入院。
- $C_{ijk}=1$，表示第 i 类病中编号为 j 的病人在星期 k 入院。

则对于第 i 类病中编号为 j 的病人，在一周之中有且仅有一天入院，即

$$\sum_{k=1}^{7} C_{ijk}=1$$

根据分析，我们知道第1、2类病人，第3、4类病人，分别具有相同的入院约束。

对于第1、2类病人中的第 j 号，一周之中任意一天入院的人数不会超过2人，即

$$\sum_{i=1,2} C_{ijk} \leqslant 2$$

对于第3、4类病人中的第 j 号，一周之中任意一天入院的人数不会超过2人，即

$$\sum_{i=3,4} C_{ijk} \leqslant 2$$

对于第5类病人中的第 j 号，一周之中任意一天入院的人数不会超过1人，即

$$\sum_{i=5} C_{ijk} \leqslant 1$$

根据表 8 数据可得满足约束条件的解，写成如下矩阵形式：

$$\begin{pmatrix}0&0&1&0&0\\1&0&0&0&0\\0&0&0&1&0\\0&0&0&0&0\\0&0&0&0&1\\0&0&0&0&0\\0&1&0&0&0\end{pmatrix} \text{或} \begin{pmatrix}0&0&1&0&0\\0&0&0&0&0\\0&0&0&1&0\\0&0&0&0&0\\0&0&0&0&1\\0&0&0&0&0\\1&1&0&0&0\end{pmatrix} \text{或} \begin{pmatrix}0&0&0&0&0\\1&0&0&0&0\\0&0&1&1&0\\0&0&0&0&0\\0&0&0&0&1\\0&0&0&0&0\\0&1&0&0&0\end{pmatrix}$$

解一　　　　解二　　　　解三

矩阵每一列表示不同类型的病人，矩阵每一行表示病人一周入院的时间。

矩阵特点：

- 每列元素的和为 1。
- 对于第 1、2 类的病人，其各行元素之和小于等于 2（由解二可知）；对于第 3、4 类的病人，其各行元素之和不大于 2（由解三可知）；对于第 5 类的病人，其各行元素之和不大于 1。

2. 每天入院人数不超过出院人数

要在病人出院空床的条件下才能安排病人入院，所以医院每天入院人数不超过每天出院人数。

于是，次约束条件可写为

$$\sum_{i=1}^{5}(M_{ik}C_{ik}) \leqslant \sum_{i=1}^{5}(N_{ik}f_{ik})$$

式中：M_{ik} 为第 i 类病人在星期 k 的入院人数；N_{ik} 为第 i 类病人在星期 k 的出院人数。

3. 手术准备时间与手术次数的限制

病人入院后等待手术的时间须大于手术必要准备时间，即 $Y_i \geqslant y_i$。

同样综合考虑医院手术条件的限制，医院在星期 k 的手术次数 S_k 不大于医院一天允许的最大手术次数 $S_{\max}$，即 $S_k \leqslant S_{\max}$。

1.2.3.2 目标函数的分析

根据问题一所建立的评价体系，我们不难得出目标函数包括院外等待时间、院内逗留时间和等待人数。

1. 院外等待时间

病人到医院就诊过后，门诊病人就处于排队等待入院的状态，假设第 i 类病中编号为 j 的病人院外等待时间为 X_{ij}，院外等待时间=入院时间-门诊时间。对于

第 i 类病的全部病人 Q_i，得出第 i 类病人的院外平均等待时间：

$$\overline{X}_i = \frac{1}{Q_i}\sum_{j=1}^{Q_i} X_{ij}$$

2. 院内逗留时间

病人入院后有一定的时间等待手术，假设第 i 类病中编号为 j 的病人，其在星期 k 入院时的手术等待时间为 Y_{ijk}，手术等待时间=施行手术日期−入院日期。对于第 i 类病的全部病人 Q_i，得出第 i 类病人平均手术等待时间：

$$\overline{Y}_i = \frac{1}{Q_i}\sum_{j=1}^{Q_i}(\sum_{k=1}^{7}(Y_{ijk}C_{ijk}))$$

第 i 类病人的院内平均逗留时间：

$$\overline{U}_{ij} = \overline{Y}_i + \overline{Z}_{ij}$$

说明：

（1）Z_{ij} 表示第 i 类病中编号为 j 的病人的康复时间（康复时间=出院日期−施行手术日期，对于各类型病人分别为一定值）。

（2）U_{ij} 表示第 i 类病中编号为 j 的病人的院内逗留时间。

（3）院内逗留时间=手术等待时间+康复时间。

3. 等待人数

由于医院的床位有限，FCFS 规则不合理，门诊病人早已处于排队等待入院的状态。第 i 类病人总共等待人数的变化，就由每天增加的门诊人数 P_{ik} 和每天减少的入院人数 M_{ik} 决定，则星期 k 的总等待人数：

$$Q_{ik} = Q_{i(k-1)} + P_{ik} - M_{ik}$$

说明：

（1）P_{ik} 表示第 i 类病人在星期 k 的门诊人数。

（2）M_{ik} 表示第 i 类病人在星期 k 的入院人数。

（3）Q_{ik} 表示第 i 类病人在星期 k 的总共等待人数。

1.2.3.3 模型的建立

对住院床位进行安排规划，以手术等待时间 Y_{ijk} 为决策变量，以减少病人的等待时间和排队人数为目标，建立混合动态规划模型[2]：

$$\min\ \overline{X}_i = \frac{1}{Q_i}\sum_{j=1}^{Q_i} X_{ij}$$

$$\min\ \overline{U}_{ij} = \frac{1}{Q_i}\sum_{j=1}^{Q_i}\left(\sum_{k=1}^{7}(Y_{ijk}C_{ijk})\right) + \overline{Z}_{ij}$$

$$\min\ Q_{ik}=Q_{i(k-1)}+P_{ik}-M_{ik}$$

$$s.t.\begin{cases}\sum_{k=1}^{7}C_{ijk}=1 & (1)\\ \sum_{i=1,2}C_{ijk}\leqslant 2 & (2)\\ \sum_{i=3,4}C_{ijk}\leqslant 2 & (3)\\ \sum_{i=5}C_{ijk}\leqslant 1 & (4)\\ \sum_{i=1}^{5}(M_{ik}C_{ik})\leqslant\sum_{i=1}^{5}(N_{ik}f_{ik}) & (5)\\ Y_i\geqslant Y_{\min} & (6)\\ S_k\leqslant S_{\max} & (7)\end{cases}$$

【模型解释】

目标：院外等待时间、院内逗留时间和等待总人数最小。

约束：（1）～（7）

（1）第 i 类病中编号为 j 的病人，在一周之中有且仅有一天入院。

（2）第 1、2 类病人中的第 j 号，一周之中任意一天入院的人数不会超过 2 人。

（3）第 3、4 类病人中的第 j 号，一周之中任意一天入院的人数不会超过 2 人。

（4）第 5 类病人中的第 j 号，一周之中任意一天入院的人数不会超过 1 人。

（5）在星期 k 入院人数小于等于该天出院人数。

（6）第 i 类病人手术等待时间 y_i 大于该类病人所需的手术准备时间 y_i。

（7）在星期 k 的手术次数 S_k 小于等于医院一天允许的最大手术次数 $S_{\max}$。

1.2.4 模型的求解

对于以上约束条件和目标函数，我们采用“巡回法”来安排床位，即根据当天出院病人的类型和数量，以及 k 的值，对全体排队病人和床位安排巡回方式。

基于以上分析，我们知道当 k 取不同值的时候，安排不同类型的病人入院。具体分配见表 9。

表 9 入院分配表

疾病类型	1	2	3	4	5	6	7
白内障（单眼）		In①				Out①	In②
				Out②			

续表

疾病类型	1	2	3	4	5	6	7
白内障（双眼）							In①
						Out①	
青光眼		In①	In②	In③	In④		In⑤
					Out①	Out②	Out③
	Out④		Out⑤				
视网膜疾病		In①	In②	In③	In④		In⑤
							Out①
	Out②	Out③	Out④		Out⑤		

注 1. 每一行表示一周。

2. In①和 Out①表示在 In①入院的病人将在 Out①那天出院，其余同理。

由此表，我们统筹[3]出以下几种巡回方式，具体如图 1 至图 5 所示。

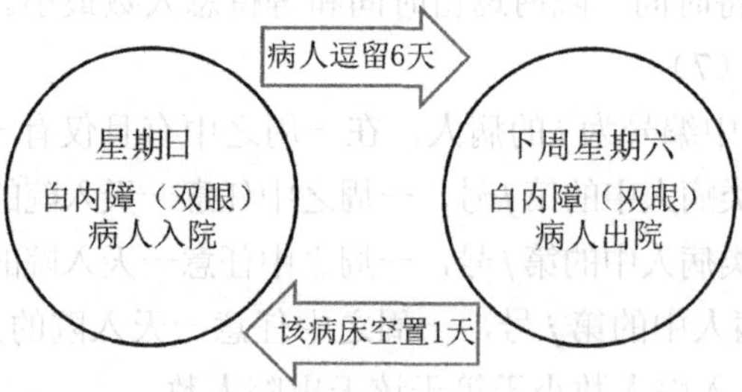

图 1 巡回一

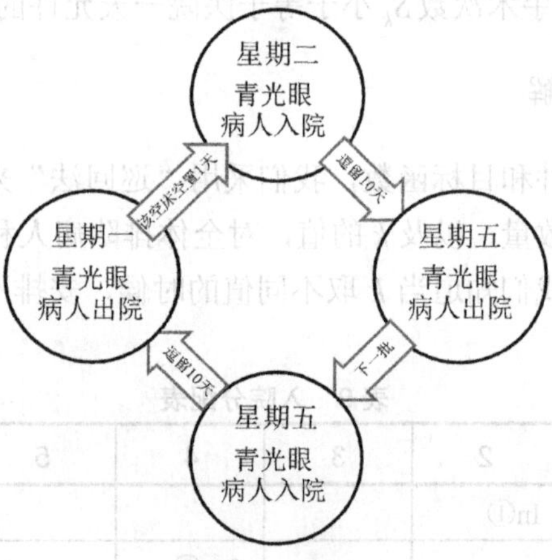

图 2 巡回二

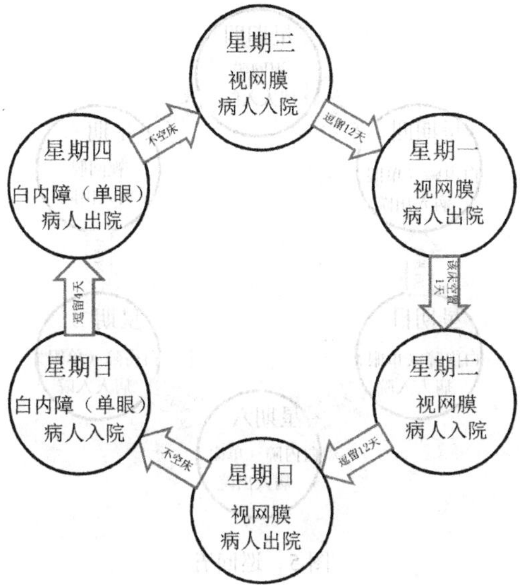
星期三
视网膜
病人入院
逗留12天
星期一
视网膜
病人出院
该床空置1天
星期二
视网膜
病人入院
逗留12天
星期日
视网膜
病人出院
不空床
星期日
白内障（单眼）
病人入院
逗留4天
星期四
白内障（单眼）
病人出院
不空床

图3 巡回三

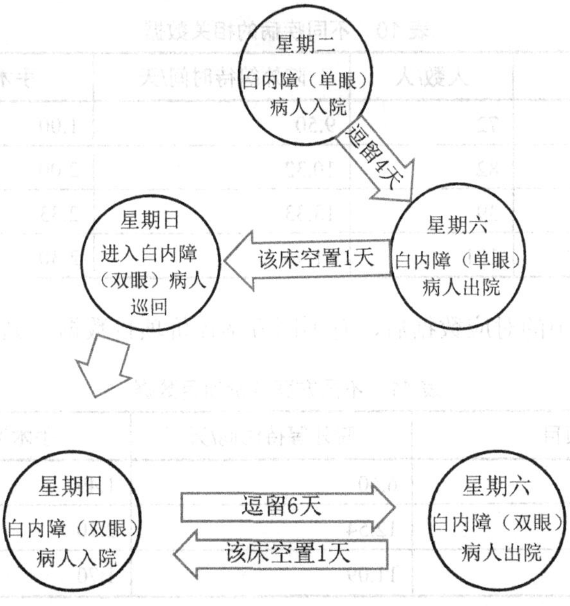
星期二
白内障（单眼）
病人入院
逗留4天
星期六
白内障（单眼）
病人出院
该床空置1天
星期日
进入白内障
（双眼）病人
巡回
星期日
白内障（双眼）
病人入院
逗留6天
该床空置1天
星期六
白内障（双眼）
病人出院

图4 巡回四

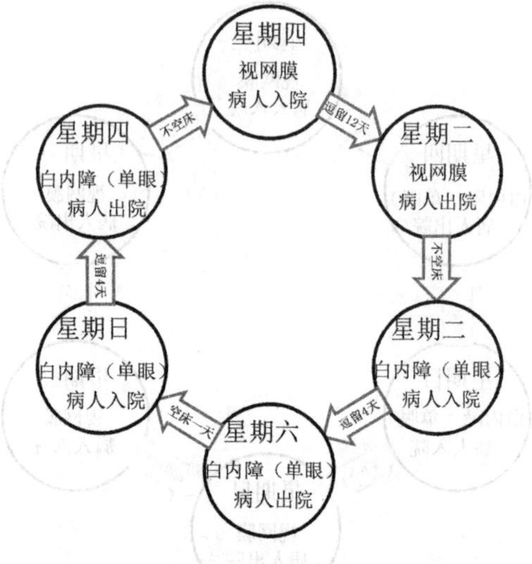

图 5　巡回五

按照以上巡回方案重新安排病床分配，得到从 2008 年 7 月 13 日到 2008 年 8 月 4 日的新方案的病人信息。

将所得信息，通过 Excel 计算相关平均值可得不同疾病的相关数据，见表 10。

表 10　不同疾病的相关数据

疾病类型	人数/人	院外等待时间/天	手术等待时间/天
白内障（单眼）	72	9.50	1.00
白内障（双眼）	82	10.32	2.00
青光眼	39	13.33	2.33
视网膜疾病	101	11.94	2.30

加入问题一中的对应数据后，有不同方案评价项目数据，见表 11。

表 11　不同方案评价项目数据

评价项目	院外等待时间/天	手术准备时间/天
最优指标	6.60	1.49
FCFS 方案	12.54	2.70
“巡回”方案	11.09	1.70

利用问题一中的指标体系进行评价得到各自的灰色关联系数，具体见表 12。

表 12　不同方案的灰色关联系数

方案	灰色关联系数	排序
最优指标方案	1.0000	1
“巡回”方案	0.6974	2
FCFS 方案	0.4074	3

本问我们建立的巡回方案通过严格地限制在院内等待的时间，即手术等待时间，同时也相应缩短了院外等待时间，大大提高了其评价指标，从而使医院病床安排模型得到了优化。

1.3　问题三

1.3.1　问题分析

首先通过门诊我们可以得知这个病人所患的疾病类型，由问题二中的巡回方案可以得知，如果该病人是白内障（双眼），则应星期日入院，接着计算其相应的等待时间，最后通过查阅日历便可得出其大致入住时间，依此类推便可得知结果。通过问题二中所得的相关数据我们可以得到这样一个计算公式：

$$\text{等待时间}=\left[\frac{\text{等待住院病人人数}}{\text{当时住院病人人数}}\right]\times \text{院内逗留时间}+\text{门诊日期与最近可以入院日期之差}$$

（说明：$[x]$为不大于 x 的最大整数，其中 x 为任意实数）

1.3.2　模型的求解

根据表 13 中不同疾病的相关数据和公式（$\text{等待时间}=\left[\frac{\text{等待住院病人人数}}{\text{当时住院病人人数}}\right]\times$院内逗留时间+门诊日期与最近可以入院日期之差），病人在门诊的时候即可知道安排入院的时间。在不发生特殊情况的前提下，是基本准确的。

表 13　不同疾病的相关数据

疾病类型	白内障（单）	白内障（双）	青光眼	视网膜疾病	外伤
院内平均逗留时间/天	4	6	10	12	7
应该入院时星期 k	2、7	7	2、5	3、4	1、2、…、7

1.4 问题四

1.4.1 问题分析

本问思路与问题二思路基本相同，合理安排病人入院时间是关键。由于医院在周六、周日不进行手术，但可以接纳病人入院。此时，我们又增加了一个新的条件，即要合理利用不做手术的这两天，尽量使它成为患者的康复时间。而原题目安排的白内障手术在周一和周三，就显得不太合理。因为这样一来，占人数比例较大的白内障患者不能利用无手术的周六和周日康复，同时由于星期一只安排白内障手术的原因，青光眼患者和视网膜患者不能充分利用周末入院。相应地，我们应该尽量安排白内障手术靠近周末实施。

1.4.2 模型的建立与求解

基于这个初步分析，我们采用问题二的基本方法：k 取值不同的时候，安排不同类型的病人入院。通过穷举法列出了改变白内障手术安排时间对应所有可能的巡回，按照问题二的方法选出其中的最优巡回，即将白内障手术安排在周三和周五，得到下列巡回方案，具体见表 14。

表 14 入院分配表

疾病类型	1	2	3	4	5	6	7
白内障（单眼）		In①		In②		Out①	
	Out②						
白内障（双眼）		In①					
	Out①						
青光眼		In①				In②	In③
					Out①		
		Out②	Out③				
视网膜疾病		In①				In②	In③
							Out①
				Out②	Out③		

从而建立巡回方案 2，如图 6 至图 8 所示。

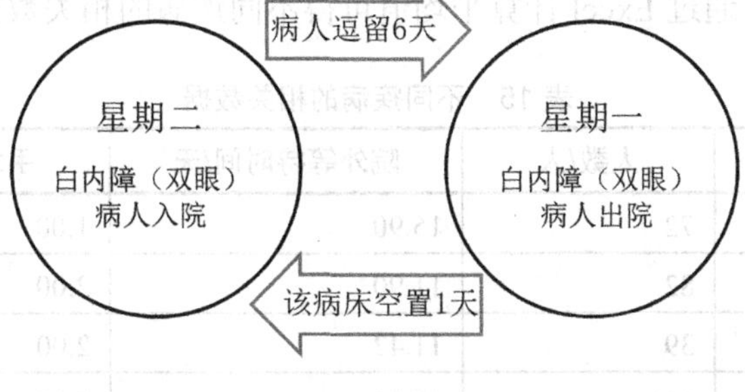

图 6　巡回一

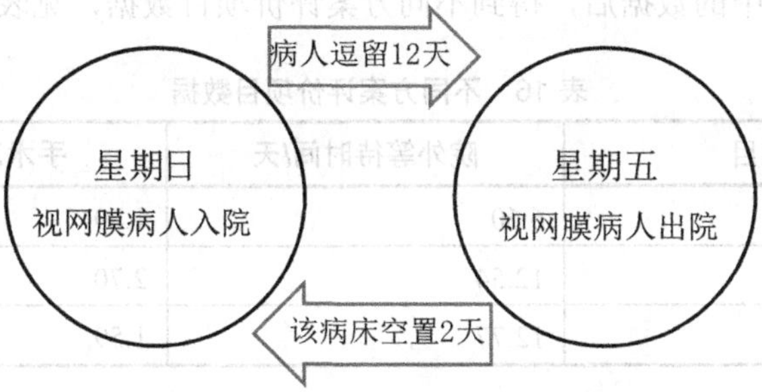

图 7　巡回二

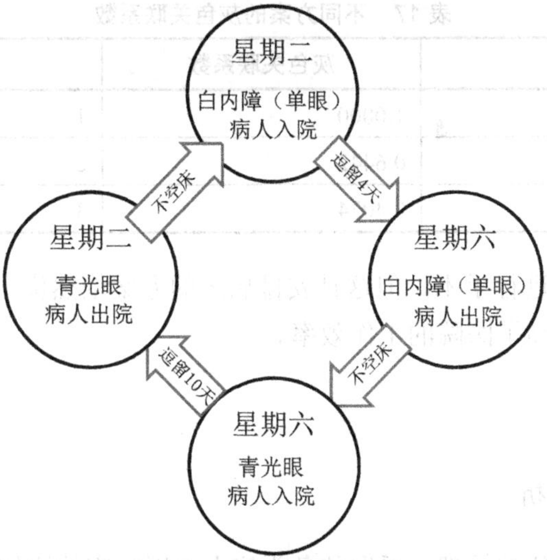

图 8　巡回三

按照以上巡回方案 2 重新安排病床分配，得到从 2008 年 7 月 13 日到 2008 年 8 月 3 日的新方案的病人信息。

将所得信息，通过 Excel 计算平均值可得不同疾病的相关数据，具体见表 15。

表 15 不同疾病的相关数据

疾病类型	人数/人	院外等待时间/天	手术等待时间/天
白内障（单眼）	72	15.90	1.00
白内障（双眼）	82	11.90	2.00
青光眼	39	11.42	2.00
视网膜疾病	101	12.84	2.00

加入问题一中的数据后，得到不同方案评价项目数据，见表 16。

表 16 不同方案评价项目数据

评价项目	院外等待时间/天	手术准备时间/天
最优指标方案	6.60	1.49
FCFS 方案	12.54	2.70
“巡回”方案 2	12.77	1.59

利用问题一中的指标体系进行评价得到其灰色关联系数，见表 17。

表 17 不同方案的灰色关联系数

方案	灰色关联系数	排序
最优指标方案	1.0000	1
“巡回”方案 2	0.6442	2
FCFS 方案	0.4074	3

虽然有两天不进行手术，但这种安排病床的方案依然优于 FCFS，说明这种巡回的方案确实提高了医院的工作效率。

1.5 问题五

1.5.1 问题分析

医院为了便于住院管理，采取使各类病人占用病床的比例大致固定的方案来安排病床，五类病的病床比例分配由以下几种因素共同决定。

（1）第 i 类病人的总就诊人数 R_i。

（2）第 i 类病人的院内平均逗留时间 $\bar{U}_i$。

（3）五类病床周转率的均衡性。

（4）五类病人的院内平均逗留时间的均衡性等。

按照常理，第 i 类病的总就诊人数越多，院内平均逗留时间越长，则相应的第 i 类病床分配的床位数就应越多，这样所有病人在系统内的平均逗留时间（含等待入院及住院时间）就能接近最短。

在不考虑（3）（4）因素的情况下，仅研究就诊人数和平均院内逗留时间，我们建立模型一，初步估计了病床数目的分配。然后再代入数据拟运营医院的病床轮换，如果造成（3）（4）中的两种均衡性严重失调，则对模型进行动态规划，从而建立改进的模型二。

1.5.2 模型的建立与求解

1.5.2.1 模型一

分析题目所给的数据，统计 2008 年 7 月 13 日到 2008 年 9 月 11 日之间出院的 349 例病人的类型情况，得到五类病的人数和院内平均逗留时间的关系，见表 18。

表 18 不同类型疾病人数和院内平均逗留时间

疾病类型	白内障（单眼）	白内障（双眼）	青光眼	视网膜疾病	外伤
人数/人	72	82	39	101	55
院内平均逗留时间/天	4	6	10	12	7

假设第 i 类病人的总就诊人数为 R_i，第 i 类病人的院内平均逗留时间为 $\bar{U}_i$，则所有第 i 类病人的总逗留时间为

$$T_i = R_i\bar{U}_i$$

由问题分析知，仅考虑就诊人数和院内逗留时间，则第 i 类病的总逗留时间 T_i 在各类病总逗留时间之和所占的比例，就为床位应分配的比例。

采用归一化方法求得第 i 类病的床位分配的比例系数为

$$T_i' = \frac{T_i}{\sum_{i=1}^{5} T_i}$$

B 表示医院的总床位数，从而得到第 i 类病人分配的床位数为

$$B_i = T_i' B$$

代入数据，初步得到几种病人床位的分配情况，见表 19。

表19 模型一的病床分配

疾病类型	白内障（单眼）	白内障（双眼）	青光眼	视网膜疾病	外伤
床位分配比例系数 T_i'	0.104	0.177	0.141	0.439	0.139
分配床位数 B_i	8	14	11	35	11

1.5.2.2 模型二

上述模型一只考虑了不同类型病的就诊人数和病人平均院内逗留时间两类影响因素，得出分配床位数，造成了五类病床周转率的均衡性不足。模型二中我们考虑以五类病床周转率的均衡性作为首要条件，得出不同类型病分配的床位数。

病床周转率是评价医院工作质量的指标之一，指平均每张病床在一定时期内周转的次数（习惯上称之为率）。病床周转率说明在一定时期内，平均每一张病床收治了多少病人，从而能有效地了解病床的利用情况和病人治疗情况。

假设第 i 类病人分配的床位数为 B_i，第 i 类病人的总就诊人数为 R_i，则第一类病人的病床周转率为 $\frac{R_1}{B_1}$。

为了达到各类病床周转率的均衡，则不妨假设 $\frac{R_1}{B_1}=\frac{R_2}{B_2}=\frac{R_3}{B_3}=\frac{R_4}{B_4}=\frac{R_5}{B_5}$。

医院总病床数满足 $\sum_{i=1}^{5} B_i = 79$。

通过求解得到五类病床分配的床位数，具体见表20。

表20 模型二的病床分配

疾病类型	白内障（单眼）	白内障（双眼）	青光眼	视网膜疾病	外伤
分配床位数 B_i	16	19	9	23	12

通过和模型一分配床位数比较，两者之间存在一定差异。为了比较两种模型的优劣以及求解出最优的分配方案，我们用目标规划方法计算所有病人在系统内的最短平均逗留时间，得出最优的分配方案——模型三。

1.5.2.3 模型三

1. 建立模型

对病床比例分配进行规划，以第 i 类病人分配的床位数 B_i 为决策变量，以病人在系统内的平均逗留时间为目标，建立规划模型

$$\min\ \bar{V}=\frac{1}{5}\sum_{i=1}^{5}\bar{V}_i=\frac{1}{5}\sum_{i=1}^{5}(\bar{X}_i+\bar{U}_i)=\frac{1}{5}\sum_{i=1}^{5}\left(\frac{L_i}{B_i}\cdot\bar{U}_i+\bar{U}_i\right)$$

$$s.t.\begin{cases}\sum_{i=1}^{5}B_i=79\\ \bar{X}_i=\frac{L_i}{B_i}\cdot\bar{U}_i\end{cases}$$

- 模型目标：所有病人在系统内的平均逗留时间最短。

第 i 类病人的院外平均等待时间为 $\bar{X}_i$，第 i 类病人的院内平均逗留时间为 $\bar{U}_i$，则第 i 类病人在系统内的平均逗留时间 $\bar{V}_i=\bar{X}_i+\bar{U}_i$。

各类病人在系统内的平均逗留时间 $\bar{V}=\frac{1}{5}\sum_{i=1}^{5}\bar{V}_i$。

- 模型约束：分配给五类病的病床总数满足医院所拥有的病床数。

第 i 类病人的院外平均等待时间 $\bar{X}_i$ 由队长 L_i、病人分配的床位数 B_i 和院内平均逗留时间 $\bar{U}_i$ 决定。

2. 模型求解

求解过程中需要知道排队系统中第 i 类病人等待入院的人数，即队长 L_i，所以我们引入排队模型求解队长 L_i。

由题目分析知，要建立使得所有病人在系统内的平均逗留时间（含等待入院时间和住院时间）最短的病床比例分配模型，即目标就是所有病人在系统内的平均逗留时间最短，即 $\min\bar{V}_i=\bar{X}_i+\bar{U}_i$。

前面几题已经利用规划统筹的方法使得院内逗留时间最短，所以现在只需优化病人的院外等待时间就可以使病人在系统内的平均逗留时间最短。

引入病人在院外等待的排队模型，流程图如图 9 所示。

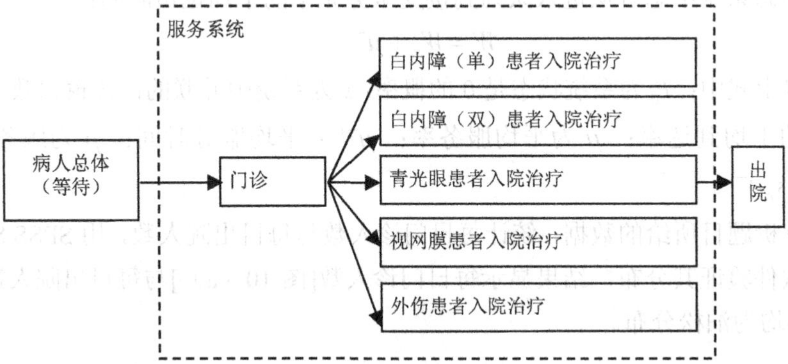

图 9 排队模型流程图

（1）输入：描述患者到达门诊的规律。主要从三个方面刻画：患者到达的人数、患者的到达方式和患者到达的时间间隔。通常可以假定患者到达的人数是无限的，并且依次以参数为 λ 的 Poisson 过程到达，到达的时间间隔是随机的，服从负指数分布。

（2）排队规则：描述患者排队与接受医院服务的规则。这里遵循问题二中所给模型的安排顺序，即对于各类不同的病人按照各自的入院时间独立进行排队（Divided First Come First Serve，DFCFS）。

（3）服务机构：描述门诊的结构形式、个数以及服务速率。医院门诊窗口的数量有一个或多个之分，大多数医院在门诊处会设置多个窗口，多个窗口以并联的方式连接。一般假设门诊服务时间服从参数为 μ 的负指数分布。在本题中，由于所考虑的时间单位为天，故这里省略对门诊服务时间的考虑。这样，我们可以构建相应的流通住院排队模型：[M/M/s]: [∞/∞/DFCFS]（多服务台模型）。以多服务台模型为例，基于排队论的一般模型，我们可以推导出医院门诊排队系统的基本模型：

$$P_0 = \left[\sum_{n=0}^{s-1} (\lambda\mu^{-1})^n (n!)^{-1} + (\lambda\mu^{-1})^s (s!)^{-1} (1-\rho)^{-1} \right]^{-1}$$

稳态系统任一时刻等待服务的患者数量的期望值：

$$L_q = P_0 (\lambda\mu^{-1})^s \rho (s!(1-\rho)^2)^{-1}$$

稳态系统中任一时刻患者数量的期望值：

$$L = L_q + \lambda\mu^{-1}$$

稳态系统中患者排队等待服务的平均等待时间：

$$W_q = L_q \lambda^{-1}$$

稳态系统中患者从进入队列到接受服务完毕的平均逗留时间：

$$W = W_q + \mu^{-1}$$

以上式中：P_0 为系统状态是 0 的概率；s 为系统中并联的门诊窗口数量；λ 为患者的平均到达率；μ 为平均服务率；μ^{-1} 为平均服务时间；ρ 为服务强度，$\rho = \lambda(s\mu)^{-1}$。

分析题目所给的数据，统计每日门诊人数与每日出院人数，用 SPSS Statistics 17.0 软件验证其分布，结果显示每日门诊人数[图 10（a）]与每日出院人数[图 10（b）]均为泊松分布。

单样本 Kolmogorov-Smirnov 检验

		VAR00001
N		61
Poisson 参数	均值	8.7705
最极端差别	绝对值	.042
	正	.042
	负	-.039
Kolmogorov-Smirnov Z		.328
渐近显著性(双侧)		1.000

a. 检验分布为 Poisson 分布。
b. 根据数据计算得到。

（a）每日门诊人数分布拟合

单样本 Kolmogorov-Smirnov 检验

		VAR00002
N		61
Poisson 参数	均值	7.0164
最极端差别	绝对值	.217
	正	.217
	负	-.113
Kolmogorov-Smirnov Z		1.692
渐近显著性(双侧)		.007

a. 检验分布为 Poisson 分布。
b. 根据数据计算得到。

（b）每日出院人数分布拟合

图 10　每日门诊人数和出院人数的分布拟合

每日门诊人数均值为 8.7705，每日出院人数均值为 7.0164，即 $\lambda = 8.7705$，$\mu = 7.0164$。通过上述排队模型的公式，可以计算出排队系统中第 i 类病人等待入院的队长 L_i，见表 21。

表 21　不同类病人等待入院的队长

疾病类型	白内障（单眼）	白内障（双眼）	青光眼	视网膜疾病	外伤
队长 L_i/人	36	34	12	29	10

运用 LONGO 8.0 软件编程求解得到以下结果，见表 22、图 11、表 23。

表 22　系统内所有病人的平均逗留时间的目标值

模型	模型一	模型二	模型三
系统内所有病人的平均逗留时间/天	19.76	18.61	18.26

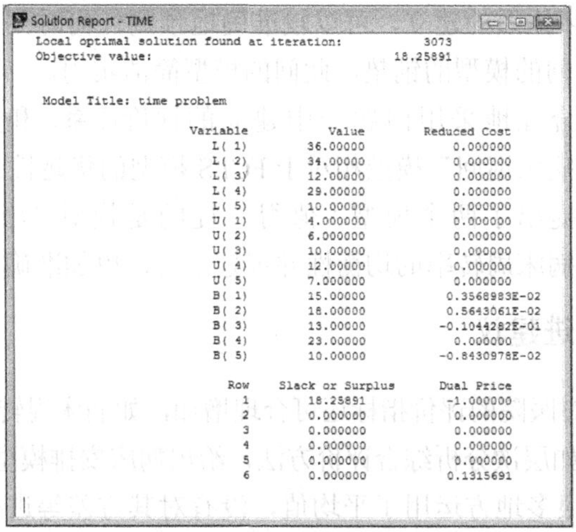

图 11　模型三的解

表 23　模型三的床位分配

疾病类型	白内障（单眼）	白内障（双眼）	青光眼	视网膜疾病	外伤
分配床位数 B_i	15	18	13	23	10

因此对医院所提供的 79 张床位进行如下分配：白内障（单眼）病床 15 张，白内障（双眼）病床 18 张，青光眼病床 13 张，视网膜疾病病床 23 张，外伤病床 10 张。

对以上三种模型进行比较，我们有以下结论：

（1）模型二较模型一更优，采用了更科学的指标（病床周转率），使模型的均衡性增加，考虑到了各类病人排队的队长。

（2）模型二与模型一都存在自身的缺陷不能达到最优，模型三采用 LINGO 8.0 软件编程，从而可以得到全局最优解。

五、模型的评价与推广

本文针对目前医院手术住院的病床安排问题，建立评价体系，评价并优化了目前医院广泛使用的 FCFS（First Come, First Serve）病床安排模型。

5.1　模型评价

（1）在灰色综合分析法中，采用了黄金分割定律赋权。该方法在非均等的双评价指标中更加科学、合理。

（2）制定合理的病床安排规则，确定规划目标，采用“病床巡回”的方法来求解，这对于小数据量的规划处理具有一定的新颖性。

（3）由于循环体系的建立，可以较准确地预测任何时刻门诊的病人的入院时间。由于有上一问的模型的铺垫，此问的模型简洁实用。

（4）问题四合理地采用问题一中建立的评价体系，和问题二中的巡回模型进一步论证了“病床巡回”模型相对于 FCFS 模型的优越性。

（5）问题五提出了两个模型。值得一提的是模型二巧妙地利用经典的排队模型，考虑五类病床周转率的均衡性并规划求解，更加准确、全面。

5.2　模型改进建议

（1）问题一对医院的评价指标还可合理增加，如病床周转率等；同时，也可选择其他分析法，如层次分析综合评价方法，给出病床安排模型的评价指标体系。

（2）问题中很多地方运用了平均值，没有对其方差等进行处理，显得有些粗糙。

5.3 模型推广建议

（1）模型建立了简便、可行的“病床巡回”的求解方法，此方法可应用于处理其他类似的周期性循环问题。

（2）本文采用规划、巡回和排队相结合的统筹学方法，对于其他复杂的安排分配决策问题来说，可以借鉴本文并不局限于一种解决问题的方法的思想，结合多种方法综合求解。

（3）对于病人入院手术的问题，可根据本题所建立的模型基础，开发出应用于病人入院的自助软件系统，进一步提高医院的数字化管理水平。

参考文献

[1] 王平根，高允锁．大型综合医院病床分配方法初探[J]．中国医院统计，2006, 13（1）：7-8.

[2] 胡运权．运筹学习题集[M]．北京：清华大学出版社，2003.

[3] 《运筹学》教材编写组．运筹学[M]．北京：清华大学出版社，1990.

【论文评述】

该论文获得 2009 年全国大学生数学建模竞赛二等奖。

在论文的撰写方面，摘要部分语言简洁流畅，要素齐全，阐述结论直接且明确；正文部分条理清楚，格式严谨，突出且强调模型的实践细节。尤其值得提出的是，文中有丰富的模式图，在对问题进行不停推演的过程中，为读者快速理解模型提供了较大的帮助。此外，在结果的描述方面采用较多图表，这样既能突显具体的数值，又能清晰地给出实施方案，这种写法逻辑清晰、表述直观、较易看懂，是优化模型写法的一种较好的范式。

在模型的建立方面，论文运用灰色综合评价的方法建立医院病床安排模型的评价体系，改进了目前医院广泛使用的 FCFS 病床安排模型，该模型具有“整体规划，局部巡回，分类排队，统筹分配”的特点。在医院排队问题中，采用了“病床巡回”的算法，建立最初的病床分配规则，随后根据“不同疾病病人的住院天数不同”以及“医生需要安排休息时间”的实际情况进一步对模型进行了优化。最后得出的分配结果比医院原来实行的 FCFS 模型有改善作用。但由于论文在建立模型之初对问题进行了简化，而医院的实际排队问题更复杂，因此模型方面还有很大的提升空间。

总的来说，本文是一篇结构合理、逻辑清晰、行文流畅、要素齐全的竞赛论文，在写作方面有值得借鉴的地方。

（雷玉洁　杨济宁）

2010 年 B 题

2010 年上海世博会影响力的定量评估

2010 年上海世博会是首次在中国举办的世博会。从 1851 年伦敦的“万国工业博览会”开始，世博会正日益成为各国人民交流历史文化、展示科技成果、体现合作精神、展望未来发展等的重要舞台。请你们选择感兴趣的某个侧面，建立数学模型，利用互联网数据，定量评估 2010 年上海世博会的影响力。

2010 年 B 题　全国一等奖

上海世博会影响力的定量评估

参赛队员：段傲文　王　健　白建越

指导教师：马　翠

摘　要

本文研究的是对上海世博会的影响力进行定量评估的问题。从经济层面出发，构建了纵向（与往届世博会）比较和横向（与 2008 奥运会）比较两个综合评价模型，利用互联网上查到的数据，对上海世博会的影响力进行了较全面的定量评估与分析。

在进行纵向比较时，通过大量查找文献，本文确定了决定世博会影响力最重要的 6 个评价指标：参观总人数、海外参展国数目、账务状况、净增收益、剩余效益与媒体相对关注度。通过对各项评价指标的网上原始数据进行分析处理，以近 5 届综合世博会为评估对象，建立了基于熵权法与灰色关联度的综合评价模型。通过计算，得到了各届世博会相对于最优指标集的灰色关联度精确值，并根据所得值对其影响力进行了排序。影响力由高到低依次为大阪、上海、塞维利亚、爱知和汉诺威世博会，与实际情况比较相符。

在进行横向比较时，鉴于上海世博会和北京奥运会均在中国举办，因此其影响力的不同表现在对举办城市产生的经济效益上。本文构建了以工业产业的增长率、旅游产业增长率、房地产价格增长率、岗位增量、GDP 增量与当年建设基础设施所花费用这六个方面为评价指标的模糊综合评价模型，求得隶属度矩阵，并借助层次分析法确定各指标权重，二者相乘即为评价结果。通过评价结果的模糊向量单值化得到了二者的综合评价得分，上海世博会为 2.1787，北京奥运会为 2.3618。这说明在经济效益上，北京奥运会的影响力略高于上海世博会。

本文所建模型从经济层面出发，利用基于灰色关联度的综合评价法，并结合熵权法与模糊数学方法，较好地解决了上海世博会影响力的定量评估问题，可以在相关领域进行推广。

关键词：灰色综合评价　熵权法　定量评估　隶属度

一、问题重述

世博会是由一个国家主办、多个国家和国际组织参加，在国际展览局的指导下，以展示人类在社会、经济、文化和科技领域所取得成就的超大型国际性展会，被喻为“经济、科技、文化领域内的奥林匹克盛会”。从 1851 年伦敦的“万国工业博览会”开始，世博会正日益成为各国人民交流历史文化、展示科技成果、体现合作精神、展望未来发展等的重要舞台。2010 年上海世博会是首次在中国举办的世博会，也是历史上第一次在发展中国家举办的综合性世博会，它既体现了中国、上海的经济能力，也体现了上海在国际社会中的影响力。请选择感兴趣的某个侧面，建立数学模型，利用互联网数据，定量评估 2010 年上海世博会的影响力。

二、模型假设

（1）通过文献和互联网查到的数据真实可信。

（2）各届世博会的效益评估值能够作为衡量其影响力大小的依据。

（3）世界总人口的变化不对世博会总参观人数产生影响。

（4）中国媒体的发展进程能够反映全世界所有媒体的发展趋势。

（5）文中对上海世博会参观总人数和 GDP 的预测值能较准确地代表真实值。

三、符号说明

（1）$y(t)$：第 t 周世博园每天入园人数的平均值，$t=1,2,3,\cdots,26$。

（2）$S(t)$：前 t 周所有入园游客人数的总和，$t=1,2,3,\cdots,26$。

（3）X'：5 届世博会的属性矩阵。

（4）x'_{ij}：第 i 届世博会第 j 个属性的数值，$i=1,2,3,4,5$，$j=1,2,3,4,5,6$。

（5）x_{ij}：第 i 届世博会第 j 个属性的无量纲化值，$i=1,2,3,4,5$，$j=1,2,3,4,5,6$。

（6）e_j：世博会第 j 项指标的决策信息熵值。

（7）w_j：世博会第 j 项指标的权重。

（8）G：世博会的最优指标集。

（9）$\varepsilon_i(X_j,G)$：第 i 届世博会各指标向量与最优参考集 G 的灰色关联度。

（10）ΔX：消费变动。

（11）ΔY：收入变动。

（12）a_{ij}：以判断准则 H 的角度考虑要素 A_i 对 A_j 的相对重要程度。

（13）A_1：旅游产业增长率。

（14）A_2：房地产增长率。

（15）A_3：工业产业增长率。

（16）A_4：基础设施费用。

（17）A_5：岗位增量。

（18）A_6：GDP 增量。

四、问题分析

题目要求定量评估上海世博会的影响力，本文认为影响力是一个相对的概念，是通过与其他类似的大型活动的对比来体现的。因此从世博会经济层面出发，本文尝试建立纵向（同往届世博会）比较与横向（同 2008 北京奥运会）比较两个综合评价模型来定量评估上海世博会的影响力。

在进行纵向比较时，本文选取离上海世博会时间较近的四届综合世博会（1970 大阪世博会、1992 年塞维利亚世博会、2000 年汉诺威世博会、2005 年爱知世博会）进行对比。通过选取指标，将上海世博会与这几届世博会进行定量比较，就能反映出上海世博会的影响力大小。根据题意，本文仅研究世博会在经济方面的影响力，通过大量查找互联网上的相关文献和数据，选择能够反映世博会影响力的因素，即评价指标。经过对查询数据的统计分析与归一化处理后，利用得到的具体数据，建立基于熵权法的灰色关联综合评价模型。根据所得关联度，将其影响力进行排序，从而定量评估上海世博会的影响力。

在进行横向比较时，考虑到 2008 年北京奥运会非常成功，并且它与上海世博会都是近两年在中国举办的世界性大规模盛会，本文选择 2008 北京奥运会进行对比，尝试定量比较、分析二者的影响力大小。同样以经济效益为研究的重点，通过查找相关文献与网站数据，确定反映其影响力大小的几个关键因素作为评价指标。本文可借助查到的评价指标数据，以北京奥运会和上海世博会为评价对象，去建立模糊综合评价模型，得到隶属度矩阵。然后用层次分析法确定各项指标的权重，通过对隶属度加权、模糊向量单值化等处理，能够得到二者的综合评价得分，从而定量评估上海世博会的影响力。

五、模型的建立与求解

5.1 与往届世博会对比模型的建立与求解

5.1.1 评价指标的确定

世博会的影响力可以从经济、文化、社会等各个方面去评价，本文仅挑选了世博会的举办对主办城市的经济方面产生的作用作为其影响力的衡量条件，也就是将世博会效益评估值作为其影响力大小的评判标准。通过查阅文献[1]，从事大型娱乐项目的著名咨询公司——加拿大多伦多市的史太普规划和都市设计咨询公司对从1958年至1993年间世界各地所举办的19次世博会效益评估的各项指标进行了综合的数理统计分析，找出了决定世博会影响力的最重要的6个因素，使其成为世博会效益评估的指标，具体如下所述。

（1）参观总人数：参观总人数被认为是影响世博会成功与否最重要的一个因素，史太普咨询公司估计，世博会赢利中大约有50%来自门票的收入，余下的30%～40%的利润来自场内食品和纪念品的销售，这些都与参观世博园人数紧密相关。

（2）海外参展国数目：通常海外参展国的数目会影响到出席人数的多少。如果参展国数目多的话，游客参观的兴趣便会大为提高，参观意愿也会大为增强，另一方面，参展国家越多，投资合作的机会越多，从而产生更多的收益。

（3）财务状况：世博会如果能获得政府的财政支持，其建设将会在一个资金非常宽松的状况下进行，这也会影响到世博会的效益状况。

（4）净增收益：一届世博会净增收益的大小，往往能够反映出这届世博会的影响力大小，例如历史上影响力大的几届世博会，无一例外都创造了巨大的净增收益。

（5）剩余效益：它是指世博会结束后留下的永久设施，主要表现为改造后的城市基础设施和改善后的交通状况。世博会往往会加速城市改造的步伐，这些改造为今后的经济发展打下了稳固的基础。

（6）受媒体关注度：世博会效益的提高往往还来自参观者和新闻媒体的客观评价。无论在会前还是会后，是否有众多的媒体反馈通常都反映了它的知名程度。这个指数一般可通过世博会出现在电视、电台、网络和报纸中的百分比推算出来。

本文要利用以上6项指标建立起多层次的灰色综合评价模型，定量对上海世博会的影响力进行分析讨论。由于本文所指影响力是一个相对的概念，因此我们选择了从大阪世博会到爱知世博会的四届综合世博会与上海世博会来进行综合比较分析，定量评估它们各自的影响力，得出结果。要想实现以上目标，首先就得确定各届世博会相应指标的具体数据。通过互联网，可以查到以下数据：世博会中海外参展国家和世界组织的数量（表 1）、各个世博会的直接投入资金与世博园区面积（表 2）。而另外的指标数据还需通过一定的处理得到，下面重点对另外四项数据进行研究。

表 1　海外参展国家和世界组织的数量

主办城市	大阪	塞维利亚	汉诺威	爱知	上海
海外参展国数目	75	100	155	121	242

表 2　各届世博会的直接投入资金与世博园区面积

主办城市	大阪	塞维利亚	汉诺威	爱知	上海
直接投入资金/亿元	282	98	158	153	286
世博园面积/公顷	175	214	160	173	528
单位面积资金投入/（亿元/公顷）	1.61	0.46	0.99	0.88	0.54

5.1.2　各届世博会新闻关注度的确定

世博会所受媒体关注度往往对其影响力有巨大贡献。本文以世界上著名的几家新闻社和报社在世博会召开当年对其各方面的报道量作为该届世博会新闻关注程度的衡量值。考虑到在不同的时代，传媒业的发展程度不同，各世博会搜索量代表的重要程度也不一样。1970 年对大阪世博会的一篇报道相对于今天对上海世博会的一篇报道就要有分量得多。因此必须要对搜索量进行相对化处理，消除因不同时代信息化程度不同而产生的误差。

由于互联网的发展，信息呈现出爆炸式发展，在查阅了全世界的媒体发展趋势后，本文用中国媒体（包括电台、电视频道、报纸杂志等）的发展趋势代替全球媒体行业发展趋势，1970 年、1992 年、2000 年、2005 年、2010 年中国媒体的总数量见表 3，用 Excel 作图，得到中国媒体增长情况，如图 1 所示。

表 3　中国媒体数量的发展

年	1970	1992	2000	2005	2010
媒体数量/家	1987	4012	6214	7921	9825

我们发现在近 40 年，媒体数量几乎是以指数的形式在增长的，根据数据，我

们在此定义一个基强度的概念，它表示在某一年媒体的发展程度，可以用当年媒体数量作为其度量值。不妨令1970年的基强度为1，则经过比较后，得到了以后四届世博会举办年份对应的基强度，见表4。

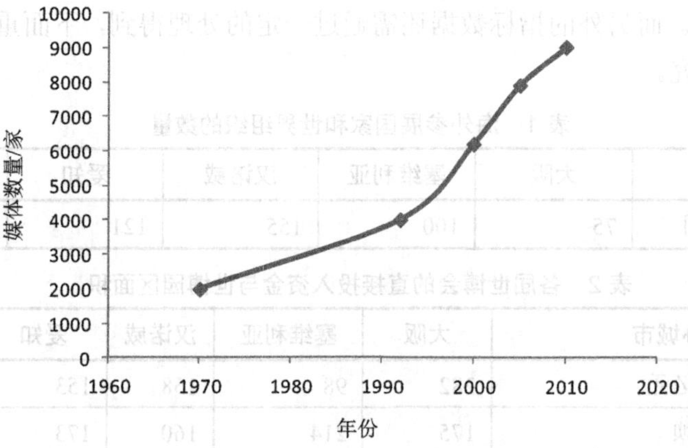

图1 中国媒体发展趋势

表4 各年份对应的基强度

年份	1970	1992	2000	2005	2010
基强度	1	2.02	3.13	3.99	4.95

定义报道量与基强度的比值为该届世博会的媒体相对关注度，具体见表5。

表5 各新闻报社对各届世博会的报道统计

主办城市	美国联合通讯社	路透社	法国新闻社	德国新闻社	日本共同通讯社	中国新闻社	媒体相对关注度
大阪	3	5	8	4	65	6	91
塞维利亚	12	32	25	13	14	22	58.4
汉诺威	13	23	42	457	13	23	182.4
爱知	2	35	34	23	506	63	166.2
上海	1	160	150	68	246	424	211.9

5.1.3 上海世博会参观总人数的预测

从历届世博会来看，预测参观总人数和实际参观总人数存在一定的误差，比如汉诺威世博会召开前官方曾预测过世博参观人数会达到4000万，可是事实上只有 1800 万的参观量。所以官方对参观总人数的预测数据只能作为参考的依据，不宜作为真实值用于计算。对于本问题，以往各届世博会参观总人数都可以通过互联网查询确定，而上海世博会的总参观人数则必须依靠自己精确预测。虽然目前上海世博会还未结束，其参观总人数还没有准确统计值，但由于上海世博会已经进行到了最后阶段，大量数据使得我们完全可以比较精确地估计出其参观总人数。通过访问世博会官网，我们共查到了到目前为止共 135 天的数据。本文为了简化数据个数，以各周参观人数之和与天数之比（即平均日参观人数）为单位进行研究，得到以下统计数据，见表 6。

表 6　世博开幕后各周的平均日参观人数　　单位：万人

周数	1	2	3	4	5	6	7	8	9	10
平均日参观人数	15	19	28	35	39	45	44	42	45	41
周数	11	12	13	14	15	16	17	18	19	
平均日参观人数	47	46	45	36	40	41	48	41	47	

通过分析已有数据，观察到在世博开始后的数周，日平均入园人数在前一段时间是以较快的速度增长的，但是很快地增长到一定值后（第六、七周左右），日平均入园人数趋于稳定，几乎已经达到了固定值。这样的增长方式与世博会期间的实际情况是相符的，因为世博园能容纳的人数有限，故最终日平均入园人数基本维持在一个定值附近并有微小起伏。

根据该数据的上述特点，我们联想到了传染病模型中 SIS 模型传染病患者的增长曲线与本题的情况相符，因此本题尝试了用该曲线进行模拟。Logistic 回归方程形式如下：

$$y(t)=\frac{K}{1+(a-1)\mathrm{e}^{-\lambda t}}$$

用 MATLAB 7.10.0 将以上数据进行拟合，其 Logistic 方程为

$$y(t)=\frac{46.8430}{1+6.9174\mathrm{e}^{-1.2878t}}$$

由此得到的拟合效果如图 2 所示。

由图 2 可以看出数据的拟合效果是比较好的，并且在经历了很短的一段迅猛增长期后马上就达到了稳定值，并保持在这个值，这与实际情况相符。用该模型计算的各周入园人数，相加后就是世博会期间的预测入园参观总人数（单位：万人）：

$$S_{(t)}=\sum_{t=1}^{26}y_{(t)}=\sum_{t=1}^{26}\frac{46.8430}{1+6.9174\mathrm{e}^{-1.2878t}}=6.9549\times10^{3}$$

在本文中，我们都将所得到的预测值6.9549×10^3万人作为上海世博会的参观总人数，各届世博会总参观人数和平均每天的参观人数见表 7。

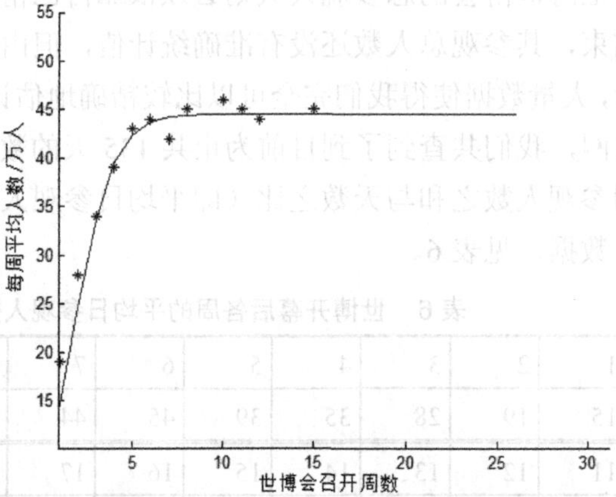

图 2 Logistic 方程拟合效果图

表 7 各届世博会日平均参观人数

主办城市	大阪	塞维利亚	汉诺威	爱知	上海
举办天数/天	183	176	153	185	184
参观人数/万人	6422	4100	1800	2200	6955
平均每天参观人数/万人	35.1	23.3	11.8	11.9	37.8

5.1.4 各届世博会净增收益的确定

世博会的净增收益就是世博会引发的净增长。它包括了世博会产生的直接净增长以及世博会的波及效应收益，即

世博会的净增收益=世博会产生的直接净增长+世博会的波及效应收益

其中，世博会产生的直接净增长=展馆投资净增长+会展相关的投资净增长+会展直接消费增长+会展导致的出口贸易额。

针对直接净增长需求，参考相关资料[2]的推测值，世博会产生的直接净增长见表 8。

表 8 世博会产生的直接净增长 单位：亿元

展馆投资净增长	会展相关的投资净增长	会展直接消费增长	会展导致的出口贸易额	合计
470	800	837	4	2111

而波及效应是指世博会直接净增长（世博会直接投资、相关投资和世博会带来的消费）对上海经济产生的影响。

针对世博会的波及效应，同样根据所查文献[2]中的投入产出和计量模型，得到世博会投资和消费对上海六大部门的影响，见表 9。

表 9　上海世博会波及效应对六大部门的影响　　单位：亿元

部门	消费	投资	合计
农业	56.92	5.08	62.00
工业	294.62	648.97	943.59
建筑业	1.67	123.19	124.86
货物邮电业	54.41	71.12	125.53
商业饮食业	90.40	111.76	202.16
非物质生产部门	277.88	238.76	516.64
合计	775.90	1198.88	1974.78

从计算结果看，上海世博会直接需求诱增的增加值约为 1199 亿元，直接消费需求诱增的增加值约为 776 亿元，总计约 1975 亿元；从产业结构看，世博会对工业部门的影响最大，所诱发的增加值约占总数的 47.78%，非物质生产部门约占 26.16%。因此，根据以上分析，可以得到上海世博会的经济效益为 4093.78 亿元。

据测算，其他世博会的收益各不相同，比如大阪世博会产生的需求总额为 12447 亿日元，扣除非世博因素后的需求纯增 6780 亿日元，并通过“需求诱发需求”的波及效应，使日本全国新增 15375 亿日元[2]。

1992 年塞维利亚世博会总投资额达 11500 亿西班牙比萨塔，其中 8742 亿西班牙比萨塔流向了安达卢西亚地区，其余的 2758 亿西班牙比萨塔直接流向了塞维利亚地区及其辖属的大都市圈等。

通过查询数据与换算汇率后，计算得到各届世博会的收益，见表 10。

表 10　各届世博会的净增收益　　单位：亿元

主办城市	大阪	塞维利亚	汉诺威	爱知	上海
收益	1236	717	641.5	2272	4093.78
总投入	805	700	526	805	2867
单位投入收益	1.54	1.02	1.22	2.82	1.43

5.1.5　各届世博会剩余效益值的确定

众所周知，由于召开世博会，上海市投入了巨资用于改善本市的城市公共基础设施，这样的改变不仅仅是针对世博会召开期间应对高峰游客，而且对城市以后的发展也将产生不可估量的促进作用。本文以各届世博会用于基础设施建设的资金来衡量剩余效益值。各届世博会的主办城市花在基础设施建设（地铁、公交、车站等）的费用不同，考虑到各个城市的实际情况，本文用人均基建费用来度量效益值，见表11。

表11 各届世博会人均基建费用

主办城市	大阪	塞维利亚	汉诺威	爱知	上海
基建费用/亿元	523	602	368	652	2581
城市人口/万人	882	130	1127.9	713.1	1888.5
人均基建费用/亿元	0.6	4.6	0.33	0.9	1.37

通过上述工作，此时我们已经将6个评价指标的相对值完全整理出来，接下来就要根据这些指标建立定量评价模型，实现对各届世博会的定量评价。在众多的评价模型中，我们选择了灰色综合评价模型进行求解。

5.1.6 灰色综合评价模型的建立与求解

灰色关联分析法是一种多因素统计分析方法，是以各因素的样本数据为依据，用灰色关联度来描述因素间关系的强弱、大小和次序，它适用于数据量不太多的分析，相对于模糊理论评价法与层次分析法人为的主观因素影响小，因此在定量分析中应用广泛。本文采用该模型对世博会的影响力进行定量评估。

由上述分析，我们已经得到了对于这五届世博会有影响力的各项指标的具体数据，统一数据后，得到表12。

表12 统一各项指标的属性表

主办城市	海外参展国	单位资金投入	媒体关注度	日平均参观人数	单位投入收益	平均剩余效益
大阪	75	1.61	91	35.1	1.54	0.6
塞维利亚	100	0.46	58.4	23.3	1.02	4.6
汉诺威	155	0.99	182.4	11.8	1.22	0.33
爱知	121	0.88	166.2	11.9	2.82	0.9
上海	242	0.54	211.9	37.8	1.43	1.37

利用表12的数据，可以构造最终评价矩阵，也就是属性矩阵：

$$X' = (x'_{ij})_{m \times q}$$

其中$i=1,2,\cdots,5$，$j=1,2,\cdots,6$。

$$X'=\begin{bmatrix} 75 & 1.61 & 91 & 35.1 & 1.54 & 0.6 \\ 100 & 0.46 & 59 & 23.3 & 1.02 & 4.6 \\ 155 & 0.99 & 190 & 11.8 & 1.22 & 0.33 \\ 121 & 0.88 & 165.6 & 11.9 & 2.82 & 0.9 \\ 242 & 0.54 & 210 & 37.7 & 1.43 & 1.37 \end{bmatrix}$$

1. 属性矩阵的归一化

由于各数据所选的量纲不同，因此有必要对属性矩阵进行归一化处理，本文所选的评价指标都属于越大越好型指标。利用归一化公式：

$$x_{ij}=\frac{x'_{ij}}{\sum_{j=1}^{q} x'_{ij}}$$

得到的是各届世博会的指标归一化数值，见表 13。

表 13 每届世博会指标归一化数值

主办城市	海外参展国	单位资金	媒体关注度	日参观人数	单位投入收益	平均剩余效益
大阪	0.11	0.36	0.13	0.29	0.2	0.08
塞维利亚	0.14	0.1	0.08	0.19	0.12	0.59
汉诺威	0.22	0.22	0.26	0.1	0.15	0.04
爱知	0.18	0.2	0.23	0.1	0.35	0.11
上海	0.35	0.12	0.3	0.32	0.18	0.18

2. 确定各评价指标的权重

在对一届世博会影响力大小进行评估时，各个指标的重要程度并不都是相同的，我们有必要对这些指标进行加权处理。传统的层次分析法主观性太强，本模型采用了熵权法来求各评价指标的权重。在熵权法的理论中，各个指标的决策信息可以用其熵值e_j来表示：

$$e_j=-k\sum_{i=1}^{n} x_{ij}\ln x_{ij}$$

其中$k=1/\ln n$，一旦确定参与评估的世博会届数n，k即为常数。

第j个指标的评价数据的分散程度d_j可以表示为

$$d_j=1-e_j \quad (i=1,2,\cdots,n)$$

通过计算，得到了d_j的值，见表 14。

表 14 d_j 的计算值

海外参展国	单位资金	媒体关注度	日参观人数	单位投入收益	平均剩余效益
0.0511	0.0633	0.0576	0.0682	0.045	0.258

第 i 个指标对应的评价值越分散，相应的 d_i 也会越大，表明第 i 个指标的重要程度越高。因此用熵值法来表示第 i 个指标的权重因子为

$$w_j = \frac{d_j}{\sum_{j=1}^{n} d_j}$$

因此，可以得到每个指标的权重 w_j，见表 15。

表 15 权重 w_j 的计算值

海外参展国	单位资金	媒体关注度	日参观人数	单位投入收益	平均剩余效益
0.094	0.1164	0.1060	0.1255	0.0828	0.4753

3. 确定最优指标集 G

对于规格化的矩阵 $\boldsymbol{X}$，选取各个指标的相对最优值作为最优指标集 G。因此有

$$G = (0.35, 0.36, 0.3, 0.3, 0.35, 0.59)$$

将其置于原属性矩阵中得到确定最优指标集的属性矩阵，见表 16。

表 16 确定最优指标集的属性矩阵

主办城市	海外参展国	单位资金	媒体关注度	日参观人数	单位投入收益	平均剩余效益
G	0.35	0.36	0.3	0.32	0.35	0.59
大阪	0.11	0.36	0.13	0.29	0.2	0.08
塞维利亚	0.14	0.1	0.08	0.19	0.12	0.59
汉诺威	0.22	0.22	0.26	0.1	0.15	0.04
爱知	0.18	0.2	0.23	0.1	0.35	0.11
上海	0.35	0.12	0.3	0.32	0.18	0.18

4. 计算灰色关联度 r_{ij}

第 i 届世博会各指标组成向量 X_i 与最优指标集 G 的关系为

$$\varepsilon_i(X_j, G) = \frac{\min_i \min_j |\varDelta_{ij}| + \rho \max_i \max_j |\varDelta_{ij}|}{|\varDelta_{ij}| + \rho \max_i \max_j |\varDelta_{ij}|}$$

式中：ρ 为分辨系数，$\rho \in (0,1)$，ρ 越小，关联系数间差异越大，区分能力越强。本文选取 $\rho = 0.5$，则可以得到第 i 届世博会向量 X_i 与最优指标集 G 的关联度为

$$\gamma(X_i, G) = \sum_{j=1}^{n} w_i \varepsilon_i (X_i, G)$$

应用上述公式，求得各届世博会的最优关联度以及其根据该关联度所得的影响力排序，见表 17。

表 17 各届世博会影响力的排序

主办城市	最优关联度	排序
大阪	0.6321	1
塞维利亚	0.5733	3
汉诺威	0.5125	5
爱知	0.5447	4
上海	0.6296	2

5. 对结果的讨论

排序结果显示，在这五届世博会中，大阪世博会的影响力是最大的，而上海世博会仅仅排在第二位，这与我们通过新闻获取的报道不甚相同。通过进一步分析原因，我们应当认识到虽然上海世博会的优势明显，即投入资金最多、海外参展国最多、媒体关注度最大等，但是由于上海市人口密集，世博园区面积巨大，人均剩余效益与单位面积资金投入就降低了，因此综合起来就比不上大阪的影响力了，这与上海市的实际情况是相符的。从最终的影响力定量值还可以看出，上海与大阪的数值几乎相等，而大阪世博会是公认历史上最成功的一届世博会，这无疑也肯定了上海世博会的影响力。

5.2 上海世博会与北京奥运影响力模糊综合评价模型的建立与求解

5.2.1 评价指标的确定

按照一般经济增长周期理论，一个经济体在保持长期持续增长之后，由于受到市场、资源、基础设施以及环境等因素“瓶颈”制约，如果没有外生变量的介入，其增长率将会逐步递减。奥运会和世博会都是经济增长的外生变量，可以成为这样的推动力，去改变经济增长曲线，促进两地经济继续保持高速增长。所以本模型仅就北京奥运会与上海世博会对主办城市产生的经济影响进行了深入研究。通过查阅相关文献[2]，本文将工业产业增长率、旅游产业增长率、房地产价

格增长率、岗位增量、GDP 增量与当年建设基础设施所花费用作为其影响力大小的评价指标。工业产业增长率、旅游产业增长率、房地产价格增长率、岗位增量和当年建设基础设施所花费用都可通过相关网站与文献获得[3-7]，其值见表 18。

表 18 各评价指标的取值

指标	奥运会	世博会
旅游产业增长率	0.295936	0.371616
房地产价格增长率	0.43027	0.174294
工业产业增长率	0.340395	0.232938
建设基础设施所花费用	2,613 亿元	2700 亿元
岗位增量	150 万个	50 万个

因此，我们主要是确定上海世博会的 GDP 增量，接下来就是从这方面去努力。

5.2.2 世博会对上海 GDP 增量的确定

与世博会相关的经济增长数据可以通过在互联网上查找得到，根据模型一中预测出来的世博参观人数，运用凯恩斯经济乘数定理，能够定量计算举办了世博会的上海的 GDP 增量。

乘数原理的经济含义可以归纳为：投资变动给国民收入带来的影响，要比投资变动更大，这种变动往往是投资变动的倍数。收入增量与投资增量之比即为投资乘数。同时，由于投资增加而引起的总收入增加中还包括由此而间接引起的消费增量，即 $\Delta Y = \Delta C + \Delta I$，这使投资乘数的大小与消费倾向有着密切的关系，两者之间的关系可用数学公式推导如下：

$$K = \frac{\Delta Y}{\Delta Y - \Delta C} = \frac{1}{1 - MPC}$$

其中，MPC 为边际消费倾向。由上式可见，边际消费倾向越高，投资乘数越大，反之则投资乘数越小。上海世博会的举办主要由政府投资，它不属于政府支出。因此，其总投资规模对上海经济运行结果的影响，可用投资乘数模型进行分析。投资乘数 K 是世博会对上海 GDP 增量贡献的重点。

世博会投资支出对 GDP 产出的影响，取决于乘数 K 的大小，而 K 的大小则取决于上海消费者在举办世博会期间 MPC 的大小：

$$MPC = \frac{\Delta C}{\Delta Y}$$

上海消费者的 MPC 成为估算世博会预期乘数效应的关键。对 MPC 可由下式计算得来：

$$MPC=\frac{\Delta C}{\Delta Y}=\text{各年的消费变动/各年的国民生产总值变动}$$

计算世博会投资对上海 GDP 的预期效应，可先计算消费函数，再用消费函数和 *MPC* 的定义确定 2010 年的 *MPC*，以下是 1995—2008 年上海市的生产总值与消费总支出，见表 19。

表 19　1995—2008 年上海市的生产总值与消费总支出

年份	生产总值/亿元	消费总支出/亿元	年份	生产总值/亿元	消费总支出/亿元
1995	7172	5868	2002	13250	10464
1996	8159	6763	2003	14867	11040
1997	8439	6820	2004	16683	12631
1998	8773	6866	2005	18645	13773
1999	10932	8248	2006	20668	14762
2000	11718	8868	2007	23623	17255
2001	12883	9336	2008	26675	19398

根据表 19，拟合出两者之间的关系式，采取回归方法测算 1978 年以来的消费函数（图 3），即

$$y=0.6882x+909.62$$

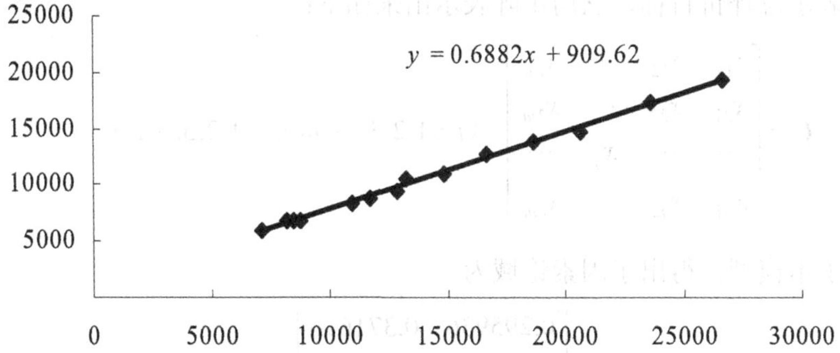

图 3　上海市消费函数

函数的斜率即为边际消费值（*MPC* =0.6882），比较符合上海的实际情况（发达国家 *MPC* 一般为 0.6～0.9）。

上海世博会的投资约为286亿元人民币，运用投资乘数模式估算：

$$\Delta Y=\frac{1}{1-MPC}\times\Delta I=916.6$$

则世博会的投资增量将产生916.6亿元的GDP增量，这些贡献是由世博会预期乘数效应所引起的。

5.2.3 模糊综合评价模型的建立与求解

要利用以上6项指标建立起模糊综合评价模型，对北京奥运会与上海世博会的影响力进行定量分析与讨论，首先就要得到各影响指标的具体数据。根据以上分析和所查到的数据，得到表20。

表20 综合评价指标数据

指标	奥运会	世博会
旅游产业增长率	0.295936	0.371616
房地产增长率	0.43027	0.174294
工业产业增长率	0.340395	0.232938
基础设施费用/亿元	2613	2700
岗位增量/万个	150	50
GDP增量/亿元	717.06	916.6

1. 确定被评判对象的因素论域 U

U 表示总评价目标，它用矩阵表示出来如下：

$$U=\begin{bmatrix} x_{11} & x_{12} & \cdots & x_{1m} \\ x_{21} & x_{22} & \cdots & x_{2m} \\ \cdots & \cdots & x_{ij} & \cdots \\ x_{n1} & x_{n2} & \cdots & x_{nm} \end{bmatrix}\quad (i=1,2,3,\cdots,n,\ j=1,2,3,\cdots,m)$$

对于本模型，得出了因素论域为

$$U=\begin{bmatrix} 0.295936 & 0.371616 \\ 0.43027 & 0.17429 \\ 0.340395 & 0.232938 \\ 2613 & 2700 \\ 150 & 50 \\ 717.06 & 916.6 \end{bmatrix}$$

由于直接使用有单位的评价指标会造成评价不准确的后果，因此我们先将有量纲的评价指标经过归一化变换，将无量纲的评价指标化为纯量。其归一化公式为

$$x'_{ij}=\frac{100x_{ij}}{\sum_{i=1}^{n}x_{ij}} \quad (i=1,2,\cdots,n,\ j=1,2,\cdots,m)$$

经过归一化，处理得

$$\boldsymbol{U}'=\begin{bmatrix}44 & 56\\ 71 & 29\\ 59 & 41\\ 49 & 51\\ 75 & 25\\ 44 & 56\end{bmatrix}$$

2. 确定等级论域 $\boldsymbol{V}$

本模型中，我们定义等级论域 $\boldsymbol{V}$=[影响小(A_1)，影响中(A_2)，影响大(A_3)]，对于模糊集而言，直接给出隶属度有时是很困难的，但我们可以利用所谓“二元对比排序法”来确定，即首先通过两两比较确定两个元素相应隶属度的大小排出顺序，然后用数学方法加工处理得到所需的隶属函数。因为论域 $\boldsymbol{U}$ = [0,100]，且对 $x\in[0,100]$，故有其隶属函数[4]：

$$A_1(x)=\begin{cases}1, & 0<x\leqslant 20\\ 1-2\left(\dfrac{x-20}{20}\right)^2, & 20<x\leqslant 30\\ 2\left(\dfrac{x-40}{20}\right)^2, & 30<x\leqslant 40\\ 0, & 40<x\leqslant 100\end{cases}$$

$$A_3(x)=\begin{cases}0, & 0<x\leqslant 50\\ 2\left(\dfrac{x-50}{20}\right)^2, & 50<x\leqslant 60\\ 1-2\left(\dfrac{x-70}{20}\right)^2, & 60<x\leqslant 70\\ 1, & 70<x\leqslant 100\end{cases}$$

$$A_2(x)=1-A_1(x)-A_3(x)=\begin{cases}0, & 0<x\leqslant 20\\ 2\left(\dfrac{x-20}{20}\right)^2, & 20<x\leqslant 30\\ 1-2\left(\dfrac{x-40}{20}\right)^2, & 30<x\leqslant 40\\ 1, & 40<x\leqslant 50\\ 1-2\left(\dfrac{x-50}{20}\right)^2, & 50<x\leqslant 60\\ 2\left(\dfrac{x-70}{20}\right)^2, & 60<x\leqslant 70\\ 0, & 70<x\leqslant 100\end{cases}$$

3. 建立模糊矩阵 $\boldsymbol{R}$

将 x_{ij} 代入隶属函数中，求得各因素的隶属度 r_{ij}，建立模糊关系矩阵 $\boldsymbol{R}$:

$$\boldsymbol{R}=\begin{bmatrix} r_{11} & r_{12} & \cdots & r_{1m}\\ r_{21} & r_{22} & \cdots & r_{2m}\\ \cdots & \cdots & \cdots & \cdots\\ r_{n1} & r_{n2} & \cdots & r_{nm}\end{bmatrix},0<r_{ij}<1$$

其中 r_{ij} 为 U 中因素 x_{ij} 对于 V 中等级 A_j 的隶属关系，因此本模型的模糊矩阵如下：

$$\boldsymbol{R}=\begin{bmatrix} 0 & 1 & 0 & 0 & 0.82 & 0.18\\ 0 & 0 & 1 & 0.55 & 0.45 & 0\\ 0 & 0.55 & 0.45 & 0 & 1 & 0\\ 0 & 1 & 0 & 0 & 0.01 & 0.99\\ 0 & 0 & 1 & 0.875 & 0.125 & 0\\ 0 & 1 & 0 & 0 & 0.18 & 0.82\end{bmatrix}$$

4. 用层次分析法确定权重向量 $\boldsymbol{A}$

首先，构造判断矩阵：$\boldsymbol{A}$ 是 $\boldsymbol{U}$ 中各因素对被评事物的隶属关系，它取决于模糊综合评判，即根据评判时各因素的重要性分配权重。本模型运用层次分析法对每一层次指标进行两两比较，确定相应权重，其判断矩阵如下：

$$\boldsymbol{A}=(a_{ij})_{n\times n}=\left(\frac{W_i}{W_j}\right)_{n\times n}$$

根据表 21 中标度的取值及含义，通过 n 个要素 $\boldsymbol{A}_1,\boldsymbol{A}_2,\boldsymbol{A}_3,\cdots,\boldsymbol{A}_n$ 之间进行两

两比较，来确定判断矩阵。通过对影响力的大小进行判断打分，得到权重判断矩阵：

$$\begin{bmatrix} 1 & 1 & 1 & 3 & 1/3 & 1/5 \\ 1 & 1 & 1 & 3 & 1/3 & 1/5 \\ 1 & 1 & 1 & 3 & 1/3 & 1/5 \\ 1/3 & 1/3 & 1/3 & 1 & 1/5 & 1/7 \\ 3 & 3 & 3 & 1/5 & 1 & 1/3 \\ 5 & 5 & 5 & 7 & 3 & 1 \end{bmatrix}$$

表 21　标度的含义

标度	含义
1	表示两个因素相比，具有相同重要性
3	表示两个因素相比，前者比后者稍重要
5	表示两个因素相比，前者比后者明显重要
7	表示两个因素相比，前者比后者强烈重要
9	表示两个因素相比，前者比后者极端重要
2，4，6，8	表示上述相邻判断的中间值

再对该矩阵进行层次单排序及一致性检验：判断矩阵 $\boldsymbol{A}$ 对应于最大特征值 $\max\lambda$ 的特征向量 $\boldsymbol{w}$，经归一化后即为同一层次相应因素对于上一层次某因素相对重要性的排序权值，这一过程称为层次单排序。上述构造成对比较判断矩阵的办法虽能减少其他因素的干扰，较客观地反映出一对因子影响力的差别。但综合全部比较结果时，其中难免包含一定程度的非一致性。如果比较结果是前后完全一致的，则矩阵 $\boldsymbol{A}$ 的元素还应满足

$$a_{ik}a_{kj} = a_{ij}\ (i, j, k = 1, 2, 3, \cdots, n)$$

对判断矩阵的一致性检验的步骤如下：

（1）计算一致性指标

$$CI = \frac{\lambda_{\max} - n}{n-1}$$

（2）查找相应的平均随机一致性指标 RI。$n = 1, 2, \cdots, 9$ 所对应 RI 的值见表 22。

（3）计算一致性比例

$$CR = \frac{CI}{RI}$$

表22 RI 的值

n	1	2	3	4	5	6	7	8	9
RI	0	0	0.58	0.90	1.12	1.24	1.32	1.41	1.45

当 $CR<0.10$ 时，认为判断矩阵的一致性是可以接受的，否则应对判断矩阵作适当修正，利用 MATLAB 7.10.0 编程，求得权重

$$\boldsymbol{w}=\begin{bmatrix}0.0916\\0.0916\\0.0916\\0.0395\\0.2292\\0.4564\end{bmatrix}$$

5. 确定模糊的综合评价结果

将 $\boldsymbol{w}$ 与 $\boldsymbol{R}$ 相乘得到综合评价结果 $\boldsymbol{B}=(b_1,b_2,b_3,\cdots,b_m)$，即 $\boldsymbol{B}=\boldsymbol{w}^{\mathrm{T}}\boldsymbol{R}$，可得到

$$\boldsymbol{B}=\boldsymbol{w}^{\mathrm{T}}\boldsymbol{R}=\begin{bmatrix}0.0916\\0.0916\\0.0916\\0.0395\\0.2292\\0.4564\end{bmatrix}^{\mathrm{T}}\begin{bmatrix}0&1&0&0&0.82&0.18\\0&0&1&0.55&0.45&0\\0&0.55&0.45&0&1&0\\0&1&0&0&0.01&0.99\\0&0&1&0.875&0.125&0\\0&1&0&0&0.18&0.82\end{bmatrix}=\begin{bmatrix}0\\0.6379\\0.3621\\0.2509\\0.3191\\0.4298\end{bmatrix}^{\mathrm{T}}$$

为计算方便，可转化为

$$\boldsymbol{B}=\begin{bmatrix}0&0.2509\\0.6379&0.3191\\0.3621&0.4298\end{bmatrix}$$

6. 影响力的量化（即模糊向量单值化）

若已知 $\boldsymbol{M}=(m_1,m_2,\ldots,m_m)$，给每一向量打分，得到向量 $(m_1',m_2',\ldots,m_m')$，则最终的量化值的计算式为

$$C=\frac{\sum_{j=1}^{m}b_j^k m_j'}{\sum_{j=1}^{m}b_j^k}\quad(k=1\text{ 或 }2)$$

赋予评价等级尺度 $\boldsymbol{V}'=[1\ 2\ 3]$，利用以上公式，将上述综合评价结果转换成数值，即

$$\boldsymbol{C}=\boldsymbol{V}'\boldsymbol{B}=\begin{bmatrix}1 & 2 & 3\end{bmatrix}\begin{bmatrix}0 & 0.2509\\0.6379 & 0.3191\\0.3621 & 0.4298\end{bmatrix}=\begin{bmatrix}2.3618 & 2.1787\end{bmatrix}$$

即得北京奥运会与上海世博会的影响力的综合评价得分值，见表23。

表23　综合评价得分

项目	奥运会	世博会
量化值	2.3618	2.1787

在该评价模型中，上海世博会的综合评价得分低于北京奥运会，可见仅从经济层面出发，北京奥运会的影响力还是比上海世博会的影响力要大。从文中的各评价指标取值分析，北京奥运会对房地产、工业增长以及就业岗位增长的带动作用要明显优于世博会，而这几方面对经济产生的推动作用是巨大的。因此，从长久经济效益角度来看，北京奥运会的影响力较上海世博会更大，北京奥运会对城市的经济发展起到了更大的促进作用。

六、模型的评价及推广

6.1　模型的优点

（1）在纵向（与往届世博会）比较时，针对大众对世博会的关注程度，本文巧妙地定义了“媒体相对关注度”这个概念，并利用网络上各大著名新闻社、报社的累计报道量，对该指标进行了量化讨论，这种方法能够比较精确地应用于其他各类关注度、影响力的定量分析讨论中。

（2）在横向（与北京奥运会）比较时，根据所得数据，建立了模糊综合评价模型，经过问题的讨论证明，该综合模型在解决定量分析问题中具有比较好的作用。

（3）本文在考虑上海世博会的影响力时，不仅仅考虑其与往届世博会的影响力对比，还分析了其与北京奥运会的横向影响力对比，从而对上海世博会影响力有更全面、透彻的理解。

6.2　模型的缺点

（1）由于在网上所能查到的数据有限，本文在处理模型一的数据时，进行了一定的简化，并且忽略了不同的时代可能造成的数据改变（比如人民币升值、人口的变化)，这与实际情况有一定的出入，是下一步处理该相对性指标所应该注意的。

（2）在模型二中，对评价等级尺度的赋值都是主观决定的，人为影响因素比较大，会使计算所得值存在一定的误差。

6.3 模型的改进

（1）鉴于层次分析法的主观性较强，考虑可以采用最大离差法、类间标准差法、CRITIC 法等客观性较强的权重确定方法；同时也可以对层次分析法加以改进，引入专家评议来减少个人的主观因素。

（2）模型中用到的大量数据都是从网上查询所得的，其正确性无从考证。如果可以利用数学模型将本题所需所有指标的数据都进行预测，以该预测值作为模型的基本数据，会达到更好的效果。

参考文献

[1] 谢飞帆. 世界博览会的效益评估[J]. 社会科学，1999（12）：29-32.

[2] 陈希儒，倪国熙. 数理统计学教程[M]. 上海：上海科学技术出版社，1988.

[3] 王战，朱林楚. 2010 年世博会：创新与发展[M]. 上海：上海财经大学出版社，2004.

[4] 陈义华，卢顺霞，吴志彬，等. 区域影响力的多层次灰色评价模型及其应用[J]. 重庆大学学报，2007，3（12）：141-145.

[5] 孙修东. 多因素模糊层次综合评判决策模型及其应用[J]. 河南机电高等专科学校学报，2004，10（4）：54-56.

[6] 2010 年上海世博会园区即时客流统计，上海世博网，http://www.expo2010.cn/.

[7] 上海统计年鉴，上海统计局，http://www.stats-sh.gov.cn/2008shtj/index.asp.

【论文评述】

本论文选择从经济层面定量评估上海世博会的影响力。首先通过对“影响力”一词的理解，明确给出了具体的定义，论证合理。接着综合考虑思考角度、参照对象、指标选择方式与方法，分别构建了纵向（与 1970 年大阪世博会、1992 年塞维利亚世博会、2000 年汉诺威世博会、2005 年爱知世博会）比较和横向（与 2008 年北京奥运会）比较两个综合评价模型。利用互联网上查到的数据，对上海世博会的影响力进行了较为全面的定量评估与分析。文字叙述简明，交代清楚。

在进行纵向比较时，建立了基于熵权法与灰色关联度的综合评价模型；在进行横向比较时，建立了模糊综合评价模型。两个模型的各评价指标的选取理由交代充分，数据处理与量化的方式准确合理。尤其是在纵向比较时，为消除不同时代信息化程度不同而产生的误差，文中对搜索量进行相对化处理，巧妙引入“基强度”这一概念，并将报道量与基强度的比值定义为世博会的“媒体相对关注度”，然后利用网络上各大著名新闻社、报社的累计报道量，对该指标进行了量化讨论，堪称本文的一个亮点。此外，由于竞赛时上海世博会尚未结束，文中利用世博会官网查到的共 135 天的数据，通过观察数据特点，选择 Logistic 模型较为准确地预测了上海世博会的参观总人数（文中预测总人数 6955 万人，实际 7308.4 万人，误差不超过 5%）。

在模型建立与结果的展示方面，文中采取公式、图示以及大量数据表格的描述方式，增强了科学性、直观性和说服力。不足之处在于对于两个模型结果的讨论略显单薄，没有深挖结论背后的原因。

文章整体思路清晰，条理清楚，考虑问题较为全面，是一篇优秀的数学建模论文。

（马翠）

2011年B题

交巡警服务平台的设置与调度

“有困难找警察”是家喻户晓的一句流行语。警察肩负着刑事执法、治安管理、交通管理、服务群众四大职能。为了更有效地贯彻实施这些职能，需要在市区的一些交通要道和重要部位设置交巡警服务平台。每个交巡警服务平台的职能和警力配备基本相同。由于警务资源是有限的，如何根据城市的实际情况与需求合理地设置交巡警服务平台、分配各平台的管辖范围、调度警务资源是警务部门面临的一个实际课题。

试就某市设置交巡警服务平台的相关情况，建立数学模型，分析、研究下面的问题：

问题一：附件1中的附图1给出了该市中心城区A的交通网络和现有的20个交巡警服务平台的设置情况示意图，相关的数据信息见附件 2。请为各交巡警服务平台分配管辖范围，使其在所管辖的范围内出现突发事件时，尽量能在3min内有交巡警（警车的时速为60km/h）到达事发地。

对于重大突发事件，需要调度全区20个交巡警服务平台的警力资源，对进出该区的 13 条交通要道实现快速全封锁。实际中一个平台的警力最多封锁一个路口，请给出该区交巡警服务平台警力合理的调度方案。

根据现有交巡警服务平台的工作量不均衡和有些地方出警时间过长的实际情况，拟在该区内再增加2～5个平台，请确定需要增加平台的具体个数和位置。

问题二：针对全市（主城六区A、B、C、D、E、F）的具体情况，按照设置交巡警服务平台的原则和任务，分析、研究该市现有交巡警服务平台设置方案（参见附件）的合理性。如果有明显不合理的情况，请给出解决方案。

如果该市地点P（第32个节点）处发生了重大刑事案件，在案发3min后接到报警，犯罪嫌疑人已驾车逃跑。为了快速搜捕嫌疑人，请给出调度全市交巡警服务平台警力资源的最佳围堵方案。

注：因篇幅原因，文中提及并未列出的“附件”均为题目自带，有需要的读者可在全国大学生数学建模竞赛官方网站（http://www.mcm.edu.cn/index_cn.html）上下载。

2011 年 B 题　全国一等奖及 MATLAB 创新奖

基于 0–1 规划的交巡警平台设置与调度模型

参赛队员：唐　棣　董小小　魏　歆
指导教师：罗万春

摘　要

本文研究的是交巡警平台的设置、管辖区域的划分以及发生重大突发事件时警务资源的调度问题。

问题一中，我们对城区 A 的交通网络和交巡警平台的设置进行了分析。首先，通过 Floyd 算法，计算出 20 个平台与各节点间的最短路径，并以此划分管辖区域，使各节点被距离它最近的平台管辖。尽管如此，仍有 6 个节点（28、29、38、39、61、92）距离平台超过 3km，导致这些节点发生案件时相应平台的出警时间过长。接下来，我们利用 0-1 规划模型，制订出了发生重大突发事件时交巡警平台警力的调度方案，并得出了最快完成全封锁的时间为 8min。最后，为使 A 区交巡警平台的设置更为合理，我们以各平台工作量的变异系数最小和最长出警时间最短为目标，再次建立 0-1 规划模型，设计出了新增平台的方案：①新增 4 个平台，分别位于节点 28（或 29）、61、39、91，此时，最长出警时间为 2.71min，工作量变异系数为 0.2004，是能在 3min 内快速出警且新增平台数最少的方案；②新增 5 个平台，分别位于节点 28（或 29）、61、39、91、67，此时，最长出警时间仍为 2.71min，工作量变异系数下降为 0.1526，是能在 3min 内快速出警且各平台工作量最均衡的方案。

问题二中，我们首先结合问题一中的 Floyd 算法和 0-1 规划模型，在不增加交巡警平台的前提下，对全市各区平台的管辖范围进行了划分，得到了最优的分配方案，并对其合理性进行了分析，发现：①主城各区交巡警平台工作量的变异系数都较小，即各平台的工作量较均衡，比较合理；②主城各区的最长出警时间都较大，尤其是 D 区和 E 区，远远超过了规定的 3min 出警时间，因此不合理。针对这一问题，以缩短最长出警时间为目标，继续采用 0-1 规划模型，设计出了能够在 3min 内快速出警且新增平台数最少的改进方案。

最后，在点 P（第 32 个节点）发生了重大刑事案件且犯罪嫌疑人已驾车逃跑 3min 的情况下，我们以嫌疑人落网时间（从开始逃跑到最后被捕的时间）最短为目标，以交巡警成功封锁节点和嫌疑人被完全围堵为约束条件，建立了0-1规划模型。求解出A区的围堵方案，并发现在围堵的区域内有逃离A区的4个出口（节点28、30、38、48），因此再将围堵范围拓展到C、D、F区。最终的调度方案为：调度18个平台的警力封锁18个节点，可使嫌疑人在20.25min内落网。

本文建立的0-1规划模型能与实际紧密联系，结合实际情况对问题进行求解，使得模型具有很好的通用性和推广性。

关键词：最短路径　0-1规划　交巡警平台

一、问题重述

交巡警平台是将行政执法、治安管理、交通管理、服务群众四大职能有机融合的新型防控体系。由于警务资源有限，如何根据城市的实际情况与需求合理地设置交巡警服务平台、分配各平台的管辖范围、调度警务资源是警务部门需要面临的一个实际课题。

试就某市设置交巡警服务平台的相关情况，建立数学模型，分析、研究下面的问题：

问题一：根据该市中心城区A的交通网络和现有的20个交巡警服务平台的设置情况示意图及相关的数据信息，请为各交巡警服务平台分配管辖范围，使其在所管辖的范围内出现突发事件时，尽量能在3min内有交巡警（警车的时速为60km/h）到达事发地。

对于重大突发事件，需要调度全区20个交巡警服务平台的警力资源，对进出该区的13条交通要道实现快速全封锁。实际中一个平台的警力最多封锁一个路口，请给出该区交巡警服务平台警力合理的调度方案。

根据现有交巡警服务平台的工作量不均衡和有些地方出警时间过长的实际情况，拟在该区内再增加2～5个平台，请确定需要增加平台的具体个数和位置。

问题二：针对全市（主城六区A、B、C、D、E、F）的具体情况，按照设置交巡警服务平台的原则和任务，分析、研究该市现有交巡警服务平台设置方案的合理性。如果有明显不合理的情况，请给出解决方案。

如果该市地点*P*（第32个节点）处发生了重大刑事案件，在案发3min后接到报警，犯罪嫌疑人已驾车逃跑。为了快速搜捕嫌疑人，请给出调度全市交巡警服务平台警力资源的最佳围堵方案。

二、模型假设

（1）交巡警出警时间是指从交巡警平台到达事发地路口节点所用的时间。

（2）交巡警平台管辖区域的划分对象为路口节点。

（3）一般情况下，各个交巡警平台的管辖范围相互独立。

（4）警车的平均时速为 60km/h。

（5）全封锁是以最后一个路口节点完成封锁为标志的。

（6）常规情形下，全市各区的交巡警平台不跨区管理。

（7）每个节点仅由一个平台管辖，每个平台可管辖多个节点。

（8）嫌疑人的平均逃跑速度与警车的平均速度相同。

三、符号说明

（1）m：研究范围内节点的个数。

（2）n：研究范围内交巡警平台的个数。

（3）l：研究范围内进出口的个数。

（4）S_{ij}：交巡警平台 j 到节点 i 的距离。

（5）V：警车时速。

（6）C_i：节点 i 的案发率。

（7）W_j：交巡警平台 j 的工作量，即平台 j 管辖范围内各节点案发率的总和。

（8）T_j：第 j 个平台的最长出警时间。

四、问题分析

1. 问题一

对于交巡警平台管辖区域的分配问题，为了尽量使交巡警在 3min 内（警车的时速为 60km/h）到达事发地。我们将节点归为距离其最短的平台来管辖。该问题即转化为对平台与节点间最短路径的求解[1]。

发生重大突发事件后，调度 20 个交巡警服务平台的警力资源，对进出该区的 13 条交通要道实现快速全封锁。根据假设（5），完成全封锁的时间取决于调度中距离最远的交巡警平台的警力到达出口的时间。因此，我们提出以下两个调度原则：

- 以最大调度距离最短为优。
- 以总调度距离最小为优。

对于各平台，只有调度和不调度两种情况，因此，可用 0-1 规划的思想建立模型[2]。

为了改善现有交巡警服务平台的工作量不均衡和有些地方出警时间过长的实

际情况，我们提出以下交巡警平台设置原则：

- 以平台的最长出警时间最短为优。
- 以平台工作量的变异系数最小为优。

依据以上两个原则，利用 0-1 规划模型，对管辖范围进行重新划分，并确定新增平台的个数及位置。

2. 问题二

要分析研究全市的交巡警服务平台设置是否合理，首先，应根据问题一中交巡警平台的设置原则，对各区各平台的管辖范围进行划分；然后，根据平台的最长出警时间和工作量的均衡性，对其合理性进行分析，若不合理，则可通过增加平台数来解决这一问题。

该市地点 P（第 32 个节点）发生了重大刑事案件，犯罪嫌疑人已驾车逃跑 3min。为了快速围堵嫌疑人，以其落网时间（从逃跑到最后被捕的时间）最短为目标，可以通过 0-1 规划模型设计平台警力的调度方案。成功封锁节点是指交巡警先于嫌疑人到达该节点；成功围堵是指嫌疑人被限制于一定的区域内，该区域与外界相通的道路节点全部被成功封锁。计算时可以先求出 A 区的围堵方案，在围堵的区域内若存在逃离 A 区的出口节点，则再将围堵范围拓展到其他区，直至嫌疑人被完全围堵。

五、模型的建立与求解

5.1 问题一：A 区交巡警平台的设置与调度分析

5.1.1 A 区交巡警平台的管辖范围分配

当出现突发事件时，显然为使交巡警警力尽量能在 3min 内（警车的时速为 60km/h）到达事发地点，需要各节点由距离其最近的交巡警平台来管辖。该问题的核心是对平台与节点间路径之和最小值的求解，常用 Floyd 算法。

（1）Floyd 算法步骤[3]。

第 1 步：将各顶点编为$1,2,\cdots,N$确定矩阵$\boldsymbol{D}_0$，其中(i,j)元素等于从顶点i到顶点j最短弧的长度（如果有最短弧的话）。如果没有这样的弧，则令 $d_{ij}^0=\infty$。对于i，令$d_{ii}^0=0$。

第 2 步：对$m=1,2,\cdots,N$，依次由$\boldsymbol{D}_{m-1}$的元素确定$\boldsymbol{D}_m$的元素，应用下列递归公式：

$$d_{ij}^{m}=\min\left\{d_{im}^{m-1}+d_{mj}^{m-1},d_{ij}^{m-1}\right\} \quad (1)$$

每当确定一个元素时，就记下它所表示的路径。在算法终止时，矩阵 $\boldsymbol{D}_n$ 的元素 (i,j) 就表示从顶点 i 到顶点 j 最短路径的长度。

根据附件中各点的坐标，作 A 区的交通网络图，如图 1 所示。

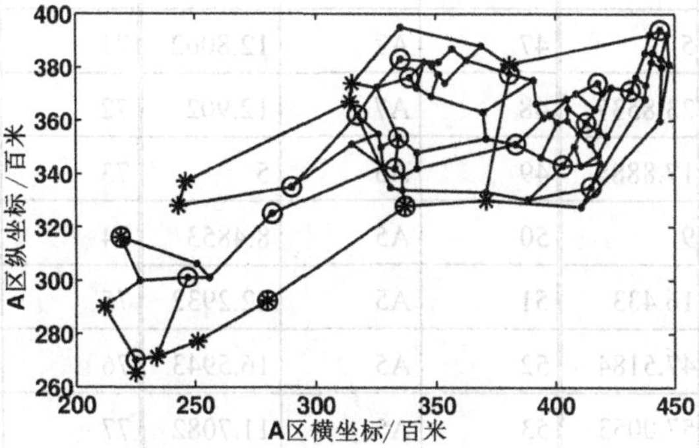

注：图中节点处加上圈的是平台。

图 1　A 区的交通网络与平台设置的示意图

（2）根据 Floyd 算法结果和图 2 中的流程图，利用 MATLAB 编程[4]，可找出距离各节点最近的平台及其距离，见表 1。

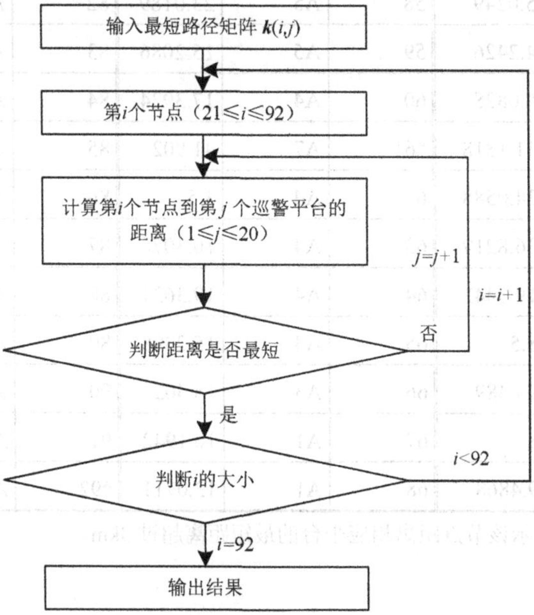

图 2　A 区寻找距离节点最近的交巡警平台的流程图

表 1 距离各节点最近的平台编号及距离

节点编号	平台编号	距离/百米	节点编号	平台编号	距离/百米	节点编号	平台编号	距离/百米
21	A13	27.0831	45	A9	10.9508	69	A1	5
22	A13	9.0554	46	A8	9.3005	70	A2	8.6023
23	A13	5	47	A7	12.8062	71	A1	11.4031
24	A13	23.8537	48	A7	12.902	72	A2	16.0623
25	A12	17.8885	49	A5	5	73	A1	10.2961
26	A11	9	50	A5	8.4853	74	A1	6.265
27	A11	16.433	51	A5	12.2932	75	A1	9.3005
*28	A15	47.5184	52	A5	16.5943	76	A1	12.8361
*29	A15	57.0053	53	A5	11.7082	77	A19	9.8489
30	A7	5.831	54	A3	22.7089	78	A1	6.4031
31	A9	20.5572	55	A3	12.659	79	A19	4.4721
32	A7	11.4018	56	A5	20.837	80	A18	8.0623
33	A8	8.2765	57	A4	18.6815	81	A18	6.7082
34	A9	5.0249	58	A5	23.0189	82	A18	10.7935
35	A9	4.2426	59	A5	15.2086	83	A18	5.3852
36	A16	6.0828	60	A4	17.3924	84	A20	11.7522
37	A16	11.1818	*61	A7	41.902	85	A20	4.4721
*38	A16	34.0588	62	A4	3.5	86	A20	3.6056
*39	A2	36.8219	63	A4	10.3078	87	A20	14.6509
40	A2	19.1442	64	A4	19.3631	88	A20	12.9463
41	A17	8.5	65	A3	15.2398	89	A20	9.4868
42	A17	9.8489	66	A3	18.402	90	A20	13.0224
43	A2	8	67	A1	16.1942	91	A20	15.9877
44	A2	9.4868	68	A1	12.0711	*92	A20	36.0127

注 表中加“*”表示该节点距离相应平台的最短距离超过 3km。

由此可得各平台的管辖范围，见表 2。

表 2 各平台的管辖范围

交巡警平台	节点
A1	67 68 69 71 73 74 75 76 78
A2	39 40 43 44 70 72
A3	54 55 65 66
A4	57 60 62 63 64
A5	49 50 51 52 53 56 58 59
A6	无
A7	30 32 47 48 61
A8	33 46
A9	31 34 35 45
A10	无
A11	26 27
A12	25
A13	21 22 23 24
A14	无
A15	28 29
A16	36 37 38
A17	41 42
A18	80 81 82 83
A19	77 79
A20	84 85 86 87 88 89 90 91 92

表 2 中，平台 6、10、14 由于距离周围的节点较远，因此主要负责解决自身的突发事件。

根据表 2，我们在图中对各个平台的管辖范围进行划分，如图 3 所示。

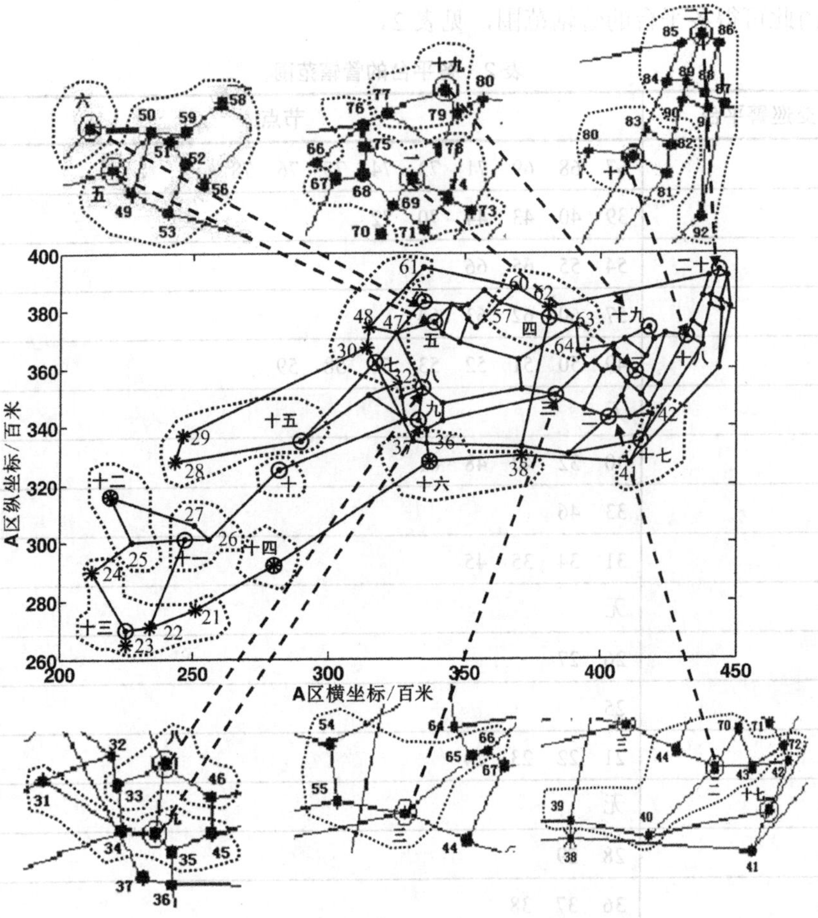

图3 A区各平台管辖范围示意图

5.1.2 A区13条交通要道的快速封锁调度方案

根据Floyd算法得出的最短路径矩阵，我们可以求出A区20个平台分别到达A区13个出口的最短路程，见表3。

表3 A区各平台到出口的最短路程 单位：百米

出口	A1	A2	A3	A4	A5	A6	A7	A8	A9	A10
1	222.36	204.64	183.52	219.97	176.28	176.59	149.15	140.93	130.11	75.87
2	160.28	141.30	127.67	150.09	129.70	130.00	109.01	94.34	82.74	127.76
3	92.87	73.88	60.26	82.67	62.28	62.59	41.60	26.92	15.33	69.57
4	192.93	173.95	160.32	182.73	162.35	162.65	141.66	126.99	115.39	95.11

续表

出口	A1	A2	A3	A4	A5	A6	A7	A8	A9	A10
5	210.96	191.97	178.35	200.76	177.50	177.80	150.36	142.14	131.32	77.08
6	225.02	206.03	192.41	214.82	191.55	191.86	164.42	156.19	145.38	91.13
7	228.93	211.21	190.09	226.54	182.85	183.16	155.72	147.50	136.68	82.44
8	190.01	172.29	151.17	162.27	113.07	113.37	85.70	102.28	97.76	141.95
9	195.16	177.44	156.32	155.35	106.15	106.46	80.15	104.93	107.24	151.44
10	120.83	103.11	82.00	81.03	31.83	32.14	5.83	30.61	34.92	79.11
11	58.81	39.82	60.94	48.61	94.21	94.52	73.53	58.85	47.26	101.50
12	118.50	103.10	81.98	73.96	24.76	25.06	12.90	30.99	41.99	86.19
13	48.85	60.35	43.93	3.50	52.55	53.37	79.92	86.77	93.37	147.61

出口	A11	A12	A13	A14	A15	A16	A17	A18	A19	A20
1	37.91	0.00	59.77	119.50	170.30	145.43	218.92	242.47	225.47	269.46
2	83.37	119.50	59.73	0.00	132.98	67.42	149.03	185.14	169.61	212.13
3	113.95	145.43	127.15	67.42	65.56	0.00	81.62	117.73	102.20	144.71
4	50.72	86.85	27.08	32.65	165.63	100.07	181.68	217.79	202.26	244.78
5	32.70	68.83	9.06	50.68	171.51	118.09	199.71	235.82	220.29	262.81
6	46.75	64.77	5.00	64.73	185.56	132.15	213.77	249.88	234.35	276.86
7	38.05	35.92	23.85	83.59	176.87	151.00	225.49	249.04	232.04	276.03
8	186.33	217.81	228.08	180.50	47.52	113.08	186.57	210.12	193.12	230.11
9	195.82	227.30	237.57	189.17	57.01	121.75	195.24	215.27	198.26	223.19
10	123.50	154.98	165.25	114.84	44.01	47.43	120.92	140.94	123.94	148.87
11	145.88	177.36	161.21	101.48	97.50	34.06	47.56	83.67	76.39	110.66
12	130.57	162.05	172.32	121.91	51.09	54.50	127.99	136.99	119.99	141.80
13	191.99	223.47	213.32	153.59	118.10	86.17	78.21	67.34	50.34	64.49

出现重大突发事件时，需调度 20 个交巡警服务平台的警力资源，对进出该区的 13 条交通要道实现快速全封锁。

对于各平台，只有调度和不调度两种情况，因此，可用 0-1 规划的思想建立模型。设 x_{kj} 为第 k 个出口被第 j 个平台的警力封锁的情况，则有

$$x_{kj}=\begin{cases}0, & \text{第 } k \text{ 个出口不被第 } j \text{ 个平台的警力封锁}\\ 1, & \text{第 } k \text{ 个出口被第 } j \text{ 个平台的警力封锁}\end{cases} \qquad (2)$$

$$(k=1,2,3,\cdots,l;\ j=1,2,3,\cdots,n)$$

1. 最快实现完全封锁的调度方案

题目要求在最短时间内实现全封锁，而全封锁的时间是由封锁最后一个路口所用的时间决定的。因此，以最快实现全封锁为目标函数，可转化为求最远调度距离的最小值，表述为

$$\min Z=\max_{1\leqslant k\leqslant l}\left(\sum_{j=1}^{n}S_{kj}x_{kj}\right) \tag{3}$$

式中，Z 表示所有调度中的最远距离，S_{kj} 表示第 j 个平台到第 k 个出口的距离。

约束条件如下：

（1）平台安排的约束。由于有 20 个平台，13 个出口，每个平台最多封锁一个出口，因此第 j 个平台不一定被调去封锁出口，即

$$\sum_{k=1}^{l}x_{kj}\leqslant 1,j=1,2,3,\cdots,n \tag{4}$$

（2）出口被唯一一个平台封锁的约束，则有

$$\sum_{j=1}^{n}x_{kj}=1,k=1,2,3,\cdots,l \tag{5}$$

综上，最快实现全封锁的模型为[5]

$$\min Z=\max_{1\leqslant k\leqslant l}\left(\sum_{j=1}^{n}S_{kj}x_{kj}\right)$$
$$s.t.\begin{cases}\sum_{k=1}^{l}x_{kj}\leqslant 1,j=1,2,3,\cdots,n\\ \sum_{j=1}^{n}x_{kj}=1,k=1,2,3,\cdots,l\\ x_{kj}\in\{0,1\}\end{cases} \tag{6}$$

根据模型（6），利用 MATLAB 编程，最后可以得到数个最优解，再结合表 3，可得到其中 4 个结果，见表 4 至表 7。

表 4 调度方案 1

出口	平台	距离/百米	出口	平台	距离/百米
1	A12	0.00	8	A15	47.52
2	A16	67.42	9	A7	80.15
3	A5	62.28	10	A8	30.61

续表

出口	平台	距离/百米	出口	平台	距离/百米
4	A13	27.08	11	A9	47.26
5	A10	77.08	12	A4	73.96
6	A14	64.73	13	A2	60.35
7	A11	38.05			

表 5　调度方案 2

出口	平台	距离/百米	出口	平台	距离/百米
1	A12	0	8	A15	47.52
2	A16	67.42	9	A7	80.15
3	A2	73.88	10	A9	34.92
4	A14	32.65	11	A8	58.85
5	A10	77.08	12	A5	24.76
6	A13	5.00	13	A4	3.50
7	A11	38.05			

表 6　调度方案 3

出口	平台	距离/百米	出口	平台	距离/百米
1	A12	0.00	8	A15	47.52
2	A16	67.42	9	A7	80.15
3	A9	15.33	10	A8	30.61
4	A14	32.65	11	A4	48.61
5	A10	77.08	12	A5	24.76
6	A11	46.75	13	A2	60.35
7	A13	23.85			

表 7　调度方案 4

出口	平台	距离/百米	出口	平台	距离/百米
1	A12	0.00	8	A15	47.52
2	A16	67.42	9	A7	80.15
3	A8	26.92	10	A9	34.92
4	A13	27.08	11	A2	39.82

续表

出口	平台	距离/百米	出口	平台	距离/百米
5	A10	77.08	12	A4	73.96
6	A14	64.73	13	A5	52.55
7	A11	38.05			

观察上述4个调度方案可以发现，这些调度方案中，距离最远的都是平台7至出口9，为80.15百米，所以完成A区完全封锁的时间即由此决定，需要8min。

在此基础上，以总调度距离最短为目标函数，对除平台7和出口9以外的出口和交巡警平台进一步作0-1规划的模型为

$$\min Y=\sum_{k=1}^{l-1}\sum_{j=1}^{n-1}S_{kj}x_{kj}$$

$$s.t.\begin{cases}\sum_{k=1}^{l-1}x_{kj}\leqslant 1, j=1,2,3,\cdots,(n-1)\\ \sum_{j=1}^{n-1}x_{kj}=1, k=1,2,3,\cdots,(l-1)\\ x_{kj}\in\{0,1\}\end{cases}\tag{7}$$

式中，Y表示总调度距离，$n-1$表示除平台7以外的平台总数，$l-1$表示除出口9以外的出口总数。

利用LINGO软件对其进行求解[6]，最终结果见表8。

表8 最快实现完全封锁且总距离相对最短的调度方案

出口	平台	距离/百米	出口	平台	距离/百米
1	A12	0	8	A15	47.52
2	A16	67.42	9	A7	80.15
3	A8	26.92	10	A9	34.92
4	A14	32.65	11	A2	39.82
5	A10	77.08	12	A5	24.76
6	A13	5	13	A4	3.5
7	A11	38.05			

综上，最快实现完全封锁的时间为8min，调度的总距离为477.79百米。

2. 总距离最短的调度方案

若以总距离最短为目标函数（不考虑是否能最快完成全封锁），可表述为

$$\min Y = \sum_{k=1}^{l}\sum_{j=1}^{n} S_{kj}x_{kj} \tag{8}$$

约束条件为

$$\begin{cases} \sum_{k=1}^{l} x_{kj} \leqslant 1, j=1,2,\cdots,n \\ \sum_{j=1}^{n} x_{kj} = 1, k=1,2,\cdots,l \\ x_{kj} = 0,1 \end{cases} \tag{9}$$

利用 LINGO 软件对其求解，最终结果见表 9。

表 9 总距离最短的调度方案

出口	平台	距离/百米	出口	平台	距离/百米
1	A12	0	8	A15	47.51
2	A14	0	9	A8	104.93
3	A16	0	10	A7	5.83
4	A9	115.39	11	A2	39.82
5	A10	77.08	12	A5	24.75
6	A13	5	13	A4	3.5
7	A11	38.05			

总距离为 461.88 百米，最远距离为 115.39 百米，在 11 分 32 秒时完成全部封锁。

通过对比上述两种目标不同的规划，可以发现总距离最短时，完成全封锁所需的时间更长，是由于其最远距离并非最短，不符合题目要求。因此我们采用最快实现完全封锁且总距离相对最短的调度方案（表 8）。

5.1.3 增加交巡警平台的分配方案

由于各平台管辖范围内的节点数差异很大，以及各节点的案发率不同，造成现有交巡警服务平台的工作量不均衡，部分地方的出警时间过长。因此，可以通过增加交巡警服务平台及重新分配管辖范围，来解决这一问题。

根据 Floyd 算法，平台与节点间的最短路程不超过 3km 的对应关系见表 10 和表 11。

表10 各交巡警平台周围3km以内的所有节点

交巡警平台	节点
A1	1、42、43、44、64、65、66、67、68、69、70、71、72、73、74、75、76、77、78、79、80
A2	2、39、40、42、43、44、66、67、68、69、70、71、72、73、74、75、76、78
A3	3、43、44、54、55、64、65、66、67、68、70、76
A4	4、57、58、60、62、63、64、65、66
A5	5、47、48、49、50、51、52、53、56、58、59
A6	6、47、48、50、51、52、56、58、59
A7	7、30、31、32、33、34、47、48、61
A8	8、31、32、33、34、35、36、37、45、46、47
A9	9、31、32、33、34、35、36、37、45、46
A10	10
A11	11、25、26、27
A12	12、25
A13	13、21、22、23、24
A14	14
A15	15、28、29、31
A16	16、33、34、35、36、37、38、45、46
A17	17、40、41、42、43、70、72
A18	18、71、72、73、74、77、78、79、80、81、82、83、84、85、87、88、89、90、91
A19	19、64、65、66、67、68、69、70、71、73、74、75、76、77、78、79、80、81、82、83
A20	20、81、82、83、84、85、86、87、88、89、90、91、92

注 由表1可知，有6个节点（28、29、38、39、61、92）与距其最近的交巡警平台的距离超过3km，但仍将其划归为距离最近的平台。

表11 各节点周围3km以内的所有平台

节点 i	平台编号 j	节点 i	平台编号 j	节点 i	平台编号 j	节点 i	平台编号 j
1	A1	24	A13	47	A5、A6、A7、A8	70	A1、A2、A3、A17、A19
2	A2	25	A11、A12	48	A5、A6、A7、A23	71	A1、A2、A17、A18

续表

节点 i	平台编号 j	节点 i	平台编号 j	节点 i	平台编号 j	节点 i	平台编号 j
3	A3	26	A11	49	A5	72	A1、A2、A17、A18
4	A4	27	A11	50	A5、A6	73	A1、A2、A18、A19
5	A5	28	A15	51	A5、A6	74	A1、A2、A18、A19
6	A6	29	A15	52	A5、A6	75	A1、A2、A19
7	A7	30	A7	53	A5	76	A1、A2、A3、A19
8	A8	31	A7、A8、A9、A15	54	A3	77	A1、A18、A19
9	A9	32	A7、A8、A9	55	A3	78	A1、A2、A18、A19
10	A10	33	A7、A8、A9、A16	56	A5、A6	79	A1、A18、A19
11	A11	34	A7、A8、A9、A16	57	A4	80	A1、A18、A19
12	A12	35	A8、A9、A16	58	A4、A5、A6	81	A18、A19、A20
13	A13	36	A8、A9、A16	59	A5、A6	82	A18、A19、A20
14	A14	37	A8、A9、A16	60	A4	83	A18、A19、A20、
15	A15	38	A16	61	A7	84	A18、A20
16	A16	39	A2	62	A4	85	A18、A20
17	A17	40	A2、A17、A22	63	A4	86	A20
18	A18	41	A17	64	A1、A3、A4、A19	87	A18、A20
19	A19	42	A1、A2、A17	65	A1、A3、A4、A19	88	A18、A20
20	A20	43	A1、A2、A3、A17	66	A1、A2、A3、A4、A19	89	A18、A20
21	A13	44	A1、A2、A3	67	A1、A2、A3、A19	90	A18、A20
22	A13	45	A8、A9、A16	68	A1、A2、A3、A19	91	A18、A20
23	A13	46	A8、A9、A16	69	A1、A2、A19	92	A20

由表 11 可知，部分节点周围 3km 以内有多个平台，因此根据工作量和出警时间对其进行规划，使得每个节点只被一个平台管辖。

对于节点 i，只有被平台 j 管辖和不被平台 j 管辖两种情况。因此，可设计 0-1 变量。令

$$x_{ij}=\begin{cases}0, & \text{第 } i \text{ 个节点不被第 } j \text{ 个平台管辖}\\ 1, & \text{第 } i \text{ 个节点被第 } j \text{ 个平台管辖}\end{cases} \tag{10}$$

$$(i=1,2,3,\cdots,m;\ j=1,2,3,\cdots,n)$$

交巡警平台的工作量可表示为该平台管辖范围内各节点案发率的总和，即

$$W_j=\sum_i C_i x_{ij} \tag{11}$$

$$(i=1,2,3,\cdots,m;\ j=1,2,3,\cdots,n)$$

式中，W_j 指交巡警平台 j 的工作量，C_i 表示节点 i 的日案发率。

根据假设（1），交巡警的出警时间是指从接警到到达事发地路口节点的时间，即

$$T_j=\max_{1\leqslant i\leqslant m}\left(\frac{S_{ij}x_{ij}}{V}\right) \tag{12}$$

$$(i=1,2,3,\cdots,m;\ j=1,2,3,\cdots,n)$$

式中，T_j 表示第 j 个平台的最长出警时间，S_{ij} 表示第 j 个平台到达第 i 个节点的最短距离。

1. 确定目标函数

目标函数 1：要使各平台的工作量更加均衡，可使各交巡警平台工作量的变异系数最小，其值越小，表示各平台工作量越均衡，即

$$\min f_1=\frac{\sqrt{\dfrac{1}{n-1}\sum_{j=1}^{n}(W_j-\overline{W})^2}}{\overline{W}} \tag{13}$$

目标函数 2：最长出警时间达到最少，则有

$$\min f_2=\max_{1\leqslant j\leqslant n}(T_j) \tag{14}$$

2. 约束条件

（1）平台不闲的约束。为使每个平台不至于无管辖范围，可约束为它至少管辖自己所在的节点。当 $i=j$ 时，即：

$$x_{ij}=1,\ i=j \tag{15}$$

（2）每个节点都被平台管辖的约束。当 $i\neq j$ 时，根据假设（7），第 i 个节点必定被 $1\sim n$ 中的唯一一个平台管辖，即

$$\sum_{j=1}^{n}x_{ij}=1,\ i\neq j \tag{16}$$

（3）出警时间不超过 3min。

综上，考虑平台的工作量呈均衡性及合理出警时间的模型[7]为

$$\min f_1=\frac{\sqrt{\frac{1}{n-1}\sum_{j=1}^{n}(W_j-\overline{W})^2}}{\overline{W}}$$

$$\min f_2=\max_{1\leqslant j\leqslant n}(T_j)$$

$$s.t.\begin{cases}x_{ij}=1,\ \ i=j\\ \sum_{j=1}^{n}x_{ij}=1,\ \ i\neq j\\ \dfrac{S_{ij}}{V}\leqslant 3\\ x_{ij}\in\{0,1\}\\ \overline{W}=\dfrac{1}{n}\sum_{j=1}^{n}W_j\\ i=1,2,3,\cdots,m;\ \ j=1,2,3,\cdots,n\end{cases} \tag{17}$$

在不增加交巡警平台的前提下，将表 11 中的数据代入模型（17），利用 MATLAB 软件进行求解，结果见表 12。

表 12　最长出警时间最短且工作量均衡时各平台的管辖范围

交巡警平台	管辖的节点	日工作量（案件数）
A1	1　71　73　74　75　68	6.5
A2	2　43　44　70　69	6.9
A3	3　54　55　65　66　67	6.4
A4	4　57　60　62　63　64	6.6
A5	5　49　52　53　56　58	6.9
A6	6　50　59　47　51　48	6.9
A7	7　30　61	5.1
A8	8　33　46　32	6.5
A9	9　31　35　45	6.5
A10	10　34	3.7
A11	11　26　27	5.6
A12	12　25　24	5.1
A13	13　22　23	6
A14	14　21	4.9

续表

交巡警平台	管辖的节点	日工作量（案件数）
A15	15 28 29	4.8
A16	16 36 37 38 39	6.4
A17	17 41 42 40 72	6.8
A18	18 81 82 83 84 90 86	8.4
A19	19 76 77 78 79 80	6.1
A20	20 87 88 89 91 92 85	8.4

在不增加交巡警平台的前提下，最长出警时间为 5.70 min，出现在平台 15 前往节点 29 处理突发事件时。工作量的变异系数为 0.1830。

同理可求得增加平台 1～5 个时工作量变异系数及最长出警时间的变化，见表 13。

表 13 增加平台后工作量的变异系数和最长出警时间

新增平台个数	新增平台位置（节点号）	工作量的标准差	工作量的均值	变异系数	最长出警时间/min
0	无	1.14	6.23	0.1830	5.70
1	28 或 29	1.34	5.93	0.2260	4.19
2	61	1.51	5.66	0.2668	3.82
3	39	1.35	5.41	0.2495	3.68
4	91	1.04	5.19	0.2004	2.71
5	67	0.76	4.98	0.1526	2.71

由表 13 可知，增加 1～2 个交巡警平台时，新增的平台主要设置在原来距离其所属平台较远的节点处，这样大大缩减了最长出警时间，但是该新增平台能够分担的工作量相对较少，因此变异系数反而增加。而当增加 4～5 个交巡警平台时，新增的平台主要分布在节点相对较密集而平台较少的区域，使工作量更加均衡，因而变异系数大大减小。

出现这种变化趋势的原因是：在未增加交巡警平台时，两个规划目标中出警时间过长是主要矛盾；而当新增平台数超过 3 个时，出警时间已维持在一个较低的水平，此时，工作量的变异系数成为了影响结果的主导因素。

结论：增加 4 个交巡警平台，分别位于节点 28（29）、61、39 和 91，此时，最长出警时间已达到最小（2.71min），工作量的变异系数较小（0.2004）。增加 5 个交巡警平台，分别位于节点 28（29）、61、39、91 和 67，此时，工作量的变异系数最小（0.1526），最长出警时间最短（2.71min）。因此，若只考虑最长出警时间，可以只增加 4 个交巡警平台；若同时考虑工作量的均衡性，需增加 5 个交巡警平台。

5.2 问题二：全市交巡警平台的设置与调度

5.2.1 全市现有交巡警平台设置的合理性分析及调整方案

（1）B 区的情况。B 区现有交巡警平台 8 个，节点 73 个。首先，根据 Floyd 算法，得到平台与节点间的最短路程，并与 3km 作比较，结果如图 4 所示。

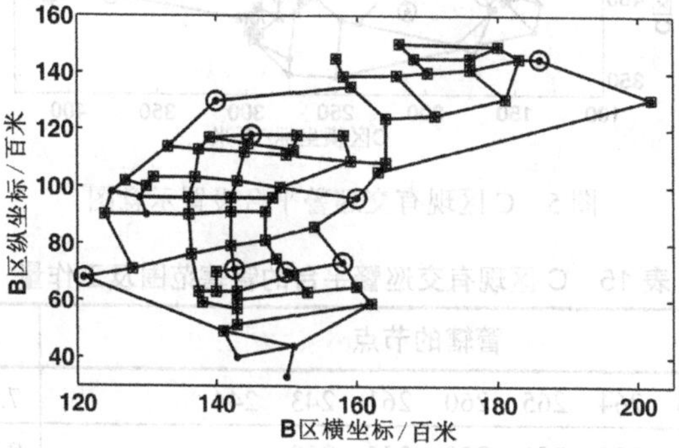

注：图中加有圆圈的节点表示交巡警平台，加有方框的节点表示被 3km 以内的平台管辖的节点，未加方框的节点距离周围平台超过 3km。（图 5～图 8 同）

图 4　B 区现有交巡警平台设置示意图

由图 4 可知，其中距离周围平台超过 3km 的节点是造成出警时间过长的原因。将 B 区的数据代入模型（17）可得到现有交巡警平台管辖范围的划分方案，见表 14。

表 14　B 区现有交巡警平台的管辖范围及工作量

交巡警平台	管辖的节点										工作量（案件数）
B1	101	102	103	120	121	122	123				5.4
B2	104	105	106	107	108	109	110	111	112	117	7.1
B3	113	114	115	116	126	128	129	131	136		7.3
B4	124	127	130	133	134	138	139	140	141		6.2
B5	135	137	143	144	119	142	145	162			6.7
B6	155	156	157	158	159	160	161				7.5
B7	148	149	152	153	163	164	165				5.2
B8	125	132	146	147	150	151	154	118			5.5

B 区最长出警时间为 4.47min，平台工作量的变异系数为 0.1743。

同理可求得其余各区的管辖范围及工作量。

（2）C 区的情况见图 5 和表 15。

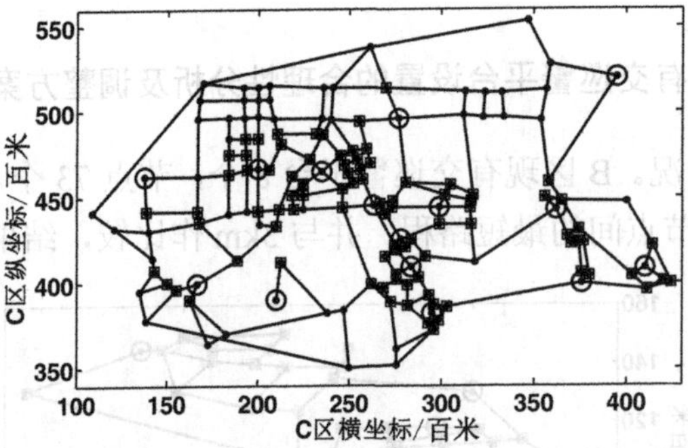

图 5 C 区现有交巡警平台设置示意图

表 15 C 区现有交巡警平台的管辖范围及工作量

平台	管辖的节点	工作量（案件数）
C1	262 263 264 265 260 261 243 244	7.7
C2	248 249 250 251 252 255 258	9.3
C3	189 190 191 192 246 253 315 316	7.3
C4	254 286 287 289 290 259 247	6.8
C5	222 223 224 225 226 273 276 277 283	8.0
C6	215 216 230 231 240 241 242 288	9.6
C7	217 218 227 228 229 311 312	8.1
C8	232 233 234 235 236 237 238 239 245	9.0
C9	211 212 213 214 219 220 221	7.5
C10	183 193 194 195 196 197 198 199	8.8
C11	184 185 186 187 188 303 304 295 296	10.0
C12	200 201 202 305 306 307 291 292	9.7
C13	203 204 205 206 207 208 209 210 284	9.6
C14	274 275 278 279 280 281 282 285	9.8
C15	268 269 270 297 298 299 300 301 302	9.3
C16	266 267 317 318 319 308 309 310	10.6
C17	256 257 271 272 293 294 313 314	9.3

C 区最长出警时间为 6.86min，平台工作量的变异系数为 0.1725。

（3）D 区的情况见图 6 和表 16。

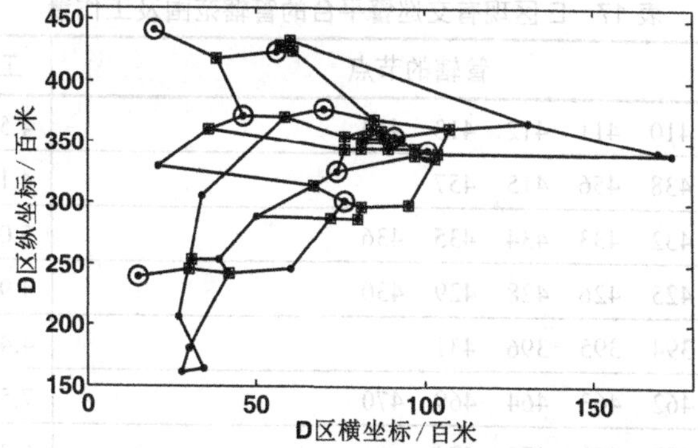

图 6 D 区现有交巡警平台设置示意图

表 16 D 区现有交巡警平台的管辖范围及工作量

平台	管辖的节点	工作量（案件数）
D1	347 348 349 350 370	6.5
D2	351 352 353 354 355	3.8
D3	367 359 360 368 369	6.2
D4	344 345 361 362 334	5
D5	363 364 365 366	6.8
D6	371 356 357 358	3.9
D7	343 346 335 336 339	4.5
D8	337 338 340 341 342	6.2
D9	329 330 331 332 333	4.3

D 区最长出警时间为 16.06min，平台工作量的变异系数为 0.2070。

（4）E 区情况见图 7 和表 17。

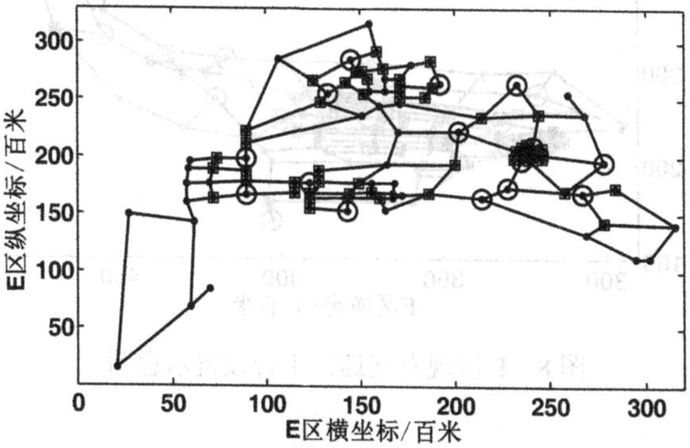

图 7 E 区现有交巡警平台设置示意图

表 17 E 区现有交巡警平台的管辖范围及工作量

平台	管辖的节点	工作量（案件数）
E1	409 410 411 412 413 414	4.5
E2	437 438 456 415 457	4.1
E3	427 432 433 434 435 436	5.0
E4	424 425 426 428 429 430	4.9
E5	393 394 395 396 431	4.4
E6	416 462 463 464 469 470	7.5
E7	458 459 451 473 474	6.2
E8	417 418 419 420 421 422 423	8.7
E9	387 388 389 390 391 392	6.0
E10	397 398 399 400 405 406	5.1
E11	401 402 403 404 407 408	6.2
E12	452 453 454 455 460 461	7.1
E13	465 466 467 468 471 472	6.5
E14	445 446 448 449 450	4.8
E15	439 440 441 442 443 444 447	5.8

E 区最长出警时间为 19.10min，平台工作量的变异系数为 0.1979。

（5）F 区情况见图 8 和表 18。

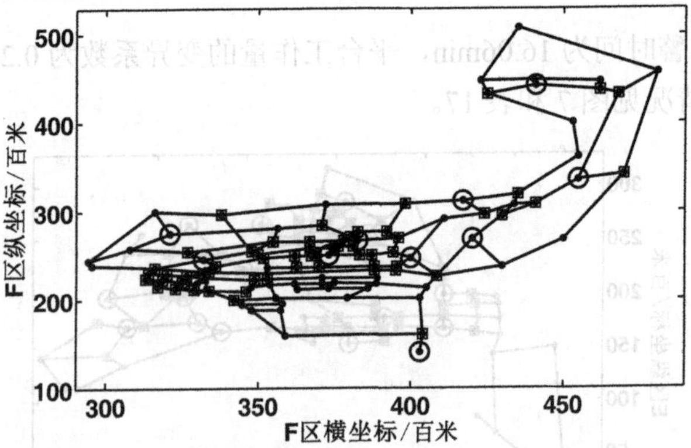

图 8 F 区现有交巡警平台设置示意图

表 18 F 区现有交巡警平台的管辖范围及工作量

平台	管辖的节点	工作量（案件数）
F1	550 551 555 556 557 558 559 561	4.5
F2	532 533 534 535 543 544 545 546	6.1
F3	492 493 494 495 496 497 498 499 500 501	4.0
F4	512 513 514 515 524 525 526 527 528	4.9
F5	573 575 576 577 578 579 580 581 582	4.4
F6	562 566 567 568 569 574 502 503	4.5
F7	486 490 491 531 548 549 547 552 553 554	6.2
F8	487 488 489 560 538 539 542 537	6.7
F9	510 511 507 508 509 516 517 536	7.0
F10	540 541 570 504 505 506 563 564 565	5.1
F11	571 572 518 519 520 521 522 523 529 530	8.2

F 区最长出警时间为 8.48min，平台工作量的变异系数为 0.1883。

（6）全市六个区的汇总情况（表 19）。

表 19 全市现有交巡警平台的相关数据

主城六区	节点数	平台数	平均工作量	工作量变异系数	最长出警时间 /min
A 区	92	20	6.23	0.1830	5.70
B 区	73	8	6.36	0.1743	4.47
C 区	154	17	8.85	0.1725	6.86
D 区	52	9	5.24	0.2070	16.06
E 区	103	15	5.79	0.1979	19.10
F 区	108	11	5.60	0.1883	8.48

设置交巡警服务平台的原则：

1）交巡警服务平台的工作量尽量平衡。

2）最长出警时间尽量最短。根据以上原则，结合表 19 中的数据，我们对全市（A、B、C、D、E、F）现有的交巡警服务平台设置方案的合理性进行分析。

a. 主城各区工作量的变异系数都较小，即各交巡警平台的工作量均衡，比较合理。

b. 主城各区的最长出警时间都较大，尤其是 D 区和 E 区，远远超过了规定的出警时间 3min，不合理，因此各区的交巡警服务平台都有待调整。造成这一结果的原因主要是部分节点与最近平台间的距离超过 3km。

（7）全市各区交巡警服务平台的调整方案。

针对全市各区交巡警服务平台的出警时间过长这一问题，我们选择的优化方式是在不改变原有交巡警服务平台的基础上，增加尽量少的平台，使最长出警时间小于 3min。

利用问题一中 A 区增加平台的方法，寻找 B、C、D、E、F 各区新增平台的个数及位置，结果见表 20。

表 20 各区新增平台的位置

分区	距离最近的平台超过 3km 的节点（节点编号）	新增平台位置（节点编号）
A	28 29 38 39 61 92	28 39 61 92
B	122 123 124 151 152 153	123 152
C	183 199 200 201 202 203 205 206 207 208 209 210 215 238 239 240 247 248 251 252 253 257 259 261 262 263 264 268 269 285 286 287 288 299 300 301 302 303 304 312 313 314 315 316 317 318 319	166 167 168 169 170 171 174 175 176 177 178 179 180 183 199 201 203 205
D	329 330 331 332 336 337 339 344 362 369 370 371	320 322 324 325 326 328 329
E	387 388 389 390 391 392 393 395 407 408 409 411 412 413 415 417 418 419 420 438 439 443 445 446 451 452 455 458 459 464 469 471 474	372 373 374 376 378 379 380 381 382 383 384 385 386 387 388 390 393
F	486 487 505 506 507 508 509 510 512 513 514 515 516 517 518 519 522 523 524 525 526 527 529 533 540 541 559 560 561 566 569 574 575 578 582	475 477 478 479 480 482 483 484 485 486 490 505

增加平台后，各区交巡警平台的最长出警时间与不增加平台时的对比见表 21。

表 21 增加平台前后各区最长出警时间的比较 单位：min

主城六区	不增加平台时	增加平台后
A 区	5.70	2.71
B 区	4.47	2.91
C 区	6.86	2.99
D 区	16.06	2.91
E 区	19.10	2.97
F 区	8.48	2.95

由表 21 可知，增加平台后，主城六区的最长出警时间与不增加平台时（表 19）相比明显缩短，全部控制在 3min 中之内，因此更合理。

5.2.2 最佳围堵方案

1. 模型的建立

要寻找最佳的围堵方案，我们要在有 100%的把握抓住嫌疑人的前提下（要围堵住可能的最远路线），以最快抓捕嫌疑人为目标，表述为

$$\min U = \max\left(\frac{L(i,32)}{V}\right) \tag{18}$$

式中，$L(i,32)$ 表示从事发地（第 32 节点）到落网地（节点 i）的距离；U 表示嫌疑人从逃跑到落网的时间；根据假设（8），嫌疑人的逃跑速度为 V。

约束条件：

（1）由于部分节点是否被封堵，对抓捕嫌疑人无意义，因此，不一定每个节点都被封堵，即

$$\sum_{j=1}^{n} x_{ij} \leqslant 1, i=1,2,3,\cdots,m \tag{19}$$

$$x_{ij}=\begin{cases}0, & \text{平台 } j \text{ 不封锁节点 } i\\ 1, & \text{平台 } j \text{ 封锁节点 } i\end{cases} \tag{20}$$

$$(i=1,2,3,\cdots,m;\ j=1,2,3,\cdots,n)$$

（2）不一定每个平台都出警，即

$$\sum_{i=1}^{m} x_{ij} \leqslant 1, j=1,2,3,\cdots,n \tag{21}$$

（3）嫌疑人到达节点 i 的时间减 3min 比交巡警从平台 j 到节点 i 的时间长，表示节点 i 能成功的地被平台 j 封堵，即

$$\frac{L(i,j)}{V} \leqslant \frac{L(i,32)}{V} - 3 \tag{22}$$

式中，$L(i,j)$ 表示平台 j 到节点 i 的距离。

（4）为描述嫌疑人被封堵在一定的区域内，定义节点 i 被封堵，表示为 $L'(Q,i)=inf$，即其他任意节点与节点 i 不相通，距离表示为 inf。若 Q_1 表示被封堵区域以外所有节点的集合，Q_2 表示被封堵区域内所有节点的集合，则

$$L'(Q_1,Q_2)=inf \tag{23}$$

综上，模型为

$$\min U = \max\left(\frac{L(i,32)}{V}\right)$$

$$s.t.\begin{cases} \sum_{j=1}^{n} x_{ij} \leqslant 1,\ i=1,2,3,\cdots,m \\ \sum_{i=1}^{m} x_{ij} \leqslant 1,\ j=1,2,3,\cdots,n \\ \frac{L(i,j)}{V} \leqslant \frac{L(i,32)}{V} - 3 \\ L'(Q_1,Q_2)=inf \\ x_{ij} \in \{0,1\} \end{cases} \tag{24}$$

2. 模型的求解

（1）A 区的封堵。将 A 区的相关数据代入模型（24），可得 A 区的封堵方案，见表 22 和图 9、图 10。

表 22　A 区的封堵方案

出发的平台	被封锁的节点	出发的平台	被封锁的节点
A1	63	A15	29
A2	3	A16	16
A3	55	A17	40
A4	4	A18	41
A10	10	A19	62

图 9 的中间部分是逃犯可能到达的区域，其中包括 A 区的 4 个出口，即出口 8、10、11、12，对应的节点编号分别为 28、30、38、48。从 30、48 节点处可以

逃往 C 区，从 28 节点处可以逃往 D 区，从 38 节点处可以逃往 F 区。

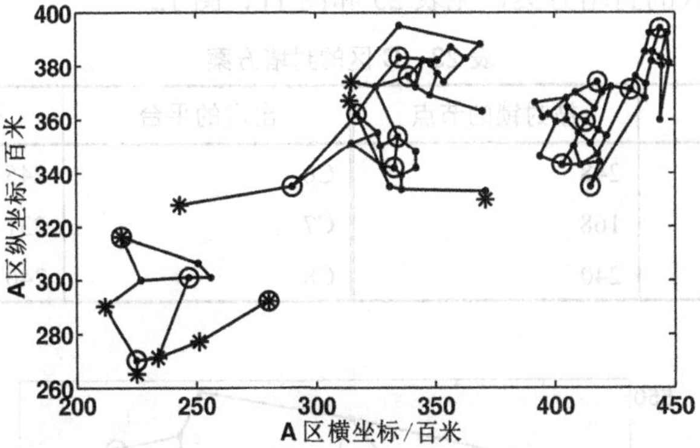

图 9　A 区围堵效果示意图

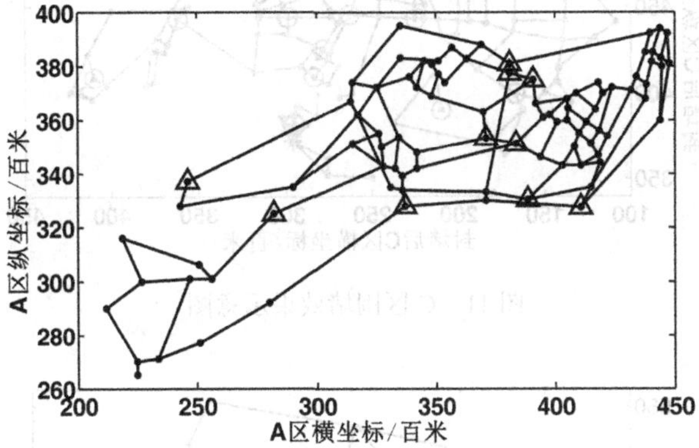

注：图中用三角形标记的节点表示被封锁的节点。

图 10　A 区被封锁节点的示意图

逃往 C 区时，逃犯逃往 C 区入口（节点 237、235）需要花费的时间分别为 1.87+1.72=3.59min 和 1.69+2.43=4.12min。而距离最近的 C8 平台封锁节点 237、235 所需的时间分别为 1.13min 和 0.53min。因此逃犯可以从 237 节点处进入 C 区。

逃往 D 区时，从节点 28 可到达 D 区入口 371。若 D 区派 D1 平台（节点 320）封锁节点 371，其封锁时间为 7.36min，而逃犯从 *P* 点逃往节点 371 需要花费的时间为 7.00+8.89=15.89min，因此若逃犯逃往 D 区的 371 节点，则会被成功围堵。

逃往 F 区时，从节点 38 可到达 F 区入口 561。若 F 区派 F1 平台（节点 475）封锁节点 561，其封锁时间为 4.35min，而逃犯从 *P* 点逃往节点 561 需要花费 6.49+2.30=8.79min，因此若逃犯逃往 F 区的 561 节点，就会被成功围堵。

综上，我们还需进一步讨论 C 区的围堵方案。将 C 区的相关数据代入模型（24），可得C区的封堵方案，见表23和图11、图12。

表23　C区的封堵方案

出发的平台	被封锁的节点	出发的平台	被封锁的节点
C2	248	C6	245
C3	168	C7	231
C4	240	C8	246

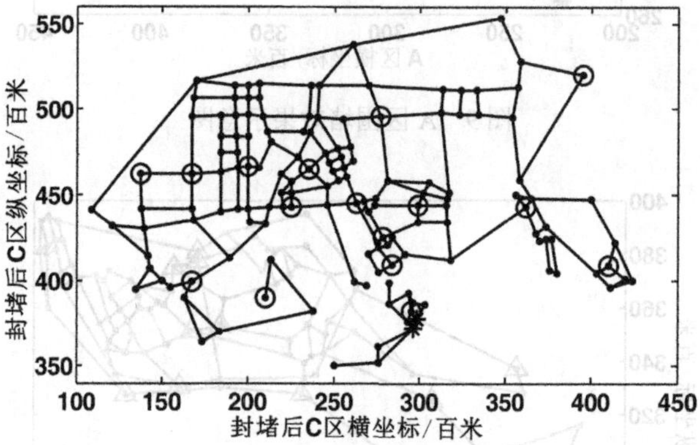

图11　C区围堵效果示意图

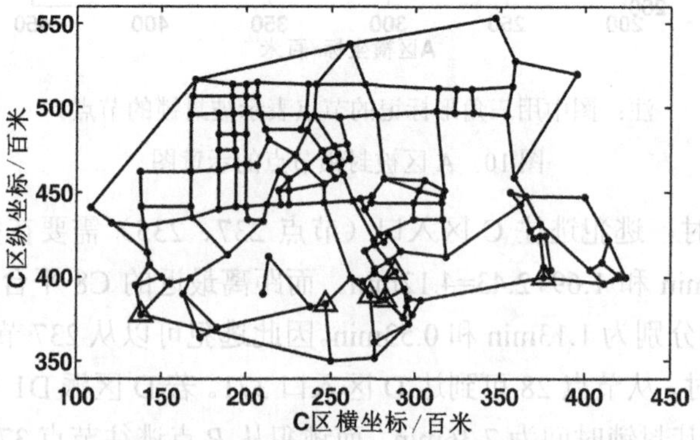

注：图中用三角形标记的节点表示被封锁的节点。

图12　A区被封锁节点的示意图

综上，全市各区的围堵方案见表24。

完成以上所有节点的封锁后，即可成功围堵嫌疑人。完成全区域封锁的时间为 7.36min，嫌疑人最快会在 20.52min 内落网。

表 24 全市各区的围堵方案

调度平台	封锁节点	逃跑时间/min	封锁时间/min	调度平台	封堵节点	逃跑时间/min	封锁时间/min
A1	63	8.63	3.50	A19	62	9.13	5.03
A2	3	6.48	2.11	C2	248	20.52	3.67
A3	55	5.21	1.27	C3	168	12.59	0
A4	4	8.80	0.00	C4	240	10.15	6.94
A10	10	6.19	0.00	C6	245	5.61	2.57
A15	29	9.16	5.70	C7	231	6.96	2.78
A16	16	3.30	0.00	C8	246	6.54	3.08
A17	40	7.96	2.69	D1	371	15.89	7.36
A18	41	10.50	5.54	F1	561	8.79	4.35

全市的封堵方案如图 13 所示。

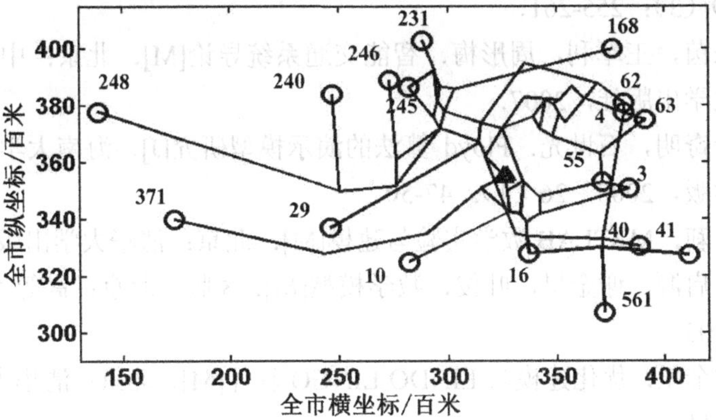

图 13 全市的封堵方案示意图

六、模型的评价及推广

6.1 模型的优点

（1）模型统一，通用性强。平台的调度方案使用统一模型，仅需代入相应数据即可求解。

（2）优化合理，结果可靠。本文建立的 0-1 规划模型能与实际紧密联系，结合实际情况对问题进行求解，得到全局最优解，结果可靠。

（3）模型简单易懂，方法灵活，具有较强的推广性。

6.2 模型的不足

程序运行时间较长。由于是非线性的 0-1 规划，对计算机要求比较高，需要提高计算机配置才能快速求解。

6.3 模型的推广

本文中的 0-1 规划模型由于方法灵活，且便于用计算机求解，目前已成功应用于求解生产进度问题、旅行推销员问题、工厂选址问题、背包问题及分配问题等，有较强的推广性。

参考文献

[1] 管丽萍，尹湘源．交通事件管理系统研究现状综述[J]．中外公路，2009，29（3）：255-261．

[2] 朱茵，王军利，周彤梅．智能交通系统导论[M]．北京：中国人民公安大学出版社，2007．

[3] 叶奇明，石世光．Floyd 算法的演示模型研究[J]．海南大学学报自然科学版，2008，26（1）：47-50．

[4] 马莉．MATLAB 数学实验与建模[M]．北京：清华大学出版社，2010．

[5] 姜启源，谢金星，叶俊．数学模型[M]．3 版．北京：高等教育出版社，2003．

[6] 谢金星．优化建模与 LINDO\LINGO 软件[M]．北京：清华大学出版社，2011．

[7] 张锦，王坤．流线网络优化的变分不等式模型与算法[J]．西南交通大学学报，2011，46（3）：481-487．

【论文评述】

本文获得全国一等奖及 MATLAB 创新奖，并且获得了 2013 年全国组委会首次设立的全国大学生数学建模竞赛赛后研究项目资助。同时被评为全国优秀论文，修改后的论文《基于 0-1 规划的交巡警平台设置与调度模型》在《工程数学学报》上发表，另一篇论文《交巡警平台设置与调度模型》受邀在《数学建模及其应用》

上发表，后续研究论文《最小封堵圈的扩张算法设计》在《数学的实践与认识》上发表，可以说，该文是一篇不可多得的具有较好示范价值的优秀论文。

摘要行文流畅、文字简洁、要素齐全，能够将一个较为复杂的问题重点突出地讲清楚。正文的写作条理清楚，突出模型，凸显重要结果，结果采取图示和数据表格的描述方式，增强了说服力。尤其值得提出的是，在描述围堵方案时，从局部入手证明模型的泛用性和合理性，再推广至全局，逻辑清晰，令人信服。另外，对于优化模型的写法按照“分—总”的方式进行，先写目标函数，再分别逐步分析约束条件，最后再把所有模型综合起来，这种写法逻辑清晰，容易看懂，是优化模型写法的一种较好的范式。

模型的建立方面，首先采用 Floyd 算法，找出各节点间的最短路径，由此划分管辖区域，并将各节点归于某平台管辖。然后建立 0-1 规划模型，刻画了发生重大突发事件时交巡警平台警力的调度方案。分析模型规划后的平台管辖节点方案，由于题目所给的平台、节点分布疏密不均，存在平台工作量不均、部分节点难以及时到达的问题。为解决这一实际问题，需进一步增设交巡警平台，以各平台工作量的变异系数最小和最长出警时间最短为目标，再次建立 0-1 规划模型。模型建立层层递进，模型设计简洁、合理，尤其每个平台最多封锁唯一一个节点及每个节点被唯一一个平台封锁的两个约束条件，既符合实情，又简单明了，经得起推敲，是一种经典的 0-1 规划模型表述方式。

最后，该文之所以被评为 MATLAB 创新奖，除了文笔佳、模型好、算法妙之外，更重要的是程序设计十分优秀，经得起全国评审专家当面质询和检验。

（罗万春　魏歆）

2011 年 B 题　全国二等奖

交巡警平台设置与调度模型

参赛队员：张雁磊　尚永宁　雷舟杰

指导教师：周　彦

摘　要

本文根据城市的实际情况及需求，综合运用多种建模方法和思想讨论了交巡警服务平台的优化设置以及调度问题。

首先，我们建立最短路径模型（算法一），用 Dijkstra 算法求出各节点间的最短路径，按就近原则把节点及到此节点出警的交巡警走过的公路分配给各平台。但这样仍有 35 条公路未被分配，所以我们改进了算法一，最终实现了区域内所有节点和公路的完全分配，且仅有 6 个节点所需的出警时间超过 3min，较好地满足了题目的要求。

设计要道封锁的警力调度方案时，以所有交巡警出警总距离最短和单一交巡警最长出警时间最短为目标，建立多目标 0-1 规划模型，并用 LINGO 11.0 求解得总距离最短为 46.1884km，最长出警时间最小为 8.0155min，进而利用 MATLAB 7.0 得到最佳的调度方案。

设置新增平台时，首先从原来的 72 个节点中随机选出 $n(n=2,3,4,5)$ 个，加到交巡警平台集合中，接着对平台管辖范围进行了重新分配。然后找出不同 n 时体系的综合影响指数（由平台工作量变异系数等四项指标决定）的最小值及其对应的新增平台数目及编号。再对这四种方案进行优中选优，得出最佳方案为：新增 4 个平台，位置组合有两种，为第 28、39、48、88 号节点或第 29、39、48、88 号节点。

在分析各区平台设置的合理性时，我们建立了灰色综合评价模型，用熵权法进行赋权，对目前各区服务平台设置的合理性（即灰色关联度）进行定量分析，将各区按合理性高低排序为 B、A、D、E、F、C。然后分析合理性较低的 E、F、C 三区存在的不合理之处，并通过增加服务平台的方式来改善这些状况，得出需增加的平台个数为 6、8、7；改善后的合理性为 0.8807、0.9120、0.9361，与增加平台前三区的合理性相比均有很大幅度的提高。

至于最佳围堵方案的确定，我们通过逐轮逐层次对嫌疑人可能经过的节点进行分析，运用 MATLAB 7.0 对整个搜索过程进行模拟得到了 8 种围堵方案。引入方案优劣指数（由参与围堵的平台数等四项指标决定）对 8 种方案进行评价，得到的最佳方案为方案 4。

本文中的模型及算法较好地解决了交巡警服务平台的设置与调度问题，实用价值较高，最大的亮点在于软件求解时运用的搜索方法，可被应用在多个领域，具有较高的参考价值。

关键词：最短路径模型　多目标 0-1 规划　灰色综合评价　围堵方案

一、问题重述

“有困难找警察”是家喻户晓的一句流行语。警察肩负着刑事执法、治安管理、交通管理、服务群众四大职能。为了更有效地贯彻实施这些职能，需要在市区的一些交通要道和重要部位设置交巡警服务平台。每个交巡警服务平台的职能和警力配备基本相同。由于警务资源是有限的，如何根据城市的实际情况与需求合理地设置交巡警服务平台、分配各平台的管辖范围、调度警务资源是警务部门面临的一个实际课题。

试就某市设置交巡警服务平台的相关情况，建立数学模型，分析、研究下面的问题：

问题一：附件 1 中的附图 1 给出了该市中心城区 A 的交通网络和现有的 20 个交巡警服务平台的设置情况示意图，相关的数据信息见附件 2。请为各交巡警服务平台分配管辖范围，使其在所管辖的范围内出现突发事件时，尽量能在 3min 内有交巡警（警车的时速为 60km/h）到达事发地。

对于重大突发事件，需要调度全区 20 个交巡警服务平台的警力资源，对进出该区的 13 条交通要道实现快速全封锁。实际中一个平台的警力最多封锁一个路口，请给出该区交巡警服务平台警力合理的调度方案。

根据现有交巡警服务平台的工作量不均衡和有些地方出警时间过长的实际情况，拟在该区内再增加 2～5 个平台，请确定需要增加平台的具体个数和位置。

问题二：针对全市（主城六区 A、B、C、D、E、F）的具体情况，按照设置交巡警服务平台的原则和任务，分析、研究该市现有交巡警服务平台设置方案（参见附件）的合理性。如果有明显不合理的情况，请给出解决方案。

如果该市地点 P（第 32 个节点）处发生了重大刑事案件，在案发 3min 后接到报警，犯罪嫌疑人已驾车逃跑。为了快速搜捕嫌疑人，请给出调度全市交巡警服务平台警力资源的最佳围堵方案。

二、模型假设

（1）交巡警服务平台所需管辖的范围只是区域中的节点和节点之间的公路。

（2）所有公路均为双行道，不考虑单行道的情况。

（3）交巡警出警时均沿着最短路径行动。

（4）嫌疑人的速度为60km/h。

（5）嫌疑人始终沿远离其原来位置的方向逃跑。

三、符号说明

（1）s_{ij}：交巡警服务平台到其执行封锁任务的相应节点的距离，$i=1,2,\cdots,20$，$j=12,14,16,21,22,23,24,28,29,30,38,48,62$。

（2）n：新增加的服务平台数目。

（3）V：新增平台后服务平台工作量的变异系数。

（4）t：出警时间。

（5）$t_{\max}$：最大出警时间。

（6）α：挑出所有出警时间超过 3min 的情况，并计算其在所有情况中所占的比例。

（7）S：出警总路程。

（8）λ：合理性综合影响指数。

（9）$\bar{w}$：各区服务平台工作量的均值。

（10）$\bar{w}'$：这个市区服务平台工作量的均值。

（11）q：单位人口所需的服务平台数。

（12）$\bar{q}$：整个市区内单位人口所需服务平台数的均值。

（13）m：出警时间超过 3min 的节点数。

（14）O：方案中所需调度的平台数。

（15）b：交巡警的平均就位时间。

（16）T：所有交巡警就位所需的总时间。

（17）ω：方案中交巡警截获嫌疑人所用的平均时间。

（18）β：方案的优劣综合指数。

四、问题分析

4.1 问题一的分析

1. 管辖范围的分配

该问题附件 1 中的数据显示事故均发生在道路路口，即节点处。因此，我们考虑将每个平台所占有的节点以及从平台到节点沿最短路径所经过的公路作为其管辖范围。离服务平台越近的节点在发生事故时，交巡警到达的时间越短，越利于救援和抓捕。所以，只要得出了每个服务平台到每个节点处的最短路径，就可以确定离节点最近的平台以及相应走过的公路。这样，也就确定了平台的管辖范围。但是，这种算法得出的结果中仍有公路未被分配。因此，我们对上述平台管辖范围模型进行了改进，对未被管辖的公路进行了分配。

2. 要道封锁警力调度的 0-1 规划模型

由于此问题要求警车能够对 13 条交通要道进行快速全封锁，因此我们考虑以各个交巡警服务平台到其执行任务的相应节点的总距离最短作为模型的目标函数。但是，考虑到仅仅是总距离最短，不能完全说明问题，比如，对于单独的某一服务平台，其可能出现出警时间远远超过 3min 而总距离仍然很短的情况，因此，我们又以所有平台出警时间的最大值最小作为目标函数。

此外，由于服务平台数多于需被封锁的交通要道数，故并不是每一个平台都会被派遣执行封锁任务，因此，我们加入 0-1 变量，并根据实际情况和题目要求设置限制条件，建立了要道封锁警力调度的多目标 0-1 规划模型。

3. 增加的交巡警服务平台位置、数目的设置

经分析，我们认为平台工作量的变异系数、所有出警时间超过 3min 的情况所占的比例、最大出警时间以及总的出警路程可用来反映新增平台对目前现状的改善效果。同时，为全面地反映新增平台对现状的改善效果，我们认为这四者必须结合起来使用，故引入综合影响指数并通过合理赋权来综合上述四项指标对增加平台后对现状改善的效果。考虑到这四项指标的量纲、数量级可能不同，因此在输出结果之前，必须对这四项指标的数据进行归一化处理。此外，综合影响指数与这四项指标均呈正相关，因此，综合影响指数越小，新增平台对现状的改善效果越好。所以，最小的综合影响指数对应的新增平台数和节点位置即为我们要求的增加的平台数和位置。

4.2 问题二的分析

1. 各区服务平台设置合理性的评价

由于所得的数据不多，因此考虑使用灰色综合评价模型对六个区内平台设置的合理性进行评价。为避免主观赋权中人为因素的影响，我们利用熵权法对指标进行了客观赋权。由于合理性是一个抽象的概念，因此，在此问题中我们利用灰色关联度来反映各区内平台设置的合理性。

分析结果发现，C 区、E 区以及 F 区内交巡警平台设置不合理之处十分突出，因此此问中，我们主要提出的是针对这三个区不合理之处的解决方案。我们考虑通过计算分别加入 1 个、2 个或更多的平台后，对该区平台进行灰色关联度评价，从而找出最佳的加入的平台个数和位置。

2. 最佳围堵方案的确定

案发 3min 后才接到报警，也就是说，交巡警开始搜索和围堵嫌疑人时，其已跑了 3min。若交巡警能够在嫌疑人到达节点之前到达或与嫌疑人同时到达，则可以实现对嫌疑人在该节点的围堵，并停止对此节点以后的节点的搜索，反之，则继续进行搜索和围堵，直至将嫌疑人所有可能通过的节点搜索和围堵完成为止。所以，我们必须首先确定 3min 内，嫌疑人从 P 点出发可能到达的节点以及未被成功围堵之前可能经过的所有节点。

针对得到的多种方案，我们考虑对其优劣进行评价，最终确定最佳的围堵方案，具体的思路与 4.1 节中的 3 类似。

五、模型建立与求解

5.1 问题一

5.1.1 基于最短路径的平台管辖范围的分配

该问题附件 1 中的数据显示，事故均发生在道路路口，即节点处。因此，我们建立模型一，将节点分配到各个服务平台，并将每个平台所占有的节点以及从平台到节点的最短距离所经过的公路作为其管辖范围。因此，我们以 A 区内的各个节点（共 72 个）和交巡警服务平台（共 20 个）为顶点，以各点之间的公路为边，建立最短路径模型，讨论对各个节点的分配情况。A 区内节点及公路分布图如图 1 所示。

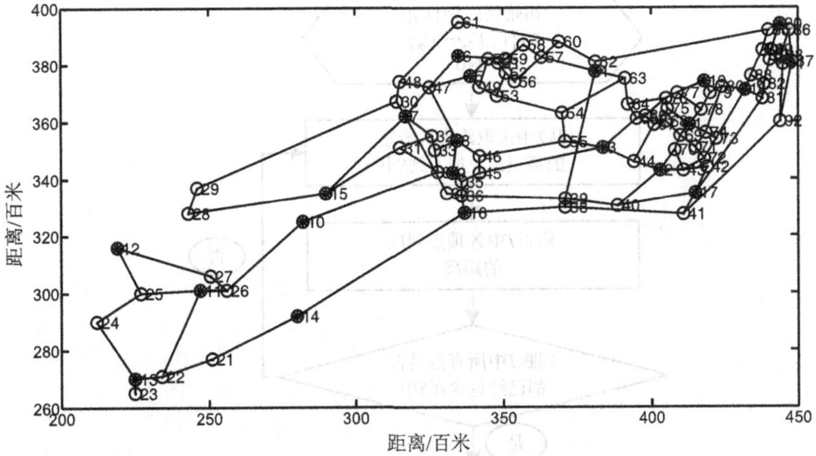

图 1　A 区内节点及公路分布图

我们首先运用 Dijkstra 算法来求每个节点到每一个交巡警服务平台的最短路径。

1. Dijkstra 算法思想和流程

Dijkstra 算法是按路径长度递增次序产生最短路径的算法，是寻求从一个固定起点到其余各点的最短路径的最有效的算法之一，其基本思想为最短路径上的任何子段仍是最短路径，距顶点 v_0 远的顶点的最短路径必经过距顶点 v_0 近的顶点[1]。因此，可按与顶点 v_0 的距离由近到远逐个求出各顶点的最短路径和长度。

具体的算法步骤[1]如下所述。

令 d_{ij} 为顶点 i 与顶点 j 之间的距离。若 V_i 与 V_j 两顶点之间存在边，则边 $\langle V_i,V_j \rangle$ 的权值为 d_{ij}；若 V_i 与 V_j 两点之间不存在边，则 $d_{ij}=\infty$。

（1）初始化：初始点集合为 $S=\{V_0\}$，其余顶点集合为 $T=\{V_1,\cdots,V_m\}$，$d_{ij}=0$。

（2）从 T 中选取一个与初始点 V_0 直接连接时距离最短且不在 S 中的顶点 V_k，加入到集合 S 中，则该选定的距离就是 V_0 到 V_k 的最短路径的长度。

（3）以 V_k 为新考虑的中间点，修改 T 中各顶点到 V_0 的距离。若从初始点 V_0 到顶点 V_u 的距离（经过顶点 V_k）比原来距离（不经过顶点 V_k）短，则修改顶点 V_u 与初始点 V_0 的距离值，修改后的距离值为初始点 V_0 到顶点 V_k 的距离以及顶点 V_k 到顶点 V_u 的距离之和。

Dijkstra 算法流程如图 2 所示。

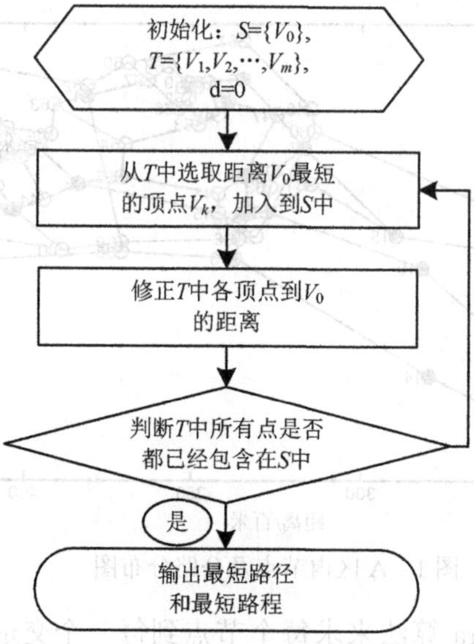

图 2　Dijkstra 算法流程

2. 模型求解：交巡警管辖范围的确定

用 MATLAB 7.0 编程计算可得 A 区内每个节点分别到每一个服务平台的最短距离，为一个 72×20 的矩阵。求出矩阵中每一行数据的最小值，此最小距离的点所对应的平台即为管辖该节点的服务平台，结果见表 1。

表 1　服务平台管辖的节点以及到此节点的最短距离

节点号	平台号	最短距离/km	节点号	平台号	最短距离/km	节点号	平台号	最短距离/km
21	13	2.7083	45	9	1.0951	69	1	0.5
22	13	0.9055	46	8	0.9301	70	2	0.8602
23	13	0.5	47	7	1.2806	71	1	1.1403
24	13	2.3854	48	7	1.2902	72	2	1.6062
25	12	1.7889	49	5	0.5	73	1	1.0296
26	11	0.9	50	5	0.8485	74	1	0.6265
27	11	1.6433	51	5	1.2293	75	1	0.9301
28	15	4.7518	52	5	1.6594	76	1	1.2836
29	15	5.7005	53	5	1.1708	77	19	0.9849
30	7	0.5831	54	3	2.2709	78	1	0.6403
31	9	2.0557	55	3	1.2659	79	19	0.4472

续表

节点号	平台号	最短距离/km	节点号	平台号	最短距离/km	节点号	平台号	最短距离/km
32	7	1.1402	56	5	2.0837	80	18	0.8062
33	8	0.8276	57	4	1.8682	81	18	0.6708
34	9	0.5025	58	5	2.3019	82	18	1.0793
35	9	0.4243	59	5	1.5209	83	18	0.5385
36	16	0.6083	60	4	1.7392	84	20	1.1752
37	16	1.1182	61	7	4.1902	85	20	0.4472
38	16	3.4059	62	4	0.35	86	20	0.3606
39	2	3.6822	63	4	1.0308	87	20	1.4651
40	2	1.9144	64	4	1.9363	88	20	1.2946
41	17	0.85	65	3	1.524	89	20	0.9487
42	17	0.9849	66	3	1.8402	90	20	1.3022
43	2	0.8	67	1	1.6194	91	20	1.5988
44	2	0.9487	68	1	1.2071	92	20	3.6013

再将每一个交巡警服务平台所需要管辖的节点汇总，见表 2，这样就完成对节点的分配了。

表 2 A 区内各服务平台所需管辖的节点

交巡警服务平台编号	管辖节点的编号	交巡警服务平台编号	管辖节点的编号
1	67、68、69、71、73、74、75、76、78	11	26、27
2	39、40、43、44、70、72	12	25
3	54、55、65、66	13	21、22、23、24
4	57、60、62、63、64	14	14
5	49、50、51、52、53、56、58、59	15	28、29
6	6	16	36、37、38
7	30、32、47、48、61	17	41、42
8	33、46	18	80、81、82、83
9	31、34、35、45	19	77、79
10	10	20	84、85、86、87、88、89、90、91、92

A 区内各个交巡警服务平台所需管辖的节点汇总如图 3 所示。

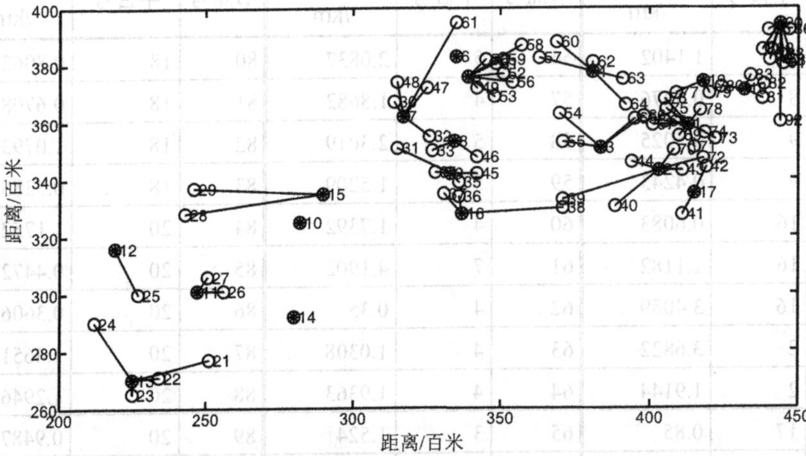

图 3　A 区内各服务平台所需管辖节点的示意图

说明：图 3 中，圆圈代表服务平台，星号代表节点，星号与圆圈之间的连线不表示公路，仅代表此节点归于相应服务平台的管辖范围内。

同时，运用 Dijkstra 算法求出了每一个节点与距离其最近的服务平台之间的最短路径。由于节点以及服务平台数过多，我们仅以第 20 个服务平台为例，示意其管辖节点以及其到第 92 号节点的最短路径，如图 4 所示。

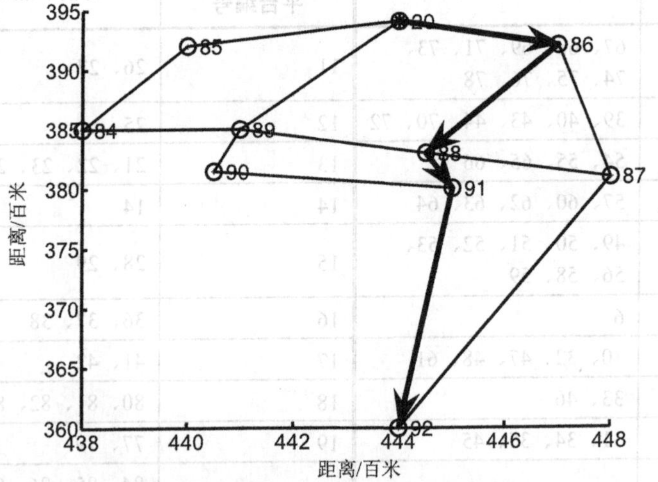

图 4　第 20 个服务平台到 92 号节点的最短路径示意图

3. 结果分析

题目要求事故发生后，警车尽量在 $t=3\text{min}$ 以内到达事发点，而警车时速为 $v=60\text{km/h}$，因此，服务平台距离其管辖的节点的距离 s 必须满足

$$s \leqslant vt = 3\text{km}$$

由表 1 我们发现上述计算结果中，仅六个未满足事故发生后，警车尽量在 $t=3\text{min}$ 以内到达事发点的要求，效果较好。不满足此条件的节点、服务平台的编号以及二者之间的距离见表 3。

表 3 不能在 3min 内赶到事发点的节点与对应平台

类别	数值					
节点编号	28	29	38	39	61	92
对应服务平台编号	15	15	16	2	7	20
二者之间的距离/km	4.7518	5.7005	3.4059	3.6822	4.1902	3.6013
所需时间/min	4.7518	5.7005	3.4059	3.6822	4.1902	3.6013

此外，由图 3 知，整个过程中共有三个服务平台（编号为 6、10、14）除自身外没有分配到其他节点，我们认为这可能是现在的服务平台分布不合理所造成的资源浪费。

同时由表 3 知，所有已有节点管辖的服务平台在最短路径中并没有将 A 区内所有的公路走遍（未经过的公路共 35 条）。这说明，目前划分的管辖范围并没有完全涉及 A 区内的所有公路，而且在现实生活中事故也可能发生在公路上，所以，上述结果仍有一定的不合理之处。为此，我们进行了改进。

4. 模型的改进

现在，我们只需要将最短路径中所有未经过的公路平均分配到各个服务平台即可。而在分配公路时，我们考虑让离此公路两侧分别最近的两个服务平台同时管辖这一公路，双方各负责一半，我们以第 14 号周围的未经过公路为例示意最短路径中未经过公路的具体分配方法，如图 5 所示。

图 5 中，第 14 与 16 号、第 14 号与 21 号服务平台之间的公路未被交巡警经过，我们将其一分为二，分别由公路两头距离最近的服务平台管辖。图中，BC 段由第 16 号服务平台管辖，14 号平台管辖 AC 段和 AE 段，而 EF 段归 13 号平台管辖。

用这种方法，并结合之前的分配结果，我们就完成了对 A 区内各服务平台管辖范围的划分。

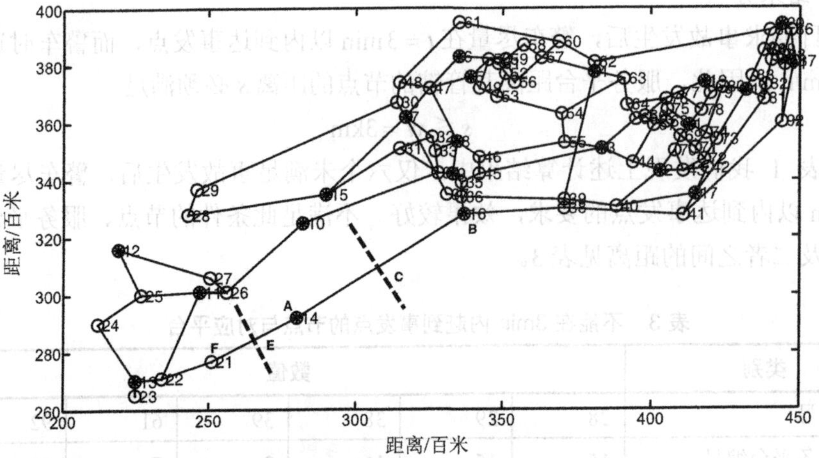

图 5 最短路径中未经过公路的分配方法示意图

5.1.2 要道封锁警力调度的多目标 0-1 规划模型

1. 目标函数

此问题要求警车能够对 13 条交通要道进行快速全封锁，所以，我们考虑以各个交巡警服务平台到其执行封锁目标的相应节点的总距离最小作为模型的目标函数。

交巡警服务平台 i（$i=1,2,\cdots,20$）到其执行封锁目标的相应节点 j（$j=12,14,16,21,22,23,24,28,29,30,38,48,62$）的距离 s_{ij} 在第一小问中已由编程求出，此外，只需考虑服务平台是否会被派遣执行封锁任务。因此，加入 0-1 变量，便得到目标函数：

$$\min f_1=\sum_{i=1}^{20}\sum_{j}s_{ij}x_{ij}$$

但是，仅仅是各交巡警到交通要道的总距离最小，并不能完全说明问题。对于单独的某一服务平台，在此过程中，其可能出现出警时间远远超过 3min 的情况，因此，我们又以所有平台出警时间的最大值最小作为目标函数：

$$\min f_2=\max\left(\frac{s_{ij}x_{ij}}{v}\right)$$

将上述二者结合起来建立多目标的 0-1 规划模型，总的目标函数为

$$\min f_1=\sum_{i=1}^{20}\sum_{j}s_{ij}x_{ij}$$

$$\min f_2 = \max\left(\frac{s_{ij}x_{ij}}{v}\right)$$

2. 约束条件

（1）在封锁的过程中，我们必须保证所有的 13 个交通要道全部被交巡警服务平台封锁，因此有

$$\sum_{i}^{20} x_{ij} \geqslant 1 \quad j \ (j=12,14,16,21,22,23,24,28,29,30,38,48,62)$$

（2）由题意，实际中一个交巡警服务平台的警力最多只能够封锁一个路口，则有

$$\sum_{j} x_{ij} \leqslant 1 \quad (i=1,2,\cdots,20)$$

（3）x_{ij} 仅能取 0 或 1，则有

$$x_{ij}=\begin{cases}0 & \text{第 } i \text{ 个服务平台未被派往第 } j \text{ 个交通要道实施封锁任务}\\ 1 & \text{第 } i \text{ 个服务平台被派往第 } j \text{ 个交通要道实施封锁任务}\end{cases}$$

综上所述，我们可得要道封锁时警力调度的 0-1 规划模型：

$$\min f_1 = \sum_{i=1}^{20}\sum_{j} s_{ij}x_{ij}$$

$$\min f_2 = \max\left(\frac{s_{ij}x_{ij}}{v}\right)$$

$$s.t\begin{cases}\sum_{i}^{20} x_{ij} \geqslant 1 \quad j \ (j=12,14,16,21,22,23,24,28,29,30,38,48,62)\\ \sum_{j} x_{ij} \leqslant 1 \quad (i=1,2,\cdots,20)\\ x_{ij}=\begin{cases}0 & \text{第 } i \text{ 个服务平台未被派往第 } j \text{ 个交通要道实施封锁任务}\\ 1 & \text{第 } i \text{ 个服务平台被派往第 } j \text{ 个交通要道实施封锁任务}\end{cases}\end{cases}$$

在用 LINGO 11.0 求解时，由于软件本身的问题，必须将多目标转变为单目标才能得到结果，因此我们将二者相加作为目标函数，求得最短的总距离和最大出警时间的最小值分别为

$$\min f_1 = 46.1884\text{km}, \quad \min f_2 = 0.1336(h) = 8.0155\min$$

同时，我们也得到了封锁每一个交通要道所需的相应服务平台的编号，又用 MATLAB 7.0 编程求得了相应两点之间的最短路径，见表 4。

表 4　封锁交通要道所需的服务平台以及相应的最短路径

交通要道编号	需前往封锁的服务平台编号	最短路径
12	12	12-12
14	16	16-14
16	9	9-35-36-16
21	14	14-21
22	10	10-26-11-22
23	13	13-23
24	11	11-25-24
28	15	15-28
29	7	7-30-29
30	8	8-33-32-7-30
38	2	2-40-39-38
48	5	5-47-48
62	4	4-62

需前往封锁的交巡警到达相应交通要道的最短路径如图 6 所示。

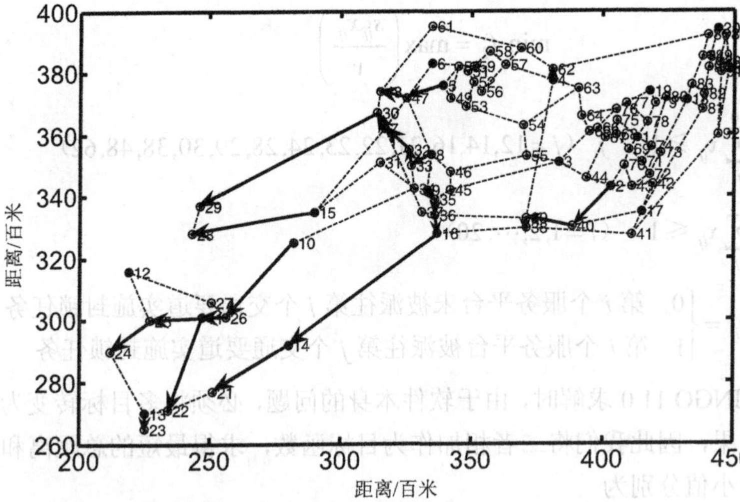

图 6　交巡警到达相应交通要道的最短路径示意图

5.1.3 新增交巡警服务平台位置、数目的设置

1. 分析影响现状改善程度的指标

（1）服务平台工作量不均衡程度。我们将服务平台需管辖的节点处发案率的总和作为该平台的工作量，并用新增平台后服务平台工作量的变异系数（V）来衡量新增平台后各平台工作量的不均衡程度。

变异系数 V 等于新增平台后各平台工作量的标准差 σ 与其均值 $\overline{w}$ 的商：

$$V=\frac{\sigma}{\overline{w}}$$

V 越大，说明增加服务平台以后，各平台工作量的不均衡程度越大，则设置的交巡警服务平台越不合理。

（2）出警时间超过 3min 的比例（α）。运用 Dijkstra 算法可以求出各个平台分别到其管辖的每一个节点的最短路径，由假设（3）知其出警时间（t）应等于最短路径的长度（s）与交巡警速度（v）的商：

$$t=\frac{s}{v}=\frac{s}{60}\ (h)$$

但是，单纯的某个服务平台交巡警的出警时间并不能完全反映出 A 区内有些地方出警时间过长的情况严重与否。同时，新增平台后，并不能保证每个服务平台到其管辖的节点之间的出警时间均小于 3min。因此，我们将所有出警时间超过 3min 的情况挑出，并计算其所占的比例（α），以这个比例作为我们的衡量指标。比例越小，说明设置的交巡警服务平台越合理。

（3）最大出警时间（t_{max}）。除了（2）中所阐述的指标外，我们认为 t_{max} 同样可以反映增加平台能否改善平台的现状。t_{max} 越小，说明设置的交巡警服务平台越合理。

（4）出警路程的总和（S）。出警路程的总和是指所有服务平台沿最短路径前往管辖节点走过的所有路程的总和。其他条件相同的情况下，S 越小越好，这样可以方便交巡警快速到达事发地点。所以，S 越小，说明设置的交巡警服务平台越合理。

2. 模型思路

（1）选取新的交巡警服务平台。利用 MATLAB 7.0 编程进行循环搜索，每次从原先的 72 个节点中随机选出 $n(n=2,3,4,5)$ 个（选择方法共 C_{72}^{n} 种）加入到交巡警服务平台集合中。这样，节点集合就只包含 $(72-n)$ 个节点，服务平台集合共有 $(20+n)$ 个平台。

（2）剩余节点的分配。同 5.1.1 节，我们运用 Dijkstra 算法求出了每个服务

平台到每个节点处的最短路径，并将这$(72-n)$个节点分别归在距离其最近的那个服务平台的管辖范围内，这样就完成了对剩下的节点的分配（为简化问题，我们在此不考虑公路的分配）。

（3）数据处理和结果输出。在此，我们引入综合影响指数（λ）来反映增加平台对改善上述四项指标的影响，其定义如下：

$$\lambda = m_1V' + m_2\alpha' + m_3t'_{\max} + m_4S' \tag{1}$$

其中，m_1、m_2、m_3、m_4为权重值，且$m_1+m_2+m_3+m_4=1$。

n个节点加入服务平台集合时，选择方法共有C_{72}^n种，这也就意味着，针对每一个n，新增平台后的V、α、$t_{\max}$、S都有C_{72}^n组数据，得到C_{72}^n组λ。由于各项指标均为越小越优型指标，所以λ越小，增加平台对现状的改变效果越好。找出λ最小时的新增交巡警服务平台设计方案作为这C_{72}^n组数据中的最佳方案，并得到节点编号以及相应的V、α、$t_{\max}$和S。

为综合地反映指标对现状的改善程度，我们对不同n的这四项指标数据进行归一化处理，处理之后的数值分别为V'、α'、$t'_{\max}$、S'，并将其结合起来使用。将其带入公式（1）便可得到相应的λ值，找出最小的λ对应选取的n个节点的编号，即为所要新增的节点的编号。

3. 模型求解

下面以$n=2$（即增加2个交巡警服务平台）为例进行模型的求解。当增加了2个交巡警服务平台后，现在共有22个服务平台、70个节点。

用MATLAB 7.0编程求解得到新增平台后，λ最小时所对应的变异系数、比例、最大出警时间以及总路程的值见表5。

表5 λ最小时对应的变异系数、比例、最大出警时间以及总路程的值

指标	变异系数	比例/%	最大出警时间/min	总路程/km
数值	0.4665	6.5217	5.7005	103.2199

同样，我们也算出了当$n=0$（即未增加平台时）、$n=3$、$n=4$、$n=5$时最小的λ所对应的变异系数、比例、最大出警时间以及总路程的值，见表6。

表6 不同n时变异系数、比例、最大出警时间以及总路程的最小值

n	变异系数	比例/%	最大出警时间/min	总路程/km
0	0.4665	0.065217	5.7005	103.2199
2	0.5126	0.0217	4.1902	86.7815

续表

n	变异系数	比例/%	最大出警时间/min	总路程/km
3	0.4732	0.0109	4.1902	80.2724
4	0.3239	0	2.9	77.4311
5	0.4236	0	2.9	70.7712

按公式（2）对表 6 中的数据进行归一化处理，得到表 7 所示的归一化数据。

$$Y(i,j)=\frac{x'(i,j)-x'_{\min}(j)}{x'_{\max}(j)-x'_{\min}(j)} \tag{2}$$

表 7　归一化后各项指标的最小值

n	变异系数	比例/%	最大出警时间/min	总路程/km
0	1	1	0.7557	1
2	0.4934	0.4607	1	0.3327
3	0.2928	0.4607	0.7912	0.1671
4	0.2052	0	0	0
5	0	0	0.5284	0

我们认为这四项指标对综合评价的影响是同等重要的，因此，人为地将这四项指标的权重值定为 0.25。用 MATLAB 7.0 编程计算，得到当 $n=0$ 、$n=2$ 、$n=3$ 、$n=4$ 、$n=5$ 时综合影响指数（λ）的最小值。同时，用 MATLAB 7.0 编程搜索，得到每个最小的 λ 所对应选取的节点的编号，见表 8。

表 8　不同情况下的综合影响指数大小以及相应节点的编号

新增平台数	λ	选取作为平台的节点的编号	
		方案 1	方案 2
0	0.9389	—	—
2	0.5717	28、39	29、39
3	0.428	28、39、88	29、39、88
4	0.0513	28、39、48、88	29、39、48、88
5	0.1321	28、39、48、51、88	29、39、48、51、88

由表 8 可知，当 $n=4$ 时，综合影响指数 λ 最小（0.0513），说明这种情况下，新增加的平台对于改善现状的效果最好，且所设置的相应平台有两种组合：原来第 28、39、48、88 号或第 29、39、48、88 号节点的位置，如图 7 和图 8 所示。

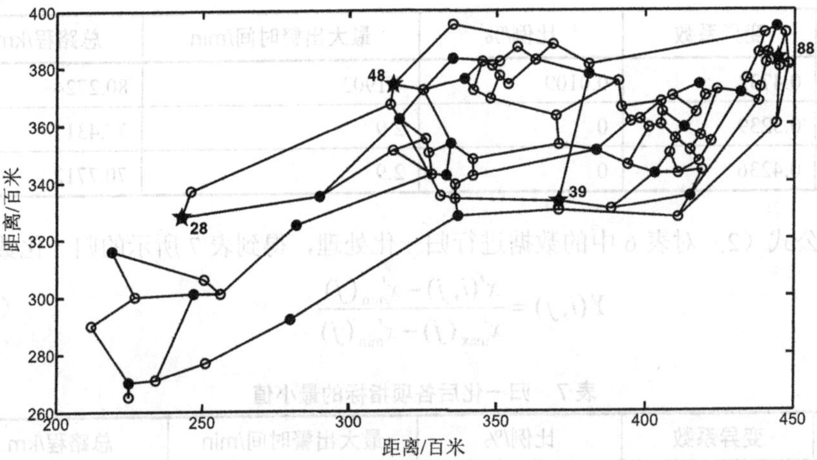

图 7　方案一中节点位置

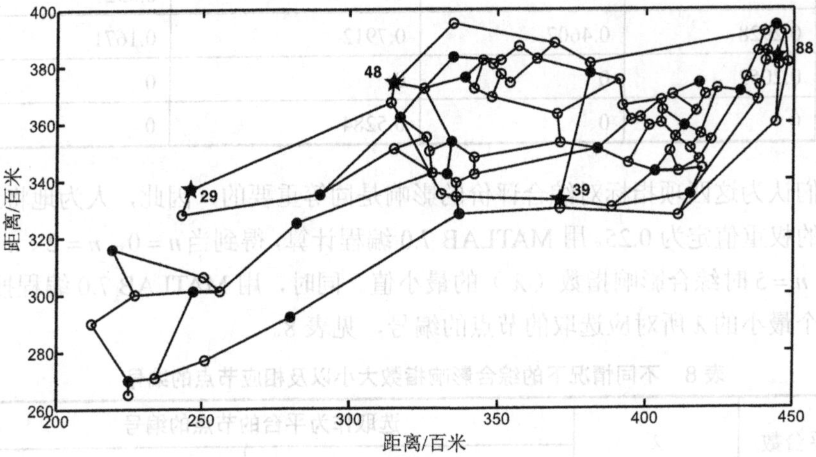

图 8　方案二中节点位置

5.2　问题二

5.2.1　各区服务平台设置合理性的评价

在这个问题中，我们建立了灰色综合评价模型来对现在六个区内交巡警服务平台设置的合理性进行评价，并针对六个区中相对不合理之处提出了相应的解决方案。

1．指标的分析

我们共选择了以下六项指标来对区内交巡警服务平台设置的合理性进行评

价，具体分析如下：

（1）各区服务平台工作量的均值（$\overline{w}$）与总体均值（$\overline{w}'$）之差的绝对值（$|\overline{w}-\overline{w}'|$）。由于$\overline{w}$不论越多还是越少，对区内交巡警服务平台设置的合理性影响均不好：越多时，会导致服务平台忙不过来，易造成某些节点无人管理；越少时，易造成资源的浪费。因此，$\overline{w}$适中时合理性最高，所以我们将$|\overline{w}-\overline{w}'|$作为一个指标，其值越小，区内交巡警服务平台设置的合理性越高。

(2)单位人口所需要的服务平台数(q)与其均值($\overline{q}$)之差的绝对值($|q-\overline{q}|$)：同（1），$|q-\overline{q}|$值越小，区内交巡警服务平台设置得越合理。

（3）出警时间超过 3min 的节点数（m）：显然，m值越小，说明交巡警迅速到达事发地点并快速处理事件的比例越高，因此区内交巡警服务平台设置得越合理。

服务平台工作量的变异系数（V）、出警时间超过 3min 的比例（α）、最大出警时间（t_{max}）在 5.1.3 节中已详细阐述过，在此处，这三者均与合理性大小呈负相关。

综上所述，选择的所有指标均为越小越优型指标。

2. 灰色综合评价模型的建立与求解

灰色关联分析法是一种多因素统计分析方法，是以各因素的样本数据为依据、用灰色关联度来描述因素间关系的强弱、大小和次序，它适用于数据量不太多的分析，相对于模糊理论评价法与层次分析法，人为的主观因素影响小，因此在定量分析中应用广泛[2]。本文采用该模型对六个区交巡警服务平台设置方案的合理性进行定量评估。

由上述分析，我们已经得到了影响这六个区交巡警服务平台设置方案合理性的各项指标的具体数据，统一数据后，得到表 9。

表 9　不同区域各项指标的数值

区域	m	α	t_{max}	$\|\overline{w}-\overline{w}'\|$	V	$\|q-\overline{q}\|$
A	6	0.0652	5.7005	2.2063	0.4665	0.0924
B	6	0.0822	4.4703	0.1313	0.4738	0.14
C	47	0.3052	6.8605	2.5805	0.5148	0.106
D	12	0.2308	15.9861	0.8979	0.4743	0.1177
E	32	0.3107	19.1051	0.4713	0.5172	0.0436
F	35	0.3241	8.4798	1.496	0.5206	0.0334

利用表 9 的数据，可以构造最终评价矩阵，也就是属性矩阵 X'，则 $X'=(x'_{ij})_{m\times q}$，其中 $i=1,2,\cdots,6$，$j=1,2,\cdots,6$。

$$X'=\begin{bmatrix} 6 & 0.0652 & 5.7005 & 2.2063 & 0.4665 & 0.0924 \\ 6 & 0.0822 & 4.4703 & 0.1313 & 0.4738 & 0.14 \\ 47 & 0.3052 & 6.6805 & 2.5805 & 0.5148 & 0.106 \\ 12 & 0.2308 & 15.9861 & 0.8979 & 0.4743 & 0.1177 \\ 32 & 0.3107 & 19.1051 & 0.4713 & 0.5172 & 0.0436 \\ 35 & 0.3241 & 8.4798 & 1.496 & 0.5206 & 0.0334 \end{bmatrix}$$

（1）属性矩阵的规一化。由于各数据所选的量纲不同，因此有必要对属性矩阵进行归一化处理。所选指标均为越小越好的指标，利用规一化公式：

$$x_{ij}=\frac{x'_{ij}}{\sum_{j=1}^{q}x'_{ij}}$$

用 MATLAB 7.0 编程得到各区域指标的归一化数值，见表 10。

表 10 不同区域各项指标归一化后的数值

区域	m	α	$t_{\max}$	$\lvert\bar{x}-\bar{x}'\rvert$	V	$\lvert q-\bar{q}\rvert$
A	0.0495	0.0941	0.2835	0.1572	0.1733	0.0435
B	0.0624	0.0738	0.0169	0.1597	0.2626	0.0435
C	0.2315	0.1132	0.3315	0.1735	0.1988	0.3406
D	0.1751	0.2638	0.1154	0.1598	0.2208	0.087
E	0.2357	0.3153	0.0606	0.1743	0.0818	0.2319
F	0.2459	0.1399	0.1922	0.1755	0.0627	0.2536

（2）确定各评价指标的权重。在对这六个区交巡警服务平台设置方案的合理性进行评估时，各个指标的重要程度并不都是相同的，我们有必要对这些指标进行加权处理。传统的层次分析法主观性太强，本模型采用了熵权法来求各评价指标的权重。在熵权法的理论中，各个指标的决策信息可以用其熵值 e_j 来表示：

$$e_j=-k\sum_{i=1}^{n}x_{ij}\ln x_{ij}$$

其中 $k=1/\ln n$，这里 $n=6$，所以 k 为常数。

第 j 个指标的评价数据的分散程度 d_j 可以表示为

$$d_j=1-e_j\ (i=1,2,\cdots,n)$$

通过计算，得到了分散程度的值，见表 11。

表 11　d_j 的计算值

指标	m	α	$t_{\max}$	$\lvert\bar{x}-\bar{x}'\rvert$	V	$\lvert q-\bar{q}\rvert$
分散程度	0.0785	0.0781	0.1471	0.0006	0.058	0.1412

第 i 个指标对应的评价值越分散，相应的 d_i 也会越大，表明第 i 个指标越重要。因此，用熵值法来表示第 i 个指标的权重因子：

$$w_j=\frac{d_j}{\sum_{j=1}^{n}d_j}$$

因此，可以得到每个指标的权重 w_j，见表 12。

表 12　权重 w_j 的计算值

指标	m	α	$t_{\max}$	$\lvert\bar{x}-\bar{x}'\rvert$	V	$\lvert q-\bar{q}\rvert$
权重	0.1559	0.155	0.2922	0.0012	0.1151	0.2805

（3）确定最优指标集 G。对于规格化的矩阵 $\boldsymbol{X}$，选取各个指标的相对最优值（最小值）作为最优指标集 G。因此有

$$G=(0.0141,0.0435,0.0495,0.0738,0.0947,0.1572,0.0139)$$

将其置于原属性矩阵中，见表 13。

表 13　确定最优指标集的属性矩阵

区域	m	α	$t_{\max}$	$\lvert\bar{x}-\bar{x}'\rvert$	V	$\lvert q-\bar{q}\rvert$
G	0.0495	0.0738	0.0169	0.1572	0.0627	0.0435
A	0.0495	0.0941	0.2835	0.1572	0.1733	0.0435
B	0.0624	0.0738	0.0169	0.1597	0.2626	0.0435
C	0.2315	0.1132	0.3315	0.1735	0.1988	0.3406
D	0.1751	0.2638	0.1154	0.1598	0.2208	0.087
E	0.2357	0.3153	0.0606	0.1743	0.0818	0.2319
F	0.2459	0.1399	0.1922	0.1755	0.0627	0.2536

（4）计算灰色关联度 r_{ij}。第 i 个区的各指标组成向量 $\boldsymbol{X}_i$ 与最优的参考集 G 的关系为

$$\varepsilon_i(\boldsymbol{X}_j,G)=\frac{\min_i\min_j\left|\Delta_{ij}\right|+\rho\max_i\max_j\left|\Delta_{ij}\right|}{\left|\Delta_{ij}\right|+\rho\max_i\max_j\left|\Delta_{ij}\right|}$$

式中，ρ 为分辨系数，$\rho\in(0,1)$，ρ 越小，关联系数间差异越大，区分能力越强，本文选取 $\rho=0.5$。由于所有指标均为越小越优的指标，因此可得到第 i 个区的向量 $\boldsymbol{X}_i$ 与最优参考集 G 的关联度为

$$\gamma(\boldsymbol{X}_i,G)=\sum_{j=1}^{n}w_i\varepsilon_i(\boldsymbol{X}_i,G)$$

应用上述公式求得各个区分别对于最优关联度以及其根据该关联度所得合理性的排序，见表 14。

表 14 各区域交巡警服务平台设置合理性的排序

区域	灰色关联度	排序
A	0.8514	2
B	0.9818	1
C	0.5698	6
D	0.6782	3
E	0.5984	4
F	0.5892	5

（5）结果的分析。由表 13 可知，C 区的平台设置最不合理，这主要是由于该区内出警时间超过 3min 的节点数过多，同时区内平台工作量的变异系数以及工作量均值与总体均值的差距都偏大，表明服务平台工作量的不均衡程度较大，且大多数都远离适中值。造成 E 区和 F 区十分不合理的原因主要也是出警时间超过 3min 的节点数过多。同时，E 区最大出警时间过长，而 F 区的工作量均值与总体均值的差距偏大。而 D 区的平台设置合理性较低则主要是其最大出警时间过长造成的。

3．针对不合理之处的解决方案

以 C 区为例，我们考虑运用 MATLAB 7.0 计算分别加入多个平台后，该区交巡警平台设置合理性的改善程度（λ）。由于这里选取的四项指标均为越小越优型，所以，计算所得的综合影响指数越小，说明其对原来合理性的改善程度越大。而软件在计算的过程中，会自动识别后来所算的 λ 的值，一旦发现后面算得的值比前一个值更小，即停止运算，同时，前一个 λ 值即为此时的最优解，找出与其对

应的加入的平台个数和位置，即为我们要求的最佳解决方案。这与 5.1.3 节中的模型类似，因此，我们套用 5.1.3 节中的模型进行相应计算，各项指标的原始数据见表 15。

表 15　n 不同时，C 区变异系数、比例、最大出警时间以及总路程原始数据

n	变异系数	比例/%	最大出警时间/min	总路程/km
2	0.4508	0.1883	6.6223	297.8724
3	0.4439	0.1623	6.6223	281.3487
4	0.459	0.1364	6.5686	267.8127
5	0.446	0.1364	4.6102	257.9328
6	0.4901	0.1039	4.4478	244.0419
7	0.4756	0.0909	4.4478	236.7368
8	0.5226	0.0844	4.2864	232.8742

对原始数据进行归一化处理后，代入公式（1）中进行计算可得到 n 不同时，其对现在的合理性的改变程度，见表 16。

表 16　n 不同时，C 区平台设置合理性的改善情况

n	2	3	4	5	6	7	8
λ	0.7719	0.6239	0.5517	0.2628	0.2539	0.1485	0.25

由表 16 可知，在 C 区中设置 7 个交巡警服务平台可最大程地改善目前平台设置不合理的现状。加入 n 个平台之后，C 区现在平台设置的合理性（γ'）应等于原来的合理性（γ）与现在改善了的原来不合理部分的比例（$(1-\gamma)(1-\lambda)$）之和：

$$\gamma' = \gamma + (1-\gamma)(1-\lambda) \tag{3}$$

将数据代入式（3）可得，$n = 7$ 时平台设置的合理性 $\gamma' = 0.9361$。

运用软件搜索找到此时需加入的节点的编号为：200、206、261、285、315、240、312。其具体的分布如图 9（图中实心圆点处）所示。

同理，我们也运用 MATLAB 7.0 编程解出了使 E 区和 F 区原来不合理性改善程度最大的 n 以及 λ 的值，C、E、F 区结果见表 17。

F、E 区新加入的平台的位置（五角星标注）如图 10 和图 11 所示。

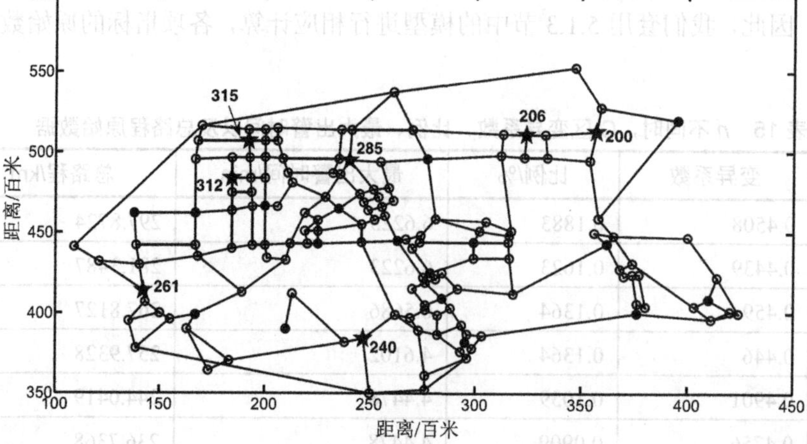

图9　C区新加入的平台位置

表17　针对不合理之处的解决方案

区域	n	λ	γ'	加入的相应节点的编号
C	7	0.1485	0.9361	200、206、261、285、315、240、312
E	6	0.2970	0.8807	388、453、454、472、458、473
F	8	0.1972	0.9190	509、539、517、578、582、558、569、574

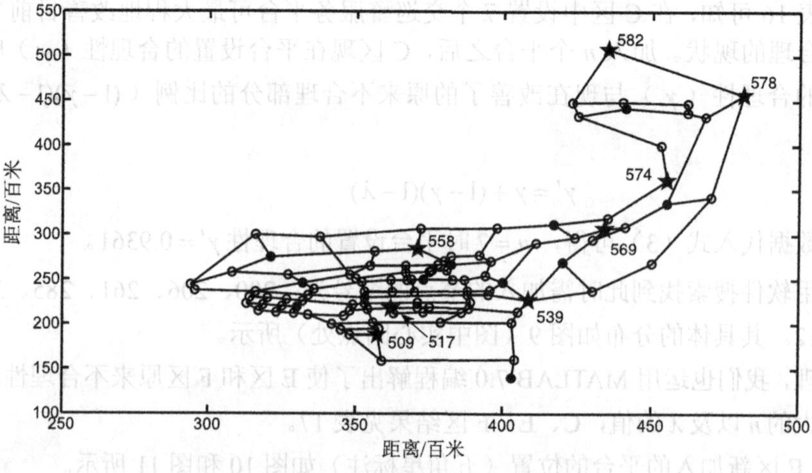

图10　F区新加入的平台位置

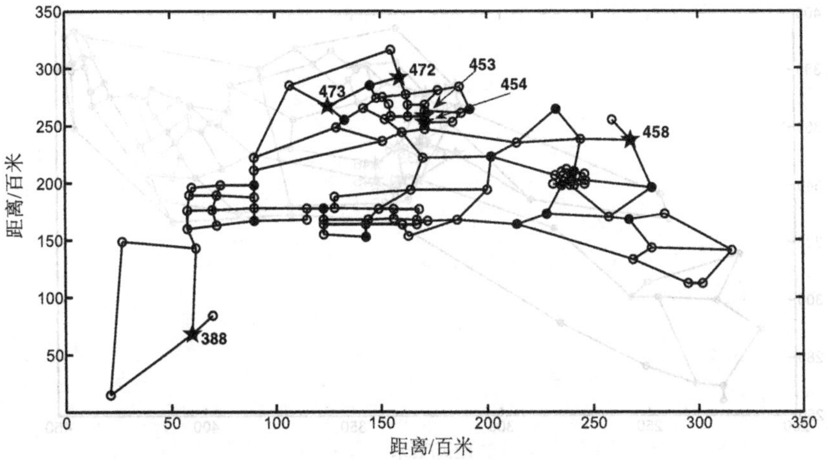

图 11 E 区新加入的平台位置

故针对 C 区不合理之处的解决方案为：加入 7 个平台，其节点编号分别为 200、206、261、285、315、240、312，加入新平台之后的合理性为 0.9361。

针对 E 区不合理之处的解决方案为：加入 6 个平台，其节点编号分别为 388、453、454、472、458、473，加入新平台之后的合理性为 0.8807。

针对 F 区不合理之处的解决方案为：加入 8 个平台，其节点编号分别为 509、539、517、578、582、558、569、574，加入新平台之后的合理性为 0.9190。

由以上结果可知：加入平台后，C、E、F 三区内平台设置的合理性明显增大，这说明加入新平台对于提高其合理性是必要的，而且是有效的。

5.2.2 最佳围堵方案的确定

首先，我们必须确定 3min 内，嫌疑人从 P 点出发所有可能到达的节点（P_1）编号。由模型假设（5），嫌疑人 3min 以内所走的路程为 3km，因此，只要是到 P 点距离为 3km 以内的节点，其均可以到达，利用 MATLAB 7.0 得到所有可能的节点编号，见表 18。

表 18 初始节点编号表

初始情况可能到达的节点编号	初始情况可能到达的节点编号
7、8、9	30、31、32
33、34、35	36、45、46
47	48

初始情况可能到达的所有节点如图 12（P 点：实心三角；节点：实心五角星）所示。

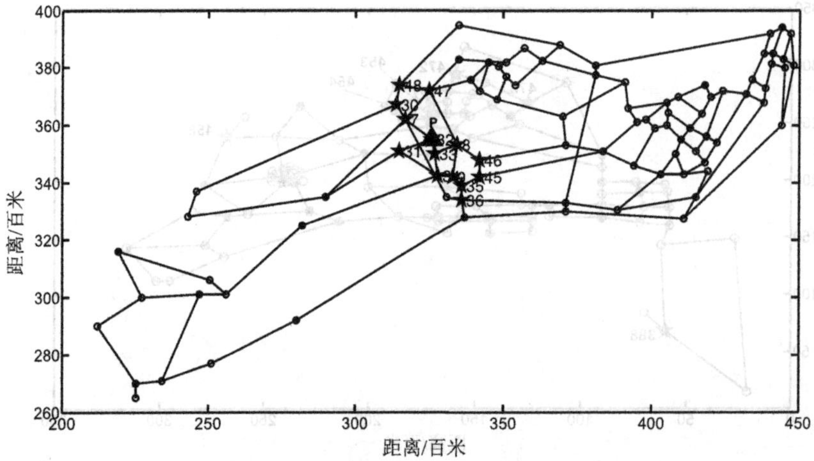

图 12　初始情况可能到达的所有节点

然后进行第一轮搜索围堵，即找出嫌疑人从 P_1 中的每一个节点出发，所有可能到达的节点（P_2）的编号，接着判断在这些节点处交巡警是否可以成功围堵嫌疑人，判断依据如下所述。

若交巡警能够在嫌疑人到达该节点 P_2 之前到达或与嫌疑人同时到达，即其可以实现对嫌疑人在该节点处的围堵，则停止对节点 P_2 以后节点的搜索判断；若在交巡警到达此节点之前，嫌疑人已经通过该节点，则需要对该节点以后的所有节点 P_3 进行搜索和围堵，即进行第二轮搜索围堵和搜索。

而在第二轮的围堵和搜索中，前一轮围堵和搜索中能够成功围堵住嫌疑人的交巡警服务平台以及相应的围堵节点从原集合中被排除，现在只考虑剩余的交巡警在其他节点处围堵住嫌疑人的情况。这一轮中，同样，我们首先判断嫌疑人从第一轮末的节点出发能够前往的所有节点，并安排交巡警前往进行搜索和围堵，判断在这些节点处交巡警是否可以成功围堵嫌疑人，判断依据与上述相同。

后面每一轮的搜索和围堵方式类似，直到将嫌疑人所有可能通过的节点搜索和围堵完成为止。

此外，在整个搜索和围堵过程中，某一个节点可能出现同时有两个或两个以上的交巡警服务平台均可派出警力前往某一节点围堵嫌疑人的情况。针对这种情况，我们分别对其所有可能出现的情况进行分析。

我们用 MATLAB 7.0 对整个搜索过程进行模拟，最终得到每一轮搜索围堵的结果，见表 19。

表 19 每一轮围堵过程中可能经过的节点以及需调度警力的平台编号

第一轮		第二轮		第三轮	
嫌疑人欲经过的节点	需调度警力的平台	嫌疑人欲经过的节点	需调度警力的平台	嫌疑人欲经过的节点	需调度警力的平台
16	16	28	—	371	320
10	10	60	4	41	1
15	—	38	—	561	475
29	15	40	17	173	—
61	—	236	—	245	—
6	6	247	—	246	171
5	5	238	—	239	
55	3	4	168		
3	2				
39	—				
237	—				
235	173				
37					
第四轮		**第五轮**		**第六轮**	
嫌疑人欲经过的节点	需调度警力的平台	嫌疑人欲经过的节点	需调度警力的平台	嫌疑人欲经过的节点	需调度警力的平台
233	—	231	—	171	170
232	—	234	—	168	175
244	172				
248	167				
240	169				

注 表中的“—”表示在此节点处交巡警未能成功地将嫌疑人围堵，导致嫌疑人逃往下一节点，交巡警继续对其进行搜索围堵。

每一轮具体的搜索围堵示意图如图 13 所示。

由表 19 和图 13，我们总结出调度全市交巡警服务平台警力资源对嫌疑人进行围堵的 8 种方案以及方案中所需经过的节点和需调度的服务平台，见表 20。

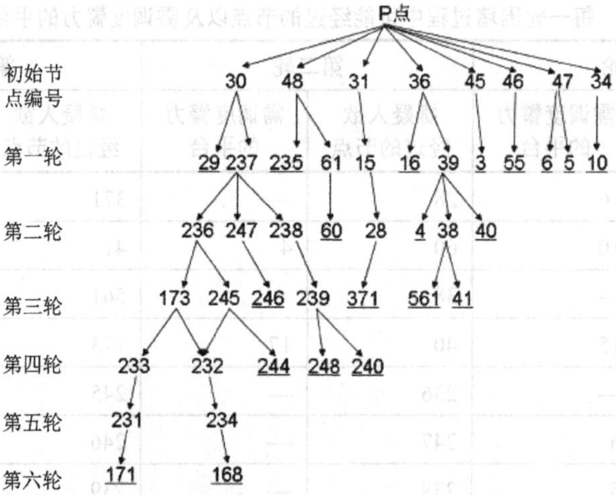

图 13 每一轮搜索围堵过程示意图

表 20 8 种围堵方案所需经过的节点以及需要调度的服务平台

方案一		方案二		方案三		方案四	
嫌疑人欲经过的节点	需调度警力的平台	嫌疑人欲经过的节点	需调度警力的平台	嫌疑人欲经过的节点	需调度警力的平台	嫌疑人欲经过的节点	需调度警力的平台
16	16	16	16	16	16	16	16
10	10	10	10	10	10	10	10
29	15	29	15	29	15	29	15
6	6	6	6	6	6	6	6
5	5	5	5	5	5	5	5
55	3	63	1	55	3	63	1
3	2	3	3	3	2	3	3
235	173	235	173	235	173	235	173
60	4	60	4	60	168	60	168
40	17	40	2	40	17	40	2
4	168	4	168	4	4	4	4
371	320	371	320	371	320	371	320
41	1	41	17	41	1	41	17
561	475	561	475	561	475	561	475
246	171	246	171	246	171	246	171
244	172	244	172	244	172	244	172

续表

方案一		方案二		方案三		方案四	
嫌疑人欲经过的节点	需调度警力的平台	嫌疑人欲经过的节点	需调度警力的平台	嫌疑人欲经过的节点	需调度警力的平台	嫌疑人欲经过的节点	需调度警力的平台
248	167	248	167	248	167	248	167
240	169	240	169	240	169	240	169
171	170	171	170	171	170	171	170
168	175	168	175	168	175	168	175

方案五		方案六		方案七		方案八	
嫌疑人欲经过的节点	需调度警力的平台	嫌疑人欲经过的节点	需调度警力的平台	嫌疑人欲经过的节点	需调度警力的平台	嫌疑人欲经过的节点	需调度警力的平台
16	16	16	16	16	16	16	16
10	10	10	10	10	10	10	10
15	15	15	15	15	15	15	15
6	6	6	6	6	6	6	6
5	5	5	5	5	5	5	5
55	3	63	1	55	3	63	1
3	2	3	3	3	2	3	3
235	173	235	173	235	173	235	173
60	4	60	4	60	168	60	168
40	17	40	2	40	17	40	2
4	168	4	168	4	4	4	4
371	320	371	320	371	320	371	320
41	1	41	17	41	1	41	17
561	475	561	475	561	475	561	475
246	171	246	171	246	171	246	171
244	172	244	172	244	172	244	172
248	167	248	167	248	167	248	167
240	169	240	169	240	169	240	169
171	170	171	170	171	170	171	170
168	175	168	175	168	175	168	175
370	321	370	321	370	321	370	321

为了找到最佳的围堵方案，我们考虑以方案中所需调度的平台数、交巡警的平均就位时间、所有交巡警就位所需的总时间以及方案中交巡警截获嫌疑人所用的平均时间作为评价的指标，对这 8 种围堵方案的优劣进行评价。

下面进行指标分析。

（1）方案中所需调度的平台数（O）。为了实现对嫌疑人的围堵，就必须对嫌疑人可能经过的节点设置交巡警，被调度到本次围堵行动中的交巡警在围堵嫌疑人的过程中发挥着重要的作用，因此应该考虑把被调度的交巡警平台数作为评价调度方案的合理性和优越性的重要指标。

（2）交巡警的平均就位时间（b）。为实现对嫌疑人的快速围堵，应该要求被调度的交巡警以尽可能短的时间到达其所要到达的节点，平台平均到位时间是评价调度方案优越性的重要指标，而且时间越短方案越可行。

（3）所有交巡警就位所需的总时间（T）。决定调度方案能否成功的重要标准就是最远的被调度的交巡警到位的时间，显然，交巡警越快到达事发地并进入工作状态，越有利于交巡警展开各项搜索和围堵任务。因此这个时间越短，本方案成功实现的可能性越高。

（4）方案中交巡警截获嫌疑人所用的平均时间（ω）。嫌疑人对整个社会来说都是危险因素，应该对其实现快速围堵和捕获，以尽量减少其对社会的危害。交巡警被调度后截获嫌疑人的时间成为评价这一方案的重要指标，应该让这个时间尽可能短，以达到我们的目的。

参照 5.1.3 节中的方法，我们同样引入方案的优劣综合指数（β），以综合地考虑这四项指标对方案的共同影响。β 的定义如下：

$$\beta=\eta_1 O+\eta_2 b+\eta_3 T+\eta_4 \omega \tag{4}$$

其中，η_1、η_2、η_3、η_4 为权重值，且 $\eta_1+\eta_2+\eta_3+\eta_4=1$。同时，由于这四项指标均为越小越优型指标，因此 β 越小，说明方案越优。

这四项指标的原始数据见表 21。

表 21 四项指标的原始数据

方案号	平台数	平台平均就位时间 /min	所有平台都就位总时间 /min	平均截获时间 /min
1	20	3.0133	7.3613	8.3041
2	20	2.8014	7.3613	8.4753
3	20	2.9783	7.3613	8.3041
4	20	2.7664	7.3613	8.4753

续表

方案号	平台数	平台平均就位时间/min	所有平台都就位总时间/min	平均截获时间/min
5	21	3.017	8.7907	8.4479
6	21	2.8152	8.7907	8.6109
7	21	2.9837	8.7907	8.4479
8	21	2.7819	8.7907	8.6109

运用式（2）对原始数据进行归一化处理，得到表 22 所列的归一化数据。

表 22　四项指标的归一化数据

方案号	平台数	平台平均就位时间/min	所有平台都就位时间/min	平均截获时间/min
1	0	0.9852	0	0
2	0	0.1397	0	0.558
3	0	0.8456	0	0
4	0	0	0	0.558
5	1	1	1	0.4687
6	1	0.1947	1	1
7	1	0.8671	1	0.4687
8	1	0.0619	1	1

在这里，我们认为这四项指标同等重要，人为地确定各项指标的权重为 0.25。将表 22 中的归一化数据代入式（4）中，计算可得各个方案的优劣综合指数，见表 23。

表 23　各方案优劣综合指数

比较项目	方案一	方案二	方案三	方案四	方案五	方案六	方案七	方案八
优劣综合指数	0.2463	0.1744	0.2114	0.1395	0.8672	0.7987	0.834	0.7655

由表 23 可知，方案四为 8 种方案中的最优方案，即第 16、10、15、6、5、1、3、173、168、2、4、320、17、475、171、172、167、169、170 号交巡警服务平台分别调度警力围堵第 16、10、29、6、5、63、3、235、60、40、4、371、41、561、246、244、248、240、171、168 号节点。方案四各项指标的数值见表 24。

表 24 方案四各项指标的数值

指标	平台数	平台平均就位时间/min	所有平台都就位总时间/min	平均截获时间/min
数值	20	2.7664	7.3613	8.4753

六、模型的评价

6.1 模型的优点

（1）模型的实用性较强，可被用来解决现实生活中的交巡警的优化配置问题。

（2）模型综合运用了多种方法，如多目标 0-1 规划模型、最短路径模型、灰色综合评价模型等，均是解决实际问题十分常用的方法。运用这些方法所得到的结果与实际情况非常接近。

（3）模型最大的亮点在于程序中的搜索方法，简单易行，且适用于不同领域的多种问题。

6.2 模型的不足

（1）进行评价时，在选取指标上可能有一定的局限性和不全面性。

（2）由于我们使用的是学生版的软件，在进行编程求解时，有的程序运行的时间较长。

6.3 模型的推广

（1）模型的方法和思想可以推广到很多其他领域，如企业人员和设备等的优化配置方面，具有一定的参考价值。

（2）模型软件实现过程中使用的搜索方法可用于多种领域的不同问题。

参考文献

[1] 迪克斯特拉算法[EB/OL]. （2011-09-09）[2020-10-20]. http://baike.baidu.com/view/7839.htm#2.

[2] 姜云义．烟台大樱桃经济形状的综合评价——基于灰色关联分析[J]．烟台职业学院学报，2011，17（1）：27-32.

【论文评述】

该题是结合重庆市交巡警平台设置的实际问题抽象加工而成，有明确的结果，并且结果的合理性有明确的量化指标，对参赛者“数学模型、求解方法、结果与分析”这三个方面的能力都有较高要求，题目具有一定的难度。本文综合应用最短路径、多目标 0-1 规划模型、灰色综合评价模型等方法较好地解决了题目给出的问题。

对于问题一，没有给出通用的数学模型，而是直接用 Dijkstra 算法求出各节点间的最短路径，按就近原则把节点及到此节点出警的交巡警走过的公路分配给各平台，导致了分配结果不合理，有几个平台只管平台所在的路口，工作量严重失衡。虽然题目没有明确要求考虑工作量的均衡性，但在实际情况下应当考虑二者的均衡性，既要交巡警能尽快到达案发现场，又要各平台工作量尽可能均衡，这样才更符合实际而且更合理。

对于封锁方案问题，以所有交巡警出警总距离最短和单一交巡警最长出警时间最小为目标，建立多目标 0-1 规划模型，求解得到要道封锁的警力调度方案，以得到较好的结果。最后，拟定工作量的均衡性、最长出警时间越短、出警总路程最短等指标，利用穷举法，从原来的 72 个节点中随机选出 n（n=2,3,4,5）个加到交巡警平台集合中，接着对平台管辖范围进行了重新分配，找出四个指标综合值最小所对应的新增平台数目及位置，考虑比较全面。

对于问题二，为了评价交巡警平台设置方案的合理性，首先分析、确定评价的指标体系，建立灰色综合评价模型，用熵权法赋权，对目前各区服务平台设置的合理性进行定量分析。对合理性较低的三个区，利用问题一的穷举法确定新增平台的数目和位置。至于最佳围堵方案，本文通过逐轮逐层次对嫌疑人可能经过的节点和是否成功围堵进行分析，得到 8 种围堵方案。引入方案优劣指数进行评价，得到的最佳方案方法合理，效果好。

本文思路清晰、写作规范简洁、解题过程有理有据，是一篇优秀的数学建模论文。尤其值得一提的是，从论文的整体结构来看，作者的写作水平较高，能让评阅人对参赛者的意图、所用的方法和得到的结果都能一目了然，这也是一篇优秀论文应该具有的一个重要特征。

（周彦）

2012 年 B 题

太阳能小屋的设计

在设计太阳能小屋时，需在建筑物外表面（屋顶及外墙）铺设光伏电池，光伏电池组件所产生的直流电需要经过逆变器转换成220V交流电才能供家庭使用，并将剩余电量输入电网。不同种类的光伏电池每峰瓦的价格差别很大，且每峰瓦的实际发电效率或发电量还受诸多因素的影响，如太阳辐射强度、光线入射角、环境、建筑物所处的地理纬度、地区的气候与气象条件、安装部位及方式（贴附或架空）等。因此，在太阳能小屋的设计中，研究光伏电池在小屋外表面的优化铺设是很重要的问题。

附件 1～7 提供了相关信息。请参考附件提供的数据，对下列三个问题分别给出小屋外表面光伏电池的铺设方案，使小屋的全年太阳能光伏发电总量尽可能大，而单位发电量的费用尽可能小，并计算出小屋光伏电池 35 年寿命期内的发电总量、经济效益[当前民用电价按 0.5 元/（kW·h）计算]及投资的回收年限。

在求解每个问题时，都要求配有图示，给出小屋各外表面电池组件铺设分组阵列图形及组件连接方式（串、并联）示意图，也要给出电池组件分组阵列容量及选配逆变器规格列表。

在同一表面采用两种或两种以上类型的光伏电池组件时，同一型号的电池板可串联，而不同型号的电池板不可串联。在不同表面上，即使是相同型号的电池也不能进行串、并联连接。应注意分组连接方式及逆变器的选配。

问题一：请根据山西省大同市的气象数据，仅考虑贴附安装方式，选定光伏电池组件，对小屋（见附件 2）的部分外表面进行铺设，并根据电池组件分组数量和容量，选配相应的逆变器的数量和容量。

问题二：电池板的朝向与倾角均会影响到光伏电池的工作效率，请选择架空方式安装光伏电池，重新考虑问题一。

问题三：根据附件 7 给出的小屋建筑要求，请为大同市重新设计一个小屋，要求画出小屋的外形图，并对所设计小屋的外表面优化铺设光伏电池，给出铺设及分组连接方式，选配逆变器，计算相应结果。

注：因篇幅原因，文中提及并未列出的“附件”均为题目自带，有需要的读者可在全国大学生数学建模竞赛官方网站（http://www.mcm.edu.cn/index_cn.html）上下载。

2012年B题　全国二等奖

基于优先级的太阳能小屋外表面光伏电池铺设优化模型

参赛队员：敖　翔　刘志敏　庞剑飞

指导教师：马　翠

摘　要

太阳能小屋外表面光伏电池的铺设直接影响到其发电总量及单位发电量的费用。本文基于优先级的思想，在确保发电总量最大、铺设总投资最小的条件下，对不同光伏电池的经济效益进行分析，确定了铺设各种型号光伏电池的优先级序列，而后采用剩余矩形匹配算法对光伏电池的选择及铺设方式进行计算，再根据经济效益最大的原则，确定逆变器的选择策略，从而建立起适用于山西省大同市的基于优先级的太阳能小屋光伏电池铺设优化模型。结果表明，本文模型所确定的最优光伏电池铺设方案符合实际、经济效益大。模型具有较好的通用性和较高的推广价值。

问题一：针对大同市太阳能小屋光伏电池贴附铺设最优方案的问题，本文首先采用倾斜面太阳辐射总量算法计算各墙面的逐时太阳总辐射强度，接着按照年度发电量尽可能大，单位发电量的费用尽可能小的要求，计算出各种型号光伏电池在每面墙的太阳辐射总强度下的经济效益，并建立起各种光伏电池在不同墙面的选择优先级序列。而后根据不同墙面相对独立铺设光伏电池的特性，运用剩余矩形匹配算法计算每面墙的光伏电池铺设方案，从而确定光伏电池分组阵列以及逆变器的选配，建立起基于优先级的太阳能小屋光伏电池贴附铺设方案优化模型。结果表明，该模型得出的大同市太阳能小屋最优光伏电池贴附铺设方案年均总发电量为5596.66kW·h，单位发电量费用为0.287元/（kW·h），35年的发电总量为195883.57kW·h，经济效益为41753.78元，回收投入的年限为19年，模型优化效果比较理想。

问题二：针对大同市太阳能小屋光伏电池架空铺设最优方案的问题，本文首先根据大同市太阳辐照情况确定各个墙面架空铺设光伏电池的方向，而后采用逐步查找法，计算各个方向光伏电池最佳倾角分别为东向25.5°、西向41°、赤道向

33.5°。基于优先级思想，对每种型号光伏电池按照最佳倾斜角铺设时的经济效益建立优先级序列，同时引入极限太阳高度角，解决电池架空铺设时产生的阴影问题，在问题一模型的基础上对模型加以改进，从而得到基于优先级的太阳能小屋光伏电池贴附铺设方案优化模型。经计算验证，该模型得出的大同市太阳能小屋最优光伏电池贴附铺设方案年均总发电量为1016.60kW·h，单位发电量费用为0.200元/（kW·h），35年的发电总量为355726.18kW·h，经济效益为72210.99元，回收投入的年限为20年，结果表明架空安装的经济效益好于平铺安装。

问题三：针对太阳能房屋设计问题，本文首先依据赤道向倾斜面可获得最佳的太阳直接辐射的原理及光伏电池的布置要求，确定出新设计房屋外形为倾斜面朝向赤道且与水平面夹角为33.5°、水平放置的直角三棱柱型。根据房屋建设的约束条件建立优化模型，求解得房屋平面体型长边为9.06m、短边为8.16m、高度为5.40m。运用问题一求解模型，解得设计小屋在电池寿命期内发电总量为818855kW·h，经济效益为232745.9元，投资回收年限为14年，其结果明显优于原有太阳能小屋，表明该小屋设计方案较为合理。

关键词：太阳能　发电量　光伏电池　铺设方案　优先级

一、问题重述

在设计太阳能小屋时，需在建筑物外表面（屋顶及外墙）铺设光伏电池，光伏电池组件所产生的直流电需要经过逆变器转换成220V交流电才能供家庭使用，并将剩余电量输入电网。不同种类的光伏电池每峰瓦的价格差别很大，且每峰瓦的实际发电效率或发电量还受诸多因素的影响，如太阳辐射强度、光线入射角、环境、建筑物所处的地理纬度、地区的气候与气象条件、安装部位及方式（贴附或架空）等。因此，在太阳能小屋的设计中，研究光伏电池在小屋外表面的优化铺设是很重要的问题。

附件1～7提供了相关信息。请参考附件提供的数据，对下列三个问题，分别给出小屋外表面光伏电池的铺设方案，使小屋的全年太阳能光伏发电总量尽可能大，而单位发电量的费用尽可能小，并计算出小屋光伏电池35年寿命期内的发电总量、经济效益[当前民用电价按0.5元/（kW·h）计算]及投资的回收年限。

在求解每个问题时，都要求配有图示，给出小屋各外表面电池组件铺设分组阵列图形及组件连接方式（串、并联）示意图，也要给出电池组件分组阵列容量及选配逆变器规格列表。

在同一表面采用两种或两种以上类型的光伏电池组件时，同一型号的电池板可串联，而不同型号的电池板不可串联。在不同表面上，即使是相同型号的电池也不能进行串、并联连接。应注意分组连接方式及逆变器的选配。

问题一：请根据山西省大同市的气象数据，仅考虑贴附安装方式，选定光伏电池组件，对小屋（见附件 2）的部分外表面进行铺设，并根据电池组件分组数量和容量，选配相应的逆变器的数量和容量。

问题二：电池板的朝向与倾角均会影响到光伏电池的工作效率，请选择架空方式安装光伏电池，重新考虑问题一。

问题三：根据附件 7 给出的小屋建筑要求，请为大同市重新设计一个小屋，要求画出小屋的外形图，并对所设计小屋的外表面优化铺设光伏电池，给出铺设及分组连接方式，选配逆变器，计算相应结果。

二、模型假设

（1）光伏电池与逆变器在其寿命期内能一直正常工作。

（2）光伏电池紧密相邻铺设不会对其性能造成影响。

（3）光伏电池的铺设均在房屋各面墙的承重范围内。

（4）架空铺设时，光伏电池必须有一边为近墙铺设。

（5）支架能满足光伏电池架空铺设时所需的角度、重量支撑要求。

三、符号说明

（1）$\overline{R}$：倾斜面上日平均太阳辐射量与水平面上日平均太阳辐射量的比值。

（2）$\overline{R}_1$：在北半球朝向正南的倾斜面上，其日平均太阳总辐射量与水平面上日平均总辐射量之比。

（3）$\overline{H}(t)$：水平面逐时太阳辐射总强度。

（4）$H_i(t)$：小屋第 i 个外表面的逐时太阳辐射总强度，$i=1,2,\cdots,5,6$。

（5）β：屋顶斜面倾角。

（6）ρ：地面反射率，一般情况下 $\rho=0.2$。

（7）E_{ni}：贴附安装时，第 n 种型号光伏电池对于第 i 面墙的选择优先级，$i=1,2,\cdots,5,6$，$n=1,2,3,\cdots,23,24$。

（8）$\eta_n(t)$：在某一时间 t，第 n 种型号光伏电池的转化效率，$n=1,2,3,\cdots,23,24$。

（9）$\psi_{\max}$：在光伏电池最大发电功率时，所对应的逆变器逆变效率。

（10）f_{jk}：在剩余矩形匹配算法中，矩形的匹配度。

（11）E'_{ni}：架空安装时，第 n 种型号光伏电池对于第 i 面墙的选择优先级，$i=1,2,\cdots,5,6$，$n=1,2,3,\cdots,23,24$。

（12）β_{opt}：光伏电池的最佳倾角。

（13）P：某铺设方案下光伏小屋35年总发电总量，单位为kW·h。

（14）Q：某铺设方案下光伏小屋总成本。

（15）E：某铺设方案下光伏小屋35年总收益。

（16）D_{ij}：第 i 个表面上第 j 种逆变器的数量。

（17）N_{ij}：第 i 个表面上第 j 种规格光伏电池数量。

（18）S_i：第 i 种光伏电池的价格。

（19）B_i：第 i 种逆变器的价格。

（20）ψ_{ij}：第 i 个表面上第 j 种规格光伏电池对应的逆变效率。

四、问题分析

问题一：对于小屋外表面光伏电池最优贴附式铺设问题，首先要知道小屋各外表面的太阳辐射量，观察附件4发现并未给出屋顶斜面的太阳辐射总量数据，通过查阅资料，可考虑通过倾斜面太阳辐射总量算法获得。然后，考虑到每面墙在铺设光伏电池时相对独立，且都会优先选择发电总量大，单位发电费用小的光伏电池进行铺设，故按照年度发电量尽可能大，单位发电量的费用尽可能小的要求，计算出每种型号光伏电池在每面墙的太阳辐射总强度下的经济效益，并以此作为各种型号电池相对于不同墙面的选择优先级，建立基于优先级的光伏电池最优贴附式铺设模型。由于墙面面积一定，只有尽可能将墙面铺满，才能增大发电量。又因为光伏电池与墙面均为矩形，故考虑使用剩余矩形匹配算法优先挑出选择优先级高的光伏电池对墙面进行铺设，得到每面墙的光伏电池铺设方案，从而确定光伏电池分组阵列以及逆变器的选配，形成光伏电池最优贴附式铺设方案。

问题二：要解决小屋外表面光伏电池最优架空式铺设问题，首先对小屋各外表面的光伏电池朝向进行了分析，发现屋顶斜面和南面墙上光伏电池应为赤道朝向、东面墙上应为东向朝向、西面墙上应为西向朝向、北面墙可不安装光伏电池。然后需要求解各朝向的光伏电池最佳倾角，由于东面墙上光伏电池为东向朝向、西面墙上光伏电池为西向朝向，一般算法无法计算，故采用逐步查找法。计算每种型号光伏电池在按照每面墙的最佳倾斜角放置时的经济效益，可以此作为各种型号光伏电池相对于不同墙面的选择优先级，电池在架空铺设时会产生阴影，故考虑引入极限太阳高度角解决，同时，对剩余矩形匹配算法进行再修正，分析知后续步骤同问题一，得到架空方式下光伏电池最优铺设方案。

问题三：关于房屋设计问题，首先考虑到赤道向倾斜面可获得最佳的太阳直接辐射，并有利于光伏电池的布置，故设计房屋外形为倾斜面朝向赤道且与水平面夹角为最佳倾角、水平放置的直角三棱柱样。再根据附件 7 中的约束条件利用非线性规划求得房屋平面体型长边、短边和高度，而后利用问题一中的模型获得倾斜面上光伏电池铺设方案。

五、模型的建立与求解

5.1 问题一：贴附安装方式下，小屋外表面光伏电池优化铺设问题的求解

为解决在贴附安装方式下，小屋外表面光伏电池的优化铺设问题，本文采用优先级的思想建立模型进行求解。具体思路如下：首先根据附件 4 中数据计算大同市的太阳能小屋每个墙面的逐时太阳辐射总强度，按照年度发电总量尽可能大，单位发电量的费用尽可能小的要求，计算出每种型号光伏电池在每面墙的太阳辐射总强度下的经济效益，并以此作为各种型号电池相对于不同墙面的选择优先级。然后对每面墙进行独立分析，利用剩余矩形匹配算法获得每面墙的光伏电池铺设方案，从而确定光伏电池分组阵列以及逆变器的选配，得出每面墙的初步优化铺设方案。并按是否能收回投资评判该铺设方案是否可行，最终获得在贴附安装方式下，光伏电池贴附铺设的最优方案。

太阳能小屋外表面光优电池最优贴附模型思路图如图 1 所示。

5.1.1 小屋外表面逐时太阳总辐射强度的计算

分析附件 4 中山西大同典型气象年东西南北向逐时总辐射强度和附件 2 中给定的小屋外观尺寸图不难发现，给定的小屋朝向是典型的坐北朝南，故小屋的东、西、南、北四个墙面的逐时辐射总强度即为附件 4 中东、西、南、北方向逐时总辐射强度。这里仅需要计算屋顶两斜面的逐时辐射总强度。

关于斜面上太阳辐照量的计算，本文按照现阶段国际惯例，采用 Klien 和 Teilacker 提出的计算方法[1]：倾斜面上的太阳辐射总量 H_T 由直接太阳辐射量 H_{bt}、天空散射辐射量 H_{rt} 两部分组成，且天空散射辐射量是均匀分布的。

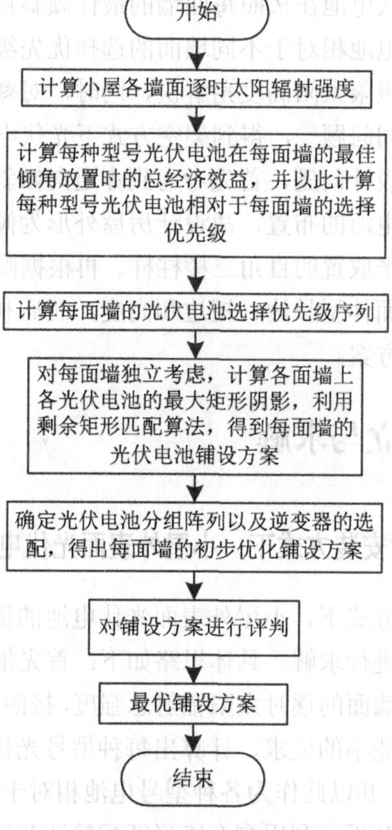

图1　太阳能小屋外表面光伏电池最优贴附模型思路图

其计算方法如下：

设$\overline{R}$为倾斜面上日平均太阳辐射量与水平面上日平均太阳辐射量的比值；$\overline{H}_{\mathrm{d}}$为水平面上日平均散射辐射量；$\overline{H}$为水平面上日平均总辐照量；$\beta$为斜面倾角；$\rho$为地面反射率，一般情况下$\rho=0.2$。下面展开式（1），列出并完善其所涉及的参数及各参数意义：

$$\overline{R}=D+\frac{\overline{H}_{\mathrm{d}}}{2\overline{H}}(1+\cos\beta)+\frac{\rho}{2}(1-\cos\beta) \tag{1}$$

其中函数D表达式及相关参数意义详见参考文献[1]。其中涉及的当地纬度、太阳方位角、太阳赤纬角等计算方法在附件6中已给出，在此不再赘述。

对于朝向赤道的倾斜面，上述计算过程可以简化，在北半球朝向正南的倾斜面上，其日平均太阳总辐射量与水平面上日平均总辐射量之比：

$$\overline{R}_1 = \frac{\cos(\phi-\beta)}{d\cos\phi}\left\{\left(a-\frac{\overline{H_{\mathrm{d}}}}{\overline{H}}\right)\left(\sin\omega_s'-\frac{\pi}{180}\omega_s'\cos\omega_s''\right)\right.$$

$$\left.+\frac{b}{2}\left[\frac{\pi}{180}\omega_s'+\sin\omega_s'\left(\cos\omega_s'-2\cos\omega_s''\right)\right]\right\}+\frac{\overline{H_{\mathrm{d}}}}{2\overline{H}}(1+\cos\beta)+\frac{\rho}{2}(1-\cos\beta) \quad (2)$$

式中，$\omega_s' = \min\begin{bmatrix}\cos^{-1}(-\tan\phi\tan\delta)\\ \cos^{-1}\left[-\tan(\phi-\beta)\tan\delta\right]\end{bmatrix}$，$\omega_s'' = \arccos\left[-\tan(\phi-\beta)\tan\delta\right]$。

则小屋第 i 个外表面的逐时辐射总强度 $H_i(t)$ 为

$$H_i(t) = \overline{R}_1\overline{H}_i(t) \quad (3)$$

式中，$\overline{H}_i(t)$ 为水平面逐时辐射总强度。

根据式（3），代入数据利用 MATLAB 2012a 编程，可得小屋屋顶两斜面的逐时总辐射强度，汇总可得小屋各墙面的逐时辐射总强度 $H_i(t)$，见表 1。

表 1 小屋各墙面的逐时辐射总强度

日期	时刻/时	屋顶前斜面总辐射强度 /（W/m^2）	屋顶后斜面总辐射强度 /（W/m^2）	东向总辐射强度 /（W/m^2）	南向总辐射强度 /（W/m^2）	西向总辐射强度 /（W/m^2）	北向总辐射强度 /（W/m^2）
1 月 1 日	1	0.00	0.00	0.00	0.00	0.00	0.00
…	…	…	…	…	…	…	…
1 月 1 日	8	0.00	0.00	0.00	0.00	0.00	0.00
1 月 1 日	9	11.03	5.23	5.56	5.56	5.56	5.56
1 月 1 日	10	77.50	41.88	89.91	90.59	39.00	39.00
1 月 1 日	11	96.90	78.85	204.83	295.50	48.69	48.69
1 月 1 日	12	118.88	101.82	161.58	372.03	56.82	56.82
…	…	…	…	…	…	…	…
12 月 31 日	16	120.6779	84.85	18.17	638.17	535.86	18.17
12 月 31 日	17	46.82819	36.37	14.63	355.83	440.09	14.63
12 月 31 日	18	3.79226	2.41	0.00	0.00	0.00	0.00
12 月 31 日	19	0.00	0.00	0.00	0.00	0.00	0.00
12 月 31 日	20	0.00	0.00	0.00	0.00	0.00	0.00
12 月 31 日	21	0.00	0.00	0.00	0.00	0.00	0.00
12 月 31 日	22	0.00	0.00	0.00	0.00	0.00	0.00
12 月 31 日	23	0.00	0.00	0.00	0.00	0.00	0.00
12 月 31 日	24	0.00	0.00	0.00	0.00	0.00	0.00

注 详表见附录。

5.1.2 每面墙的光伏电池选择优先级序列的求解

题目要求小屋太阳光伏发电总量尽可能大，而单位发电量的费用尽可能小，这两者直观表现即为经济效益最大，故选取最大经济效益作为光伏电池的选择优先级。

为方便计算第 n 种型号光伏电池对于第 i 面墙的选择优先级 E_{ni}，我们假设该面墙上全部贴附安装此型号的光伏电池，并求得在其使用寿命范围内所获得的经济效益，以此作为 E_{ni}。

本文给出相应的经济效益计算方式：

$$E_{ni}=m_1\left[\frac{S_i}{S_n}\right]\int_1^{35}H_i(t)\eta_n(t)\psi_{\max}\,\mathrm{d}t-m_2-m'_n\left[\frac{S_i}{S_n}\right] \tag{4}$$

式中，m_1 为居民电价，S_i 为第 i 面墙的面积，S_n 为第 n 种光伏电池的面积，$\left[\frac{S_i}{S_n}\right]$ 表示商值取整，m'_n 表示第 n 种型号光伏电池的单块价格，$\eta_n(t)$、$\psi_{\max}$、m_2 具体介绍如下。

$\eta_n(t)$ 表示，在某一时间 t，第 n 种型号光伏电池的转化效率，对于单晶硅光伏电池其取值规则如下：

$$\eta_n(t)=\begin{cases}0.8\eta_n & H_i(t)\geqslant 200\mathrm{W/m^2},\ 25<t\leqslant 35\\ 0.9\eta_n & H_i(t)\geqslant 200\mathrm{W/m^2},\ 10<t\leqslant 25\\ \eta_n & H_i(t)\geqslant 200\mathrm{W/m^2},\ 0<t\leqslant 10\\ 0 & H_i(t)<200\mathrm{W/m^2}\end{cases} \tag{5}$$

对于 C1、C2 型号的薄膜光伏电池：

$$\eta_n(t)=\begin{cases}0.8\eta_n & H_i(t)\neq 200\mathrm{W/m^2},\ 25<t\leqslant 35\\ 0.9\eta_n & H_i(t)\neq 200\mathrm{W/m^2},\ 10<t\leqslant 25\\ \eta_n & H_i(t)\neq 200\mathrm{W/m^2},\ 0<t\leqslant 10\\ 0.8(1+1\%)\eta_n & H_i(t)=200\mathrm{W/m^2},\ 25<t\leqslant 35\\ 0.9(1+1\%)\eta_n & H_i(t)=200\mathrm{W/m^2},\ 10<t\leqslant 25\\ (1+1\%)\eta_n & H_i(t)=200\mathrm{W/m^2},\ 0<t\leqslant 100\end{cases} \tag{6}$$

对于其他型号光伏电池：

$$\eta_n(t)=\begin{cases}0.8\eta_n & 25<t\leqslant 35\\ 0.9\eta_n & 10<t\leqslant 25\\ \eta_n & 0<t\leqslant 10\end{cases} \tag{7}$$

式中，η_n 表示第 n 种型号光伏电池的转化效率。

ψ_{max} 表示在光伏电池最大发电功率时，所对应的逆变器逆变效率，计算方式如下：

$$\psi_{max} = f_1(P_{max}, \psi) \tag{8}$$

式中，f_1 表示逆变器输入功率与逆变效率的映射关系，为防止逆变器过载，故此处选取最大发电功率 P_{max} 所对应的逆变效率。

m_2 表示在光伏电池最大发电功率时，所对应的逆变器的参考价格，计算方式如下：

$$m_2 = f_2(P_{max}, m) \tag{9}$$

式中，f_2 表示逆变器输入功率与逆变器参考价格间的映射关系。

光伏电池的最大发电功率：

$$P_{max} = \max\{H_i(t)\eta_n(t)\} \tag{10}$$

观察附件 5（逆变器参数价格）发现，不同逆变器的输入功率与其相对应的逆变效率和逆变器参考价格间可能存在着相关性。为验证此猜测，我们在 Excel 中对逆变器输入功率和逆变效率、逆变器输入功率和逆变器参考价格分别作出散点图，结果如图 2 和图 3 所示。

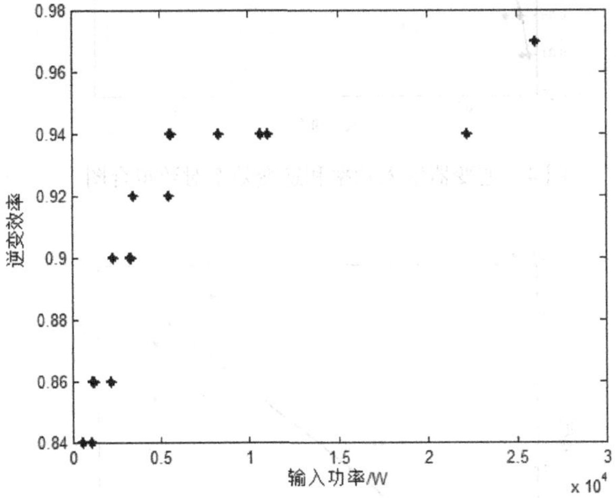

图 2　逆变器输入功率和逆变效率散点图

由图 2 不难发现，逆变器输入功率和逆变效率间可能存在对数关系，而由图 3 可以看出，逆变器输入功率和逆变器参考价格间可能存在线性关系，分别对其作对数拟合和线性拟合，得到图 4 和图 5。

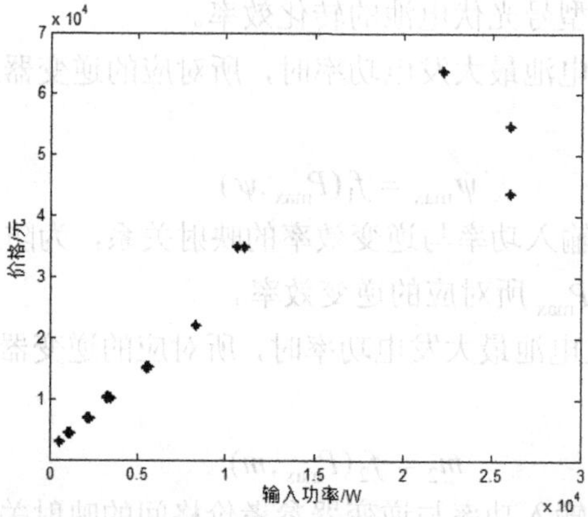

图 3　逆变器输入功率和逆变器参考价格散点图

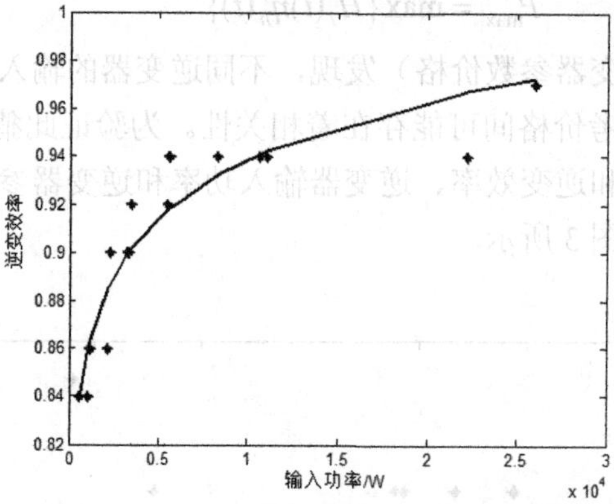

图 4　逆变器输入功率和逆变效率对数拟合图

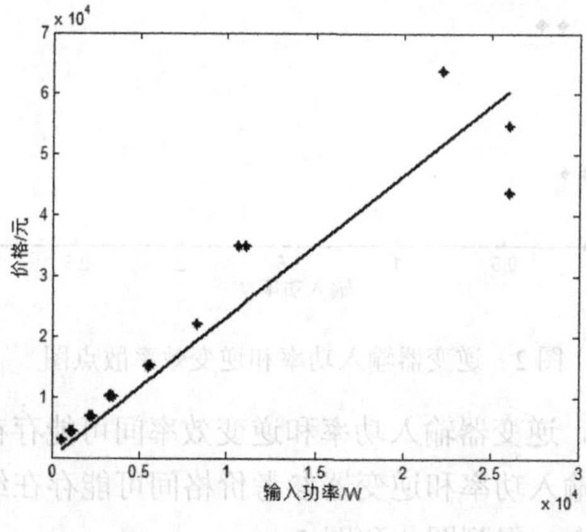

图 5　逆变器输入功率和逆变器参考价格线性拟合图

图 4 对数拟合所得输入功率和逆变效率的对数关系式为

$$\psi = 0.0358\ln(P) + 0.6092\text{，}R^2\text{=}0.8972$$

图 5 线性拟合所得逆变器输入功率和参考价格的线性关系式为

$$m_2 = 2.329P\text{，}\quad R^2\text{=}0.8795$$

由于对数拟合和线性拟合的 R^2 均较大，表明数据拟合程度较好，故可以认定逆变器输入功率和逆变效率间存在对数相关，逆变器输入功率和逆变器参考价格间存在线性相关。此时，可以给出

$$f_1(P,\psi) = 0.0358\ln(P) + 0.6092 - \psi\text{；}\quad f_2(P,m_2) = 0.2329P - m_2$$

根据上述计算过程式，可计算每种光伏电池相对于每面墙的选择优先级 E_{ni}，见表 2。

表 2　每种光伏电池相对于每面墙的选择优先级

电池型号	A1	A2	A3	…	C22	C23	C24
屋顶前斜面	−28505.3	−31800.4	−3841.04	…	21023.62	24170.86	22478.38
屋顶后斜面	−91943.5	−93350.8	−74622.9	…	9294.272	10772.26	9470.296
东面墙	−44590.8	−45402.5	−39021.6	…	808.1601	1005.282	581.4126
南面墙	−16836.4	−17210.9	−10441.6	…	4480.754	5176.279	4519.639
西面墙	−45151.4	−45229.7	−38396	…	1846.471	2227.279	1491.722
北面墙	−101508	−99053.9	−94802.1	…	−3512.84	−3870.42	−4312.7

由表 2 可以看出，某些型号的光伏电池相对于某面墙的选择优先级为负值，这说明该种型号光伏电池安装在此面墙上无法收回成本，故我们在排列每面墙的选择优先级序列时直接将其去掉，由此可得到每面墙的光伏电池选择优先级序列 E_i，见表 3。

表 3　每面墙的光伏电池选择优先级序列

墙面	光伏电池选择优先级序列
屋顶前斜面	14 15 18 16 17 9 11 23 20 24 19 21 22 7 8 13 10 12
屋顶后斜面	14 15 18 16 17 23 20 19 21 24 22
东面墙	15 14 20 19 23 21 18 16 22 17 24
南面墙	14 15 18 16 17 23 20 19 21 24 22 9 11
西面墙	15 14 18 20 19 16 23 17 21 22 24
北面墙	无

由表 3 可以看出，北面墙无光伏电池选择优先级序列，说明任意型号的光伏电池铺设在该面墙上都无法收回收益，故北面墙不铺设光伏电池。

5.1.3 基于剩余矩形匹配算法的小屋外表面光伏电池贴附铺设方案的求解

剩余矩形匹配算法[2-3]是采用矩形集合 R_j 记录放入零件 j（第 j 次放入的零件）时材料所有可利用的区域，每个零件在排样前都与矩形集合 R_j 中各个矩形区域进行匹配度 f_{jk} 计算，依次将零件放入与之匹配度最大的矩形区域，具体过程如下所述。

以矩形的左下角和右上角坐标记录矩形的位置，并用 r_{jk} 表示 R_j 中第 k 个矩形（$[(x_{jk},y_{jk}),(X_{jk},Y_{jk})]$），每次排样时均从剩余矩形的左下角放入，显然在放入第一个零件时初始集合 R_1 中的可利用区域仅包含矩形板材即 $R_1=r_{11}[(x_{11},y_{11}),(X_{11},Y_{11})]$。在放入零件 2 时，剩余矩形集合中由于放入了零件 1（宽 w_1 高 h_1 且 $w_1 \geqslant h_1$）而形成了 2 个可利用的矩形区域，当横向排入（零件的宽与剩余矩形底边重合）零件 1 时，如图 6 所示，剩余矩形集合 R_2 的计算公式为

$$\begin{aligned}R_2&=[(x_{11},y_{11}),(X_{11},Y_{11})]-[(x_{11},y_{11}),(x_{11}+w_1,y_{11}+h_1)]\\&=\{[(x_{11}+w_1,y_{11}),(X_{11},Y_{11})],[(x_{11},y_{11}+h_1),(X_{11},Y_{11})]\}\end{aligned}$$

竖向排入（零件高与剩余矩形底边重合）时，如图 7 所示，剩余矩形集合 R_2' 的计算公式为

$$\begin{aligned}R'_2&=[(x_{11},y_{11}),(X_{11},Y_{11})]-[(x_{11},y_{11}),(x_{11}+h_1,y_{11}+w_1)]\\&=\{[(x_{11}+h_1,y_{11}),(X_{11},Y_{11})],[(x_{11},y_{11}+w_1),(X_{11},Y_{11})]\}\end{aligned}$$

以此类推，每次将待排零件 j（宽 w_1 高 h_1 且 $w_1 \geqslant h_1$）放入匹配度最高的剩余矩形 r_{jk} 中，同时更新剩余矩形集合，除被选中的矩形 k 外，其他矩形位置均不变，矩形 k 在被放入零件 j 后将产生 2 个新剩余矩形。当板材所有可利用的区域不能再放入零件时增加板材，令剩余矩形集合为初始集合 R_1，并重新开始排放剩余的零件。

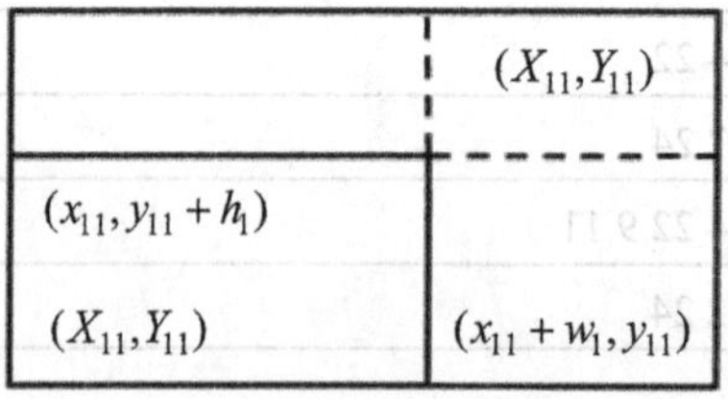

图 6 剩余矩形表示（横排）

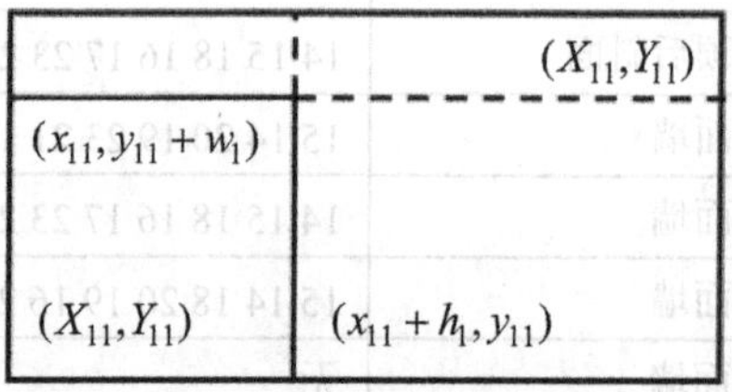

图 7 剩余矩形表示（竖排）

结合本题，在对每个墙面采用上述算法时，考虑到小屋某些墙面上有窗户、房门等空缺，故在设置算法初始条件就将这些空缺部分当作第一个矩形放在其中；其次，根据已获得的每面墙的光伏电池选择优先级序列，本文定义此处匹配度 f_{jk} 作如下取值：

$$f_{jk}=\frac{E_k}{y_{jk}} \tag{11}$$

式中，E_k 为第 k 个矩形光伏电池在该面墙光伏电池选择优先级序列中所对应的优先级，y_{jk} 为在该面墙建立坐标系，第 k 个矩形光伏电池左下角坐标的纵坐标。

根据表 3，利用 MATLAB 2012a 编程获得每面墙的光伏电池铺设方案，如图 8 至图 12 所示。

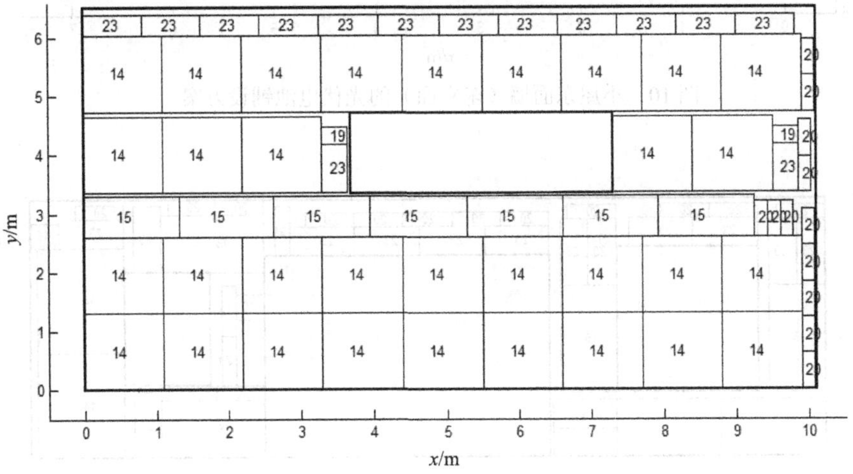

图 8　屋顶前斜面（朝南面）的光伏电池铺设方案

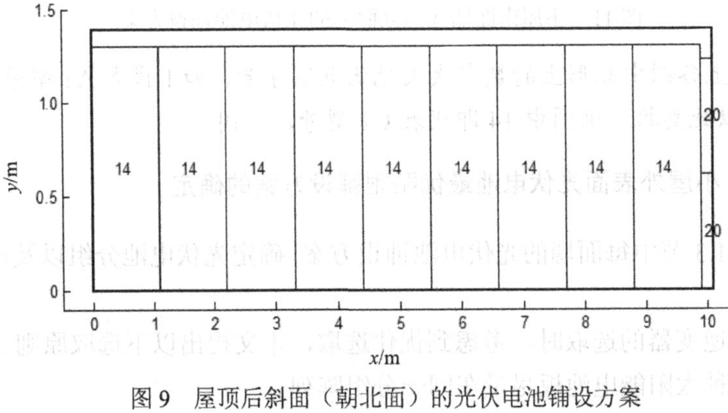

图 9　屋顶后斜面（朝北面）的光伏电池铺设方案

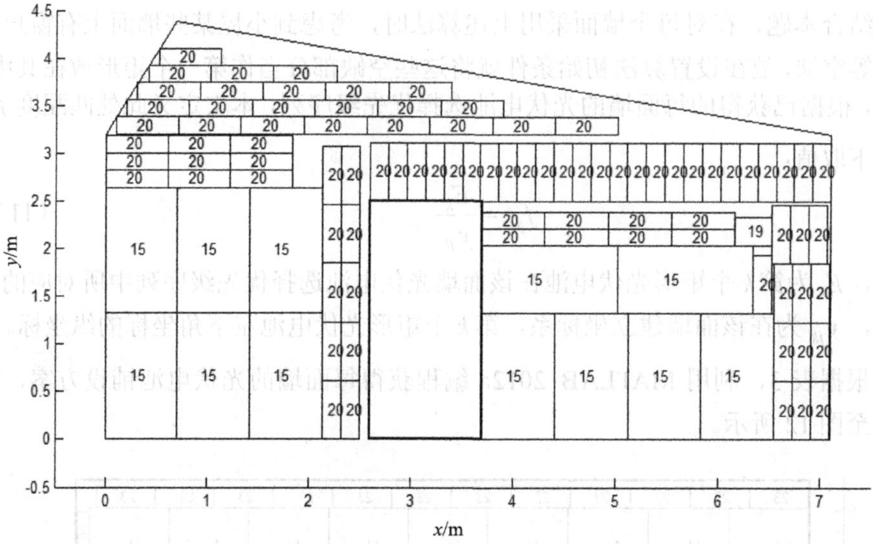

图 10 小屋东面墙（东立面）的光伏电池铺设方案

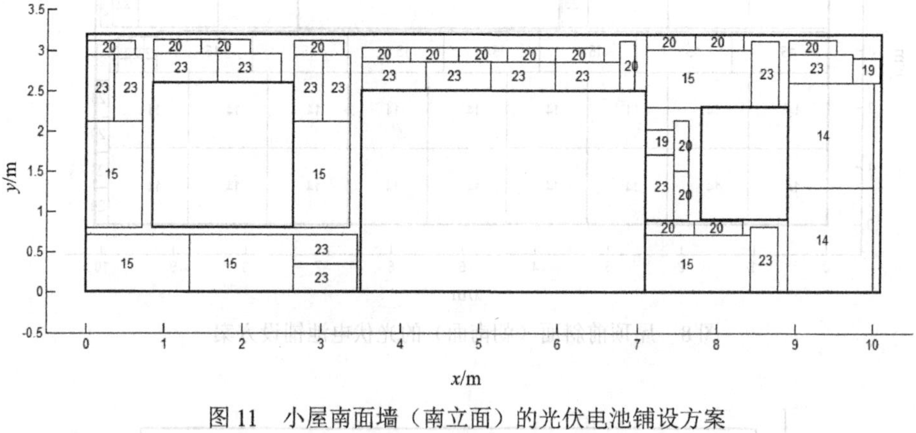

图 11 小屋南面墙（南立面）的光伏电池铺设方案

注：以上各图中矩形上的数字代表光伏电池序号，如 1 代表 A1 型号、2 代表 A2 型号，以此类推，则图中 14 即代表 C1 型号，下同。

5.1.4 小屋外表面光伏电池最优贴附铺设方案的确定

根据 5.1.3 节中每面墙的光伏电池铺设方案，确定光伏电池分组以及逆变器的选配。

在进行逆变器的选取时，考虑到优化选取，本文提出以下选取原则。

- 同种太阳能电池板尽量在同一分组阵列。

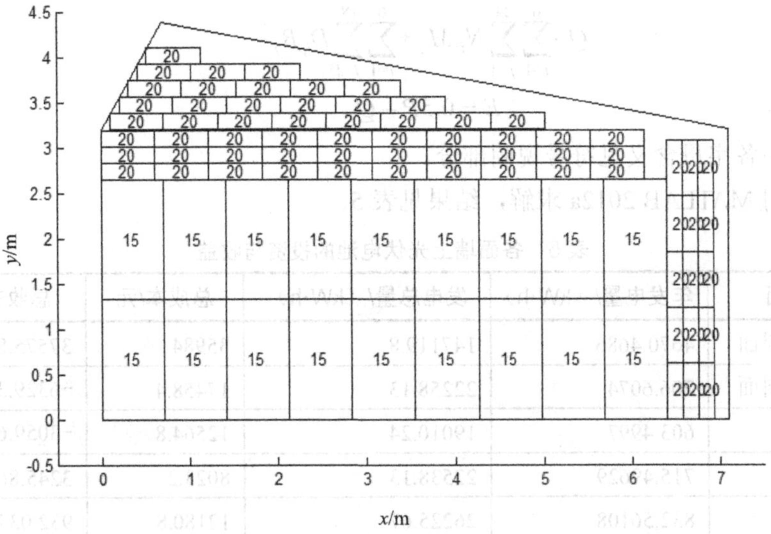

图 12 小屋西面墙（西立面）的光伏电池铺设方案

- 通过串、并联方式使其输出电压尽量小或输出电流尽量处于该电压范围内额定电流小的逆变器的承受范围内。
- 由于逆变器价格相对昂贵，在逆变器承受范围内，尽量将电压相差不大的阵列相并联，可以减少逆变器的数量。

根据以上原则选取逆变器，综合每面墙的光伏电池铺设方案，得到每面墙的逆变器选取情况，见表 4。

表 4 每面墙的逆变器选取

墙面	逆变器型号及数量
屋顶前斜面	SN1×1、SN3×1、SN7×1
屋顶后斜面	SN1×1、SN7×1
东面墙	SN1×1、SN3×1
南面墙	SN2×1
西面墙	SN1×1、SN3×1

由于每面墙重新组合了光伏电池，故还需计算在光伏电池的使用寿命期内是否能收回该铺设方案的投资。

某种铺设方案其 35 年总发电量 P、总成本 Q、总收益 E 的计算式为

$$P=\sum_{i=1}^{6}\sum_{j=1}^{24}N_{ij}S_j\int_1^{35}H_i(t)\eta_j(t)\psi_{ij}\mathrm{d}t \tag{12}$$

$$Q=\sum_{i=1}^{6}\sum_{j=1}^{24}N_{ij}M_j+\sum_{i=1}^{6}\sum_{j=1}^{18}D_{ij}B_j \tag{13}$$

$$E=0.5P-Q \tag{14}$$

式中各字母含义见符号说明部分。

利用 MATLAB 2012a 求解，结果见表 5。

表 5　各面墙上光伏电池的投资与收益

墙面	年发电量/（kW·h）	发电总量/（kW·h）	总成本/元	总收益/元
屋顶前斜面	4670.4686	147119.8	35984	37575.88
屋顶后斜面	706.6074	22258.13	17458.4	−6329.33
东面墙	603.4997	19010.24	12564.8	−3059.68
南面墙	715.49629	22538.13	8023.2	3245.866
西面墙	832.56108	26225.67	12180.8	932.0371

由表 5 可知，屋顶前斜面、南面墙和西面墙能收回投资，其所对应的铺设方案即该面墙的最优铺设方案，而屋顶后斜面和东面墙由于不能收回投资，故不铺设光伏电池。综上可得，在贴附安装方式下，小屋各外表面的光伏电池选取及逆变器选配方案见表 6。

表 6　各外表面的光伏电池选取及逆变器选配方案

墙面	光伏电池型号及数量	逆变器型号及数量
屋顶前斜面	C1　×　32	SN1　×　1
	C2　×　7	SN3　×　1
	C6　×　2	SN7　×　1
	C7　×　12	
	C10　×　14	
南面墙	C2　×　7	SN2　×　1
	C6　×　2	
	C7　×　32	
	C10　×　16	
西面墙	C2　×　18	SN1　×　1
	C7　×　74	SN3　×　1

小屋各外表面光伏电池组件铺设分组阵列图形以及光伏电池组件连接方式示意图如图 13 至图 19 所示。

（1）屋顶前斜面。

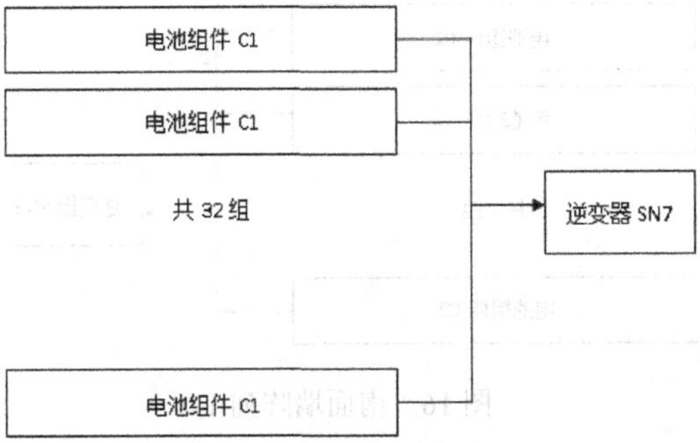

图 13　屋顶前斜面阵列 1

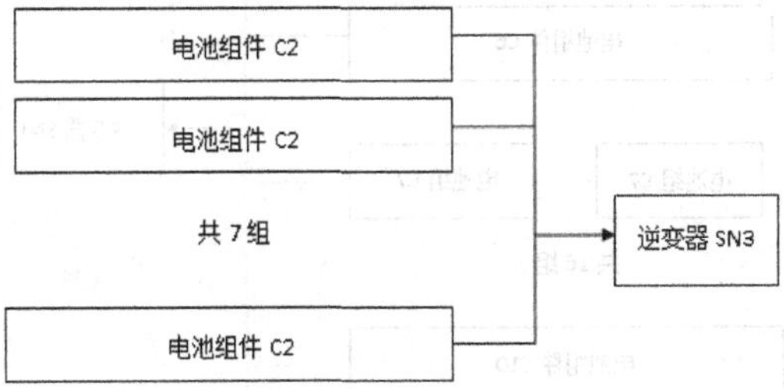

图 14　屋顶前斜面阵列 2

注：图中电池组件 C1 代表该组件均由 C1 型号光伏电池组成，下同。

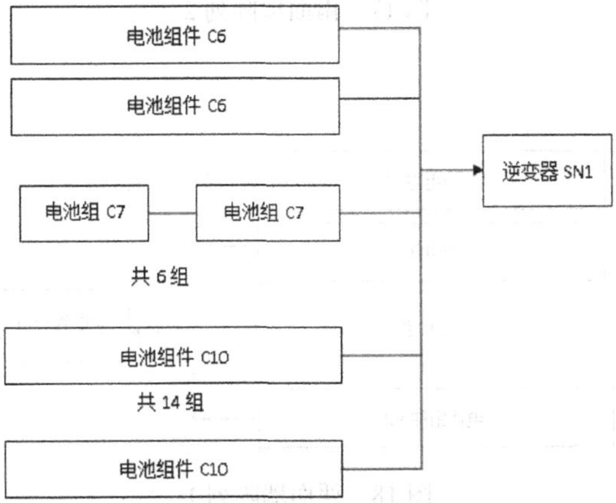

图 15　屋顶前斜面阵列 3

（2）南面墙。

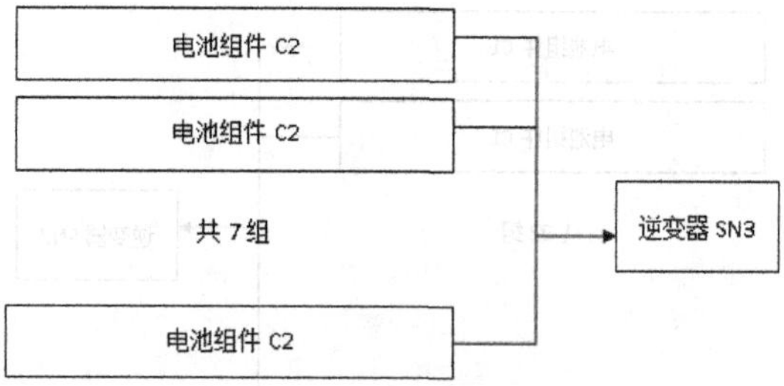

图 16　南面墙阵列 1

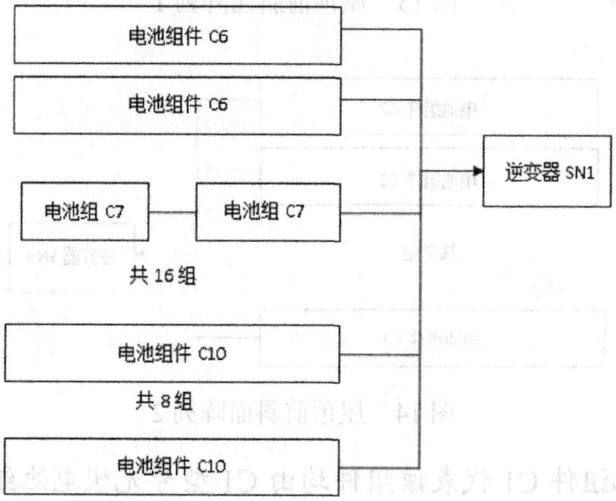

图 17　南面墙阵列 2

（3）西面墙。

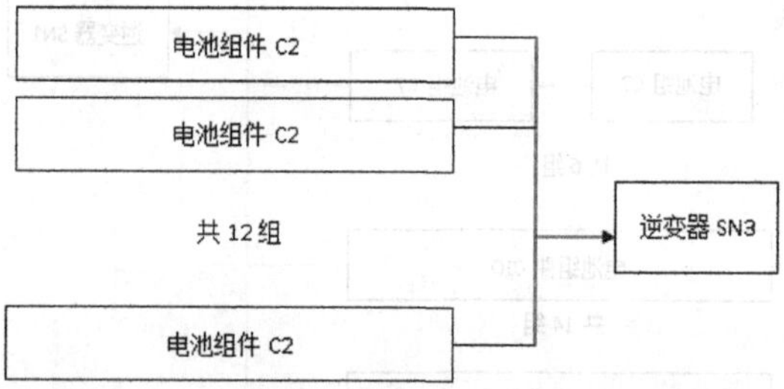

图 18　西面墙阵列 1

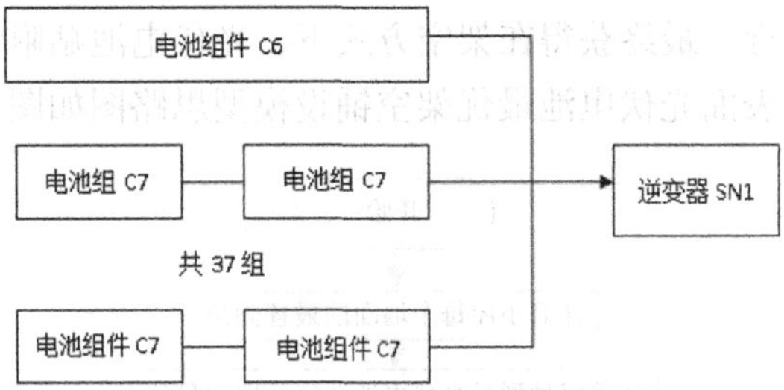

图 19　西面墙阵列 2

小屋各外表面电池组件分组阵列容量及选配逆变器规格列表见表 7。

表 7　各外表面电池组件分阵列容量及逆变器规格表

墙面	分组阵列序号	分阵列容量/W	逆变器规格
屋顶前斜面	1	3200	SN7
	2	406	SN3
	3	224	SN1
南面墙	1	406	SN3
	2	232	SN1
西面墙	1	696	SN3
	2	300	SN1

小屋在该光伏电池铺设方案下，35 年寿命期内发电总量、经济效益及投资回收年限见表 8。

表 8　小屋光伏电池 35 年寿命期内发电总量、经济效益及投资回收年限

发电总量/（kW·h）	经济效益/元	投资回收年限/年
195883.5673	41753.78365	18.9984

5.2　问题二：架空安装方式下，小屋外表面光伏电池优化铺设问题的求解

首先确定小屋各个墙面的最佳倾斜角；再按照发电总量尽可能大，单位发电量的费用尽可能小的要求，计算每种型号光伏电池在按照每面墙的最佳倾斜角放置时的经济效益，以此作为各种型号光伏电池相对于不同墙面的选择优先级；最后对每面墙进行独立分析，计算各墙面上各种光伏电池的最大矩形阴影，利用剩余矩形匹配算法获得每面墙的光伏电池铺设方案，从而确定光伏电池分组阵列以及逆变器的选配，得出每面墙的初步优化铺设方案，并按是否能收回投资来评判

该铺设方案是否可行，最终获得在架空方式下，光伏电池贴附铺设的最优方案。

太阳能小屋外表面光伏电池最优架空铺设模型思路图如图 20 所示。

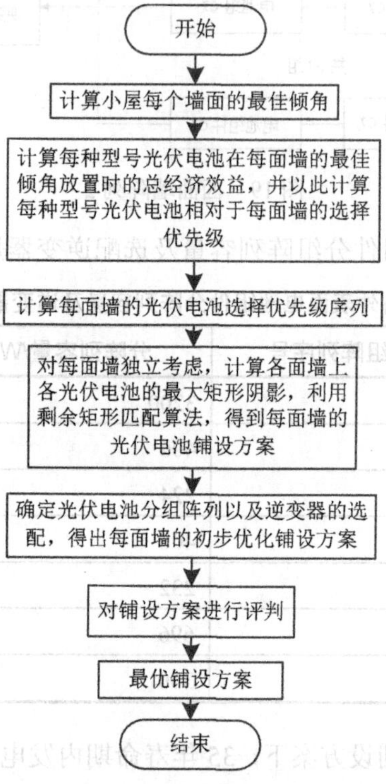

图 20　太阳能小屋外表面光伏电池最优架空铺设模型思路图

5.2.1　最佳倾斜角 β_{opt} 的计算

由于小屋的光伏电池阵列为固定式光伏方阵，故应尽可能朝向赤道倾斜安装，这样可以增加全年接收到的太阳辐射量[4]。已知小屋是坐北朝南朝向，那么对于小屋各外表面来说，其南面墙和屋顶斜面的光伏电池应朝向赤道倾斜；东面墙和西面墙的光伏电池由于受到房屋本身的设计影响，只能朝向东向或西向倾斜；而关于北面墙，根据第一问的求解结果，发现其不用铺设光伏电池。基于此，对小屋各外表面的光伏电池最佳倾角进行求解。

关于光伏电池最佳倾角问题的求解，目前常用杨金焕等[5]提出的表达式求导法，但此法只适用于光伏电池朝向赤道的情况，并不适用于其他朝向条件下最佳倾角的求解，故本文采用文献[5]中的逐步查找法求解小屋各外表面的光伏电池最佳倾角。

逐步查找法的计算方法为：取当地纬度的 $-15°\sim+15°$ 作为区间范围，每 $0.5°$

作为一个步进值，以 5.1.1 节中所介绍的 Klien 和 Hheilacker 模型作为依据，用 C# 语言编写相应计算机程序，使用计算机来进行计算，并取全年最大发电量所对应角度作为最佳倾角。计算过程为：取当地水平辐射数据、当地纬度等相关信息，通过上述计算公式，以当地纬度减15°作为初始角度，以0.5°为步长，依次计算不同角度下对应的发电量，此次计算的结果与上一次的结果相比较，保留较大值，在计算完最后一个角度时，所保留的发电量的值即为最大值，其对应的方阵的角度即为方阵的最佳倾角 β_{opt} 。计算最佳倾角的流程图如图 21 所示。

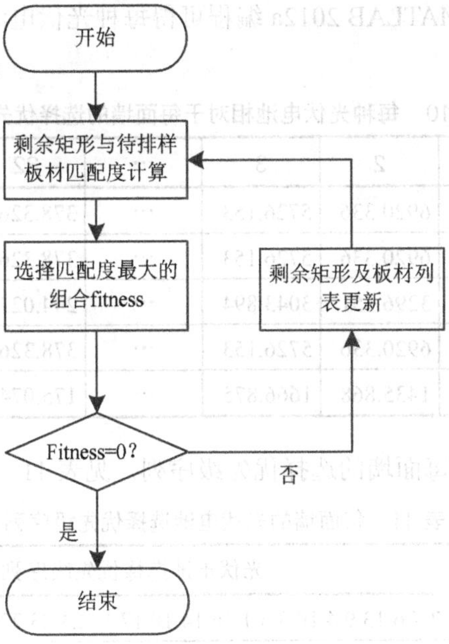

图 21　计算最佳倾角的流程图

此处我们利用 MATLAB 2012a 实现上述算法，得到的输出结果见表 9。

表 9　不同朝向斜面的最佳倾角及对应辐射值

朝向	最佳倾角	对应年辐射值/（W/m^2）
赤道朝向	33.5°	2315451.361
东朝向	25.5°	1602089.196
西朝向	41°	1235863.054

从表 9 可以得知，南面墙和屋顶斜面上的光伏电池与水平面夹角为33.5°，东面墙上的光伏电池与水平面的夹角为25.5°，西面墙上的光伏电池与水平面的夹角为41°。

5.2.2 各面墙光伏电池选择优先级序列的确定

此处参照问题一计算每种型号光伏电池在按照每面墙的最佳倾角放置时的经济效益，以此作为每种型号光伏电池相对于每面墙的选择优先级E'_{ni}，给出计算方式如下：

$$E'_{ni} = m_1\int_1^{35} Hi(t)\eta_n(t)\mathrm{d}t - m'_n \tag{15}$$

式中各字母含义与式（4）中一致。

根据上式，利用 MATLAB 2012a 编程可得每种光伏电池相对于每面墙的选择优先级E_{ni}，见表 10。

表 10 每种光伏电池相对于每面墙的选择优先级

墙面	1	2	3	…	22	23	24
屋顶前斜面	4636.693	6920.336	5726.153	…	378.3267	379.7689	1583.854
屋顶后斜面	4636.693	6920.336	5726.153	…	378.3267	379.7689	1583.854
东立面	2221.226	3296.351	3043.894	…	244.023	245.0209	1021.947
南立面	4636.693	6920.336	5726.153	…	378.3267	379.7689	1583.854
西立面	981.1722	1435.868	1666.875	…	175.0742	175.8439	733.4747

由表 10 可以得到每面墙的选择优先级序列，见表 11。

表 11 每面墙的光伏电池选择优先级序列

墙面	光伏电池选择优先级序列
屋顶前斜面	11 8 12 2 7 6 13 9 4 10 3 5 1 16 14 18 17 15 24 23 22 21 20 19
屋顶后斜面	11 8 12 2 7 6 13 9 4 10 3 5 1 16 14 18 17 15 24 23 22 21 20 19
东立面	11 8 12 7 9 2 13 10 3 6 4 5 1 16 14 18 17 15 24 23 22 21 20 19
南立面	11 8 12 2 7 6 13 9 4 10 3 5 1 16 14 18 17 15 24 23 22 21 20 19
西立面	11 8 12 9 7 13 10 3 16 14 18 2 17 6 4 5 1 15 24 23 22 21 20 19

5.2.3 基于剩余矩形匹配算法的小屋外表面光伏电池架空铺设方案的求解

关于剩余矩形匹配算法，在 5.1.3 节中已进行详细介绍，在此不再赘述。但是需要指出的是，在架空安装方式下，剩余矩形匹配算法中的剩余矩形并不是光伏电池的表面，而是光伏电池在阳光照射下形成的矩形阴影。关于该矩形阴影的计算，本文作如下讨论。

当光伏组件可以架空安装时，必须考虑到阴影问题。因为一年中太阳始终是不断变化的，所以阴影也是不断变化的，因此架空铺设光伏电池就要采取极限计算方法来满足要求。极限太阳高度角常被引入用来考虑阴影问题[6]，在水平面上计算光伏安装组件之间的最小间距时，引入最小正午太阳高度角，如图 22 所示；在垂直面上计算光伏组件之间的最小间距时，引入最大正午太阳高度角，如图 23 所示。在北半球，最小正午太阳高度角出现于冬至日，最大正午太阳高度角出现于夏至日。

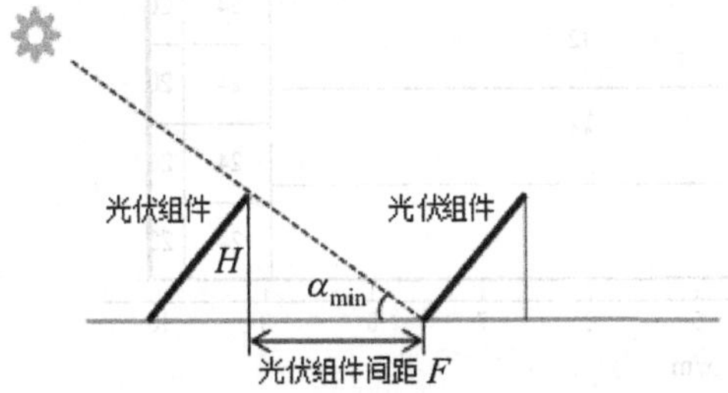

图 22　夏至日时光伏组件间阴影

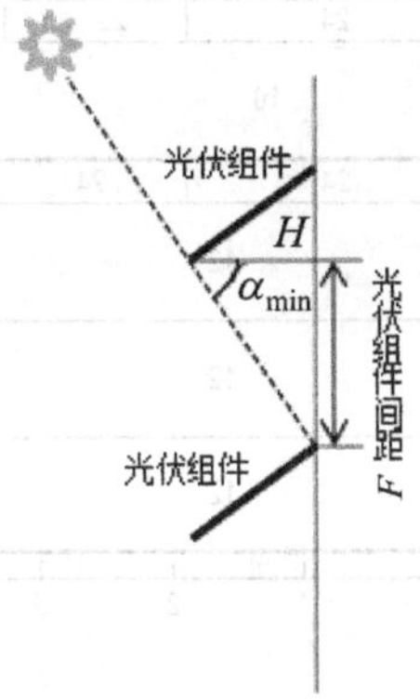

图 23　冬至日时光伏组件间阴影

从图 22 可以看出，对于水平面来说，矩形阴影的一边与光伏组件的一边等长，另一边长度（记为 l_n）可通过三角变换求得：

$$l_n = l'_n \cos\beta_{opt} + l'_n \sin\beta_{opt} \cot\alpha_{min} \tag{16}$$

式中，l'_n 为第 n 种矩形光伏电池的不近地边边长，α_{min} 为最小正午太阳高度角，β_{opt} 为最佳倾斜角。

根据上式可推算得到对于小屋屋顶前斜面 l_n：

$$l_n = l'_n \cos(\beta_{opt} - \beta_1) + l'_n \sin(\beta_{opt} - \beta_1)\cot(\alpha_{min} + \beta) \tag{17}$$

式中，β_1 为前斜面与水平面的夹角。

由图 23 可以看出，对于垂直面来说，l_n 可由下式获得：

$$l_n = l'_n \sin\beta_{opt} + l'_n \cos\beta_{opt} \tan\alpha_{max} \tag{18}$$

式中，l'_n 与 β_{opt} 与前述定义相同，α_{max} 为最大正午太阳高度角。

综上，本文此处对匹配度 f_{jk} 定义为

$$f_{jk} = \frac{E'_k}{l_k} \tag{19}$$

式中，E_k'为第k个矩形光伏电池在该面墙光伏电池选择优先级序列中所对应的优先级，l_k与l_n意义相同。

根据表10，采用上述算法，利用MATLAB 2012a编程获得每面墙的光伏电池铺设方案，如图24至图28所示。

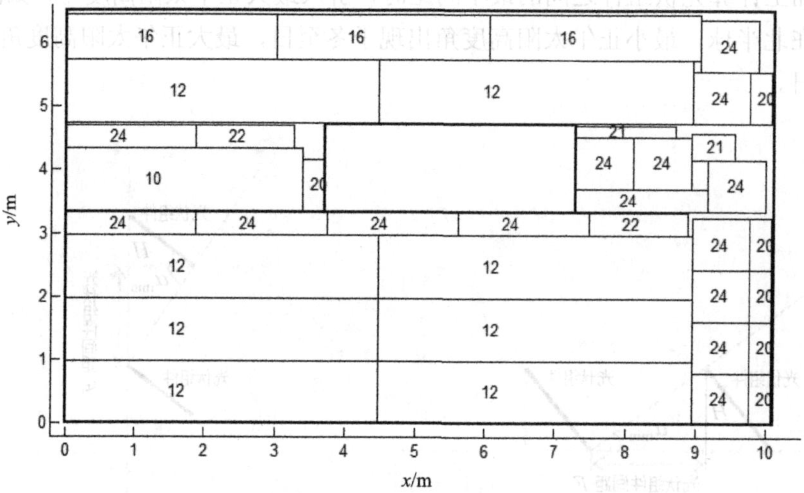

图24 屋顶前斜面（朝向南面）的光伏电池铺设方案

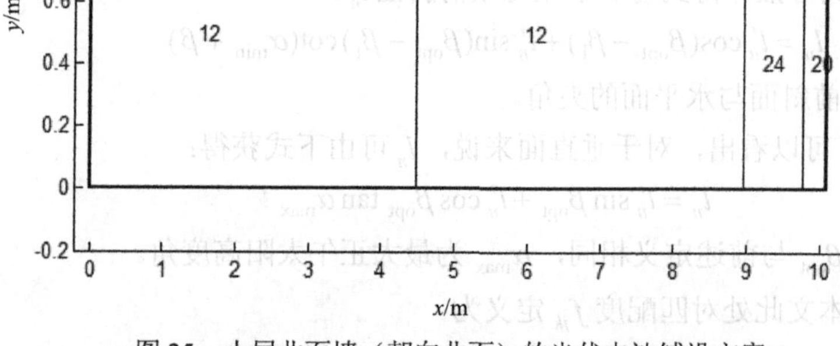

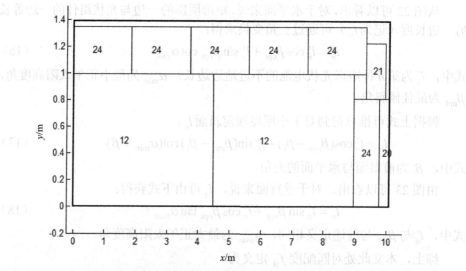

图25 小屋北面墙（朝向北面）的光伏电池铺设方案

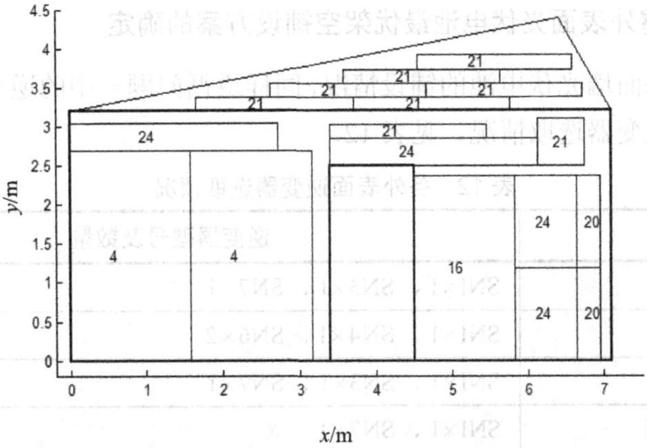

图 26　小屋东面墙（东立面）的光伏电池铺设方案

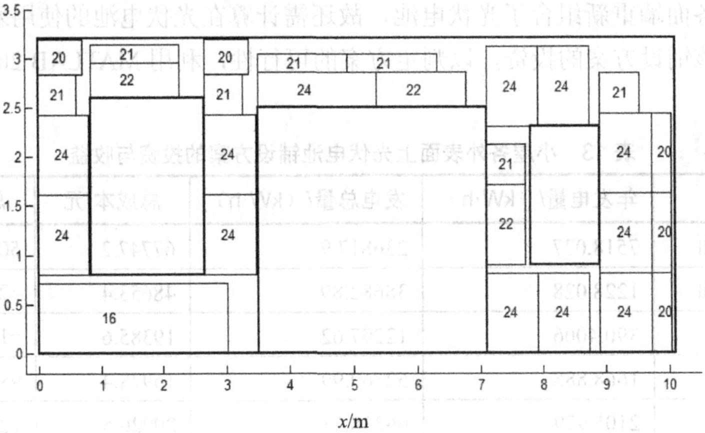

图 27　小屋南面墙（南立面）的光伏电池铺设方案

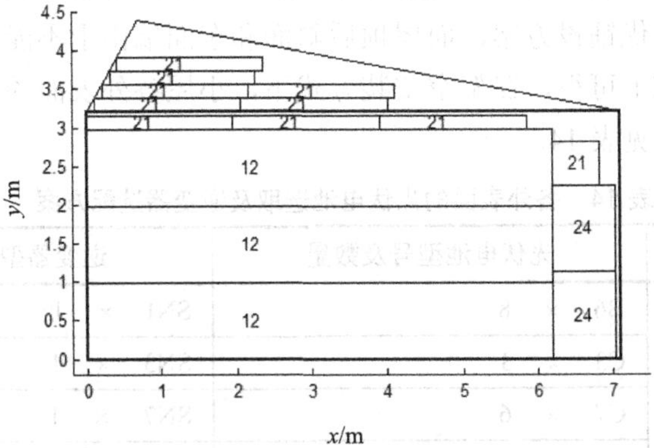

图 28　小屋西面墙（西立面）的光伏电池铺设方案

5.2.4 小屋外表面光伏电池最优架空铺设方案的确定

根据解得每面墙光伏电池的铺设情况，同样遵循问题一中的逆变器选取原则，得到每面墙的逆变器选取情况，见表12。

表12 各外表面逆变器选取情况

墙面	逆变器型号及数量
屋顶前斜面	SN1×1、SN3×1、SN7×1
屋顶后斜面	SN1×1、SN4×1、SN6×2
东面墙	SN1×1、SN3×1、SN7×1
南面墙	SN1×1、SN7×1
西面墙	SN3×2

由于各面墙重新组合了光伏电池，故还需计算在光伏电池的使用寿命期内是否能收回该铺设方案的投资，以判定方案的可行性，利用MATLAB 2012a求解，得表13。

表13 小屋各外表面上光伏电池铺设方案的投资与收益

墙面	年发电量/（kW·h）	发电总量/（kW·h）	总成本/元	总收益/元
屋顶前斜面	7518.027	236817.9	67747.2	50661.73
屋顶后斜面	1228.028	38682.89	48653.4	−29312
东面墙	390.4006	12297.62	19385.6	−13236.8
南面墙	1668.888	52569.99	16978.4	9306.593
西面墙	2105.979	66338.33	20926.5	12242.67

由表13可知，屋顶前斜面、南面墙和西面墙能收回投资，其所对应的铺设方案即为该面墙的最优铺设方案，而屋顶后斜面和东面墙由于不能收回投资，故不铺设光伏电池。综上可得，在架空安装方式下，小屋各外表面的光伏电池选取及逆变器选配方案，见表14。

表14 各外表面的光伏电池选取及逆变器选配方案

墙面	光伏电池型号及数量	逆变器型号及数量
屋顶前斜面	B6 × 8	SN1 × 1
	C3 × 3	SN3 × 1
	C7 × 6	SN7 × 1
	C8 × 2	

续表

墙面	光伏电池型号及数量	逆变器型号及数量
南面墙	C9 × 2	
	C11 × 15	
	C3 × 1	SN1 × 1
	C7 × 4	SN7 × 1
	C8 × 7	
	C9 × 3	
	C11 × 12	
西面墙	B6 × 3	SN3 × 2
	C8 × 10	
	C11 × 2	

小屋各外表面光伏电池组件铺设分组阵列图形以及光伏电池组件连接方式示意图如图 29 至图 35 所示。

（1）屋顶前斜面。

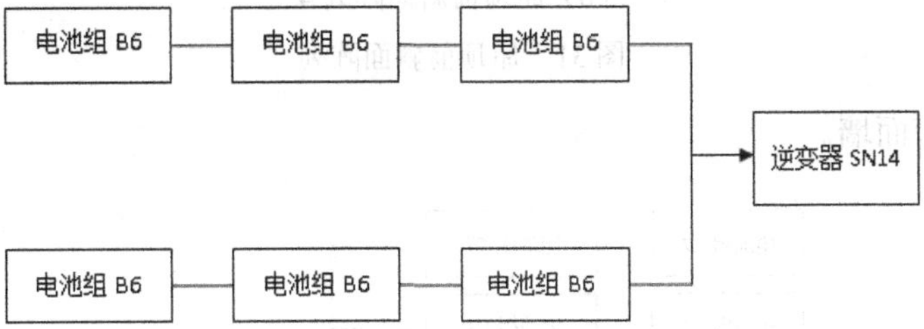

图 29 屋顶前斜面阵列 1

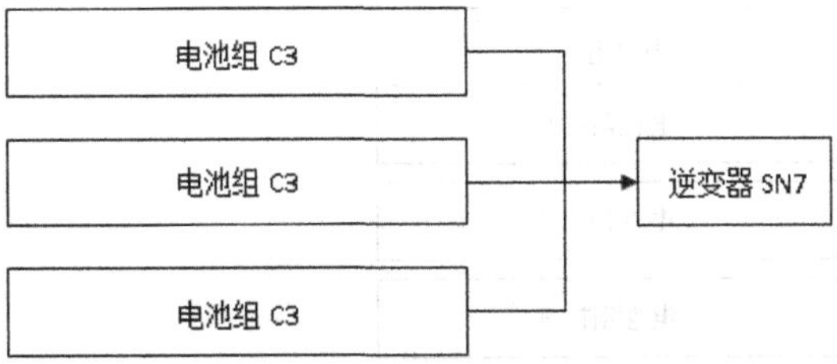

图 30 屋顶前斜面阵列 2

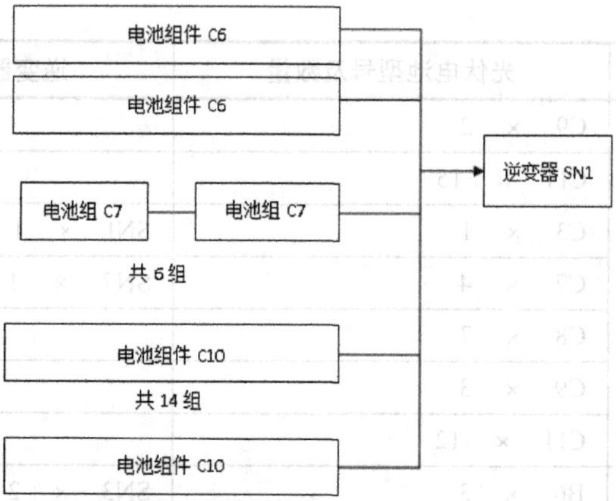

（a）屋顶前斜面阵列 3

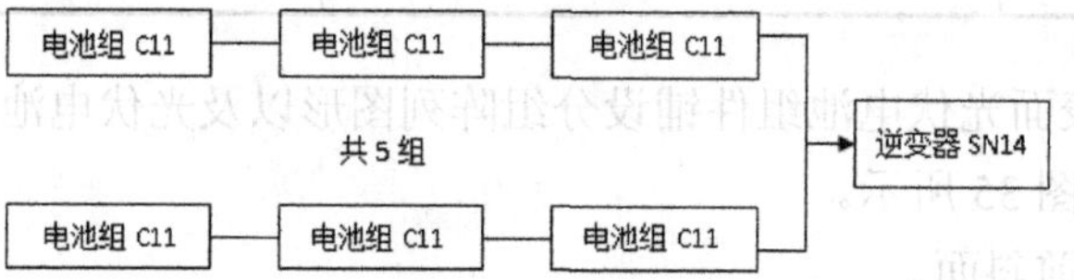

（b）屋顶前斜面阵列 4

图 31　屋顶前斜面阵列

（2）南面墙。

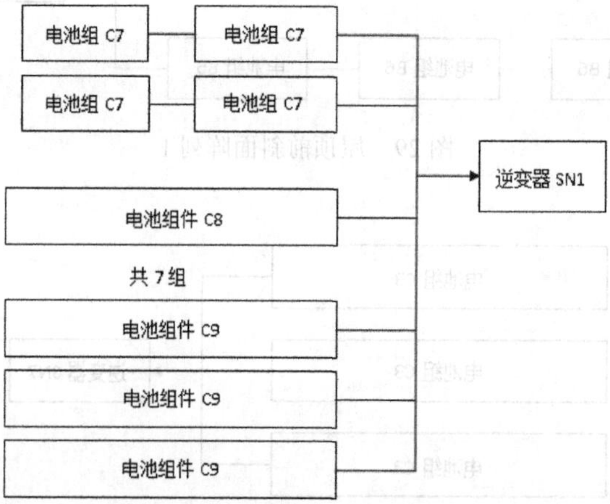

图 32　南面墙阵列 1

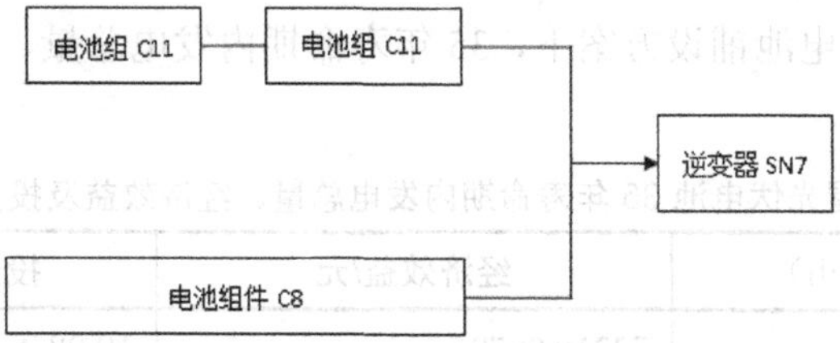

图 33　南面墙阵列 2

（3）西面墙。

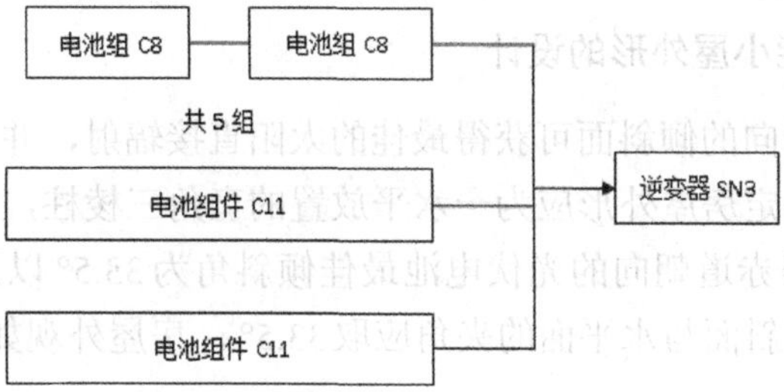

图 34　西面墙阵列 1

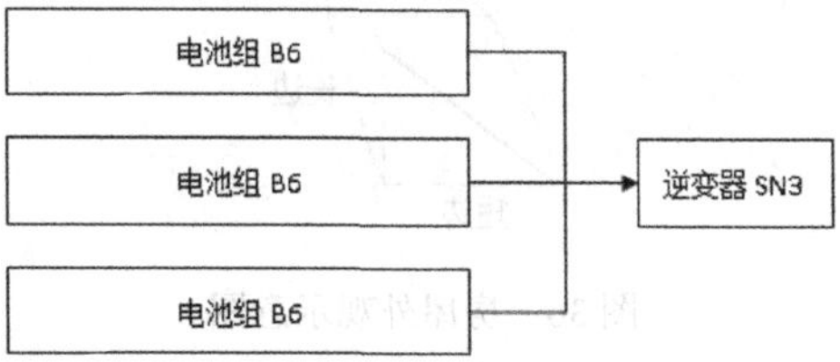

图 35　西面墙阵列 2

小屋各外表面电池组件分组阵列容量及选配逆变器规格表见表 15。

表 15　各外表面电池组件分组阵列容量及逆变器规格表

墙面	分组阵列序号	分组阵列容量/W	逆电器规格
屋顶前斜面	1	1770	SN14
	2	300	SN7
	3	224	SN1
	4	750	SN14
南面墙	5	108	SN1
	6	608	SN7
西面墙	7	180	SN3
	8	885	SN3

小屋在该光伏电池铺设方案下，35 年寿命期内发电总量、经济效益及投资回收年限见表 16。

表 16　小屋光伏电池 35 年寿命期内发电总量、经济效益及投资回收年限

发电总量/（kW·h）	经济效益/元	投资回收年限/年
355726.1759	72210.98796	19.9848

5.3　太阳能小屋的设计以及外表面光伏电池的优化铺设

5.3.1　太阳能小屋外形的设计

考虑到赤道朝向的倾斜面可获得最佳的太阳直接辐射，并且有利于光伏电池的布置，故首先确定房屋外形应为一水平放置的直角三棱柱，斜面朝向赤道。又因为第二问已求得赤道朝向的光伏电池最佳倾斜角为 33.5° 以及便于光伏电池的布置，所以房屋倾斜面与水平面的夹角应取 33.5°，房屋外观如图 36 所示。

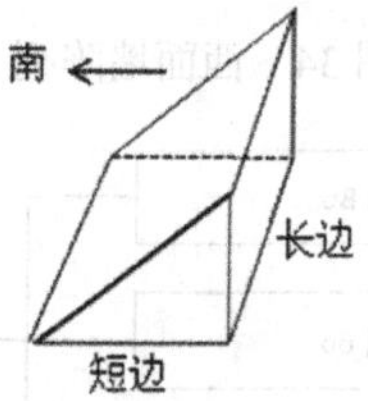

图 36　房屋外观示意图

为使得所设计的小屋能具有最大光伏电池铺设面积，本文通过非线性规划求解在满足附件 7 中的约束条件时，倾斜面的最大面积以及相对应的房屋平面体型长边和短边数值。

设房屋平面体型长边为 a_1、短边为 a_2、高为 a_3，则

$$\max \frac{a_2}{\cos 33.5^\circ} \cdot a_1$$

$$s.t.\begin{cases} a_1 a_2 \leqslant 74 \\ a_1 a_2 \geqslant 0 \\ a_1, a_2 \leqslant 15 \\ a_1, a_2 \geqslant 3 \\ a_1 \tan 33.5^\circ \leqslant 5.4 \\ a_1 \tan 33.5^\circ \geqslant 2.8 \\ 0.3 a_1 a_2 \tan 33.5^\circ + 0.35 a_1^2 \tan 33.5^\circ \geqslant 0.2 a_1 a_2 \end{cases}$$

解得 $a_1 = 8.1638$， $a_2 = 9.0644$。此时小屋设计立体示意图如图 37 所示。

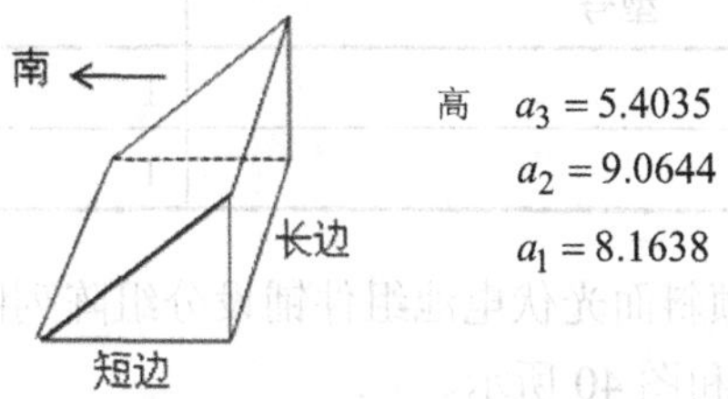

图 37　小屋设计立体示意图

但是考虑到题目要求最小居住净高度应大于 2.8m，故此处房屋实际居住空间不可能为图中所示，还需从短边的靠南 4.85m 处加筑一墙面，其与北面墙构成的四面体为实际房屋，此时斜面中屋顶以外部分，为光伏电池支架构成，其上光伏电池架空铺设。

5.3.2　设计小屋外表面光伏电池优化铺设问题的求解

由于设计小屋的倾斜面朝向赤道，且倾斜角为赤道朝向下的最佳倾角，故在此斜面上光伏电池为贴附式铺设，由 5.1 节中所建模型可得倾斜面的光伏电池铺设方案，如图 38 所示。

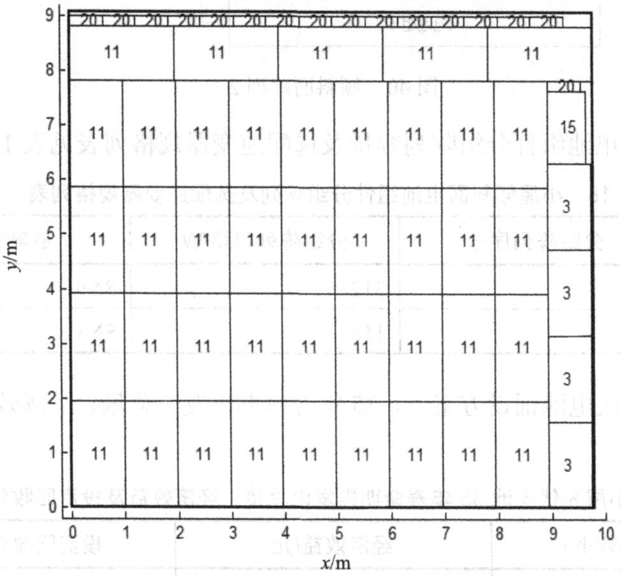

图 38　设计小屋倾斜面光伏电池铺设情况

倾斜面逆变器选取情况见表 17。

表 17 倾斜面逆变器选取

型号	数量
SN3	1
SN9	1

设计小屋倾斜面光伏电池组件铺设分组阵列图形以及光伏电池组件连接方式示意图如图 39 和图 40 所示。

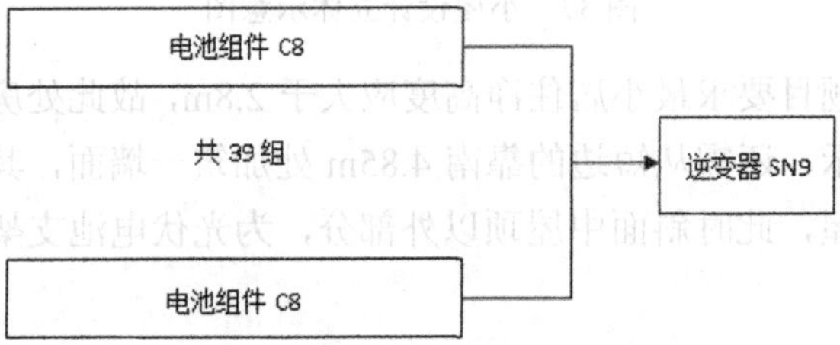

图 39 倾斜面阵列 1

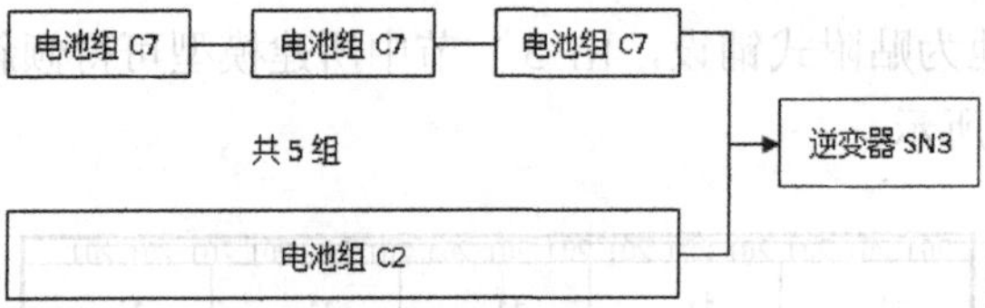

图 40 倾斜面阵列 2

小屋倾斜面电池组件分组阵列容量及选配逆变器规格列表见表 18。

表 18 小屋倾斜面电池组件分组阵列及选配逆变器规格列表

墙面	分组阵列序号	分组阵列容量/W	逆电器规格
屋顶斜面	1	312	SN9
	2	118	SN3

小屋在该光伏电池铺设方案下，35 年寿命期内发电总量、经济效益及投资回收年限见表 19。

表 19 小屋光伏电池 35 年寿命期内发电总量、经济效益及投资回收年限

发电总量/（kW·h）	经济效益/元	投资回收年限/年
818855	232745.9	13.999

从表 19 可以看出，在我们设计的小屋模型下，光伏发电系统的发电总量、经

济效益、投资回收年限均远大于问题一、问题二中普通房屋的相关数据，说明本文设计的房屋模型是可取的，也表明房屋的外形对光伏发电具有重要影响。

六、模型的评价及推广

6.1 模型的优点

（1）模型统一，通用性强。小屋外表面光伏电池的最优铺设方案使用统一模型，仅需代入相应数据即可求解。

（2）优化合理，结果可靠。本文建立的基于优先级的太阳能小屋外表面光伏电池铺设优化模型能与实际紧密联系，且结合实际情况对问题进行求解，可得到全局最优解，结果可靠。

（3）本模型全部通过 MATLAB 2012a 编程实现，这大大提高了模型求解的效率和精准性。

（4）模型简单易懂，方法灵活，具有较强的推广性。

6.2 模型的不足

程序运行过程中，需要根据不同墙面情况人工改变数据的输入，造成了人力资源的浪费。

6.3 模型的推广

本文中的基于优先级的太阳能小屋外表面光伏电池铺设优化模型由于方法灵活，且便于用计算机求解，可广泛应用于建筑外表面光伏电池优化铺设问题的求解，或对某一光伏发电系统进行评价，具有较强的推广性。

参考文献

[1] KLIEN S A, THEILACKER J C. An algorithm for calculating monthly—averse radiation on inclined surfaces[J]. J of Solar Energy Engineering, 1981(103): 2-33.

[2] 曾凤华. 剩余矩形匹配算法在矩形件排样中的应用[J]. 机电工程技术，2006，35（3）：64-65.

[3] 杨威. 板材排样优化的计算智能方法研究[D]. 成都：四川大学，2002.

[4] 孙韵琳，杜晓荣，王小杨，等. 固定式并网光伏阵列的辐射量计算与倾

角优化[J]. 太阳能学报，2009，30（12）：1597-1605.
[5] 杨金焕，毛家俊，陈中盟. 不同方位倾斜面上太阳辐射量及最佳倾角的计算[J]. 上海交通大学学报，2002，36（7）：1032-1036.
[6] 李实，田春宁，鞠振河，等. 光伏系统的优化设计[J]. 沈阳工程学院学报（自然科学版），2011，7（2）：107-110.

【论文评述】

太阳能小屋是未来节能环保的一种趋势，在建造太阳能小屋时必然会面临光伏电池的选取和铺设问题。本文建立的数学模型较好地解决了太阳能小屋的各种设计问题。全文整体结构合理，行文流畅，逻辑性强，摘要要素齐全，图表丰富清晰，结果较为准确，是一篇高质量的数学建模论文。修改后的论文《基于优先级的建筑外表面光伏电池铺设优化模型》已于2014年在《重庆理工大学学报》（自然科学版）第28卷第9期上发表。

建模方面，文章针对题目所给数据做了大量数据预处理，如小屋外表面逐时太阳总辐射强度的计算、各方向面的光强范围、各光伏电池的面积等。题目要求小屋太阳光伏发电总量尽可能大，而单位发电量的费用尽可能小，文章将这两者直接转化为经济效益最大，使模型得以简化。选取最大经济效益作为光伏电池的选择优先级排序依据，具有较好的说服力。文中计算每面墙的光伏电池铺设方案的主要算法是剩余矩形匹配算法，该算法通用性强，易于理解与实现，计算过程全部通过编程实现，体现出参赛学生较强的分析能力以及编程计算能力。

针对问题三，文中建立了非线性规划模型，但相较前两问，模型建立的过程分析不够充分，此外“最佳”如何体现这一问题没有讲清楚。重新设计小屋时应全面考虑建筑物高度、面积、采光等因素，结合太阳辐射以及当地光伏方阵的最佳倾角，设计小屋屋顶、外墙面、朝向等。当然，时间允许的话，除单面展示外，能给出三维小屋设计图以及电池板调整示意图就更好了。

最后提一点建议，在模型建立阶段，可先考虑建立双目标（主目标为小屋全年太阳能光伏发电总量尽可能大，次目标为单位发电量的成本尽可能低）规划模型，求解时可利用线性加权法、主目标函数法、分层序列法等转化为单目标规划模型。尽量用专业的数学语言、符号和公式表述，会更好地体现专业性，这样论文会提升一个档次。

（马翠）

2013 年 B 题

碎纸片的拼接复原

破碎文件的拼接在司法物证复原、历史文献修复以及军事情报获取等领域都有着重要的应用。传统拼接复原工作需由人工完成，准确率较高，但效率很低。特别是当碎片数量巨大时，人工拼接很难在短时间内完成任务。随着计算机技术的发展，人们试图开发碎纸片的自动拼接技术，以提高拼接复原效率。请讨论以下问题：

问题一：对于给定的来自同一页印刷文字文件的碎纸机破碎纸片（仅纵切），建立碎纸片拼接复原模型和算法，并针对附件 1、附件 2 给出的中、英文各一页文件的碎片数据进行拼接复原。如果复原过程需要人工干预，请写出干预方式及干预的时间节点。复原结果以图片形式及表格形式表达（见【结果表达格式说明】）。

问题二：对于碎纸机既纵切又横切的情形，请设计碎纸片拼接复原模型和算法，并针对附件 3、附件 4 给出的中、英文各一页文件的碎片数据进行拼接复原。如果复原过程需要人工干预，请写出干预方式及干预的时间节点。复原结果表达要求同问题一。

问题三：上述所给碎片数据均为单面打印文件，从现实情形出发，还可能有双面打印文件的碎纸片拼接复原问题需要解决。附件 5 给出的是一页英文印刷文字双面打印文件的碎片数据。请尝试设计相应的碎纸片拼接复原模型与算法，并就附件 5 的碎片数据给出拼接复原结果，结果表达要求同问题一。

【数据文件说明】

（1）每一附件为同一页纸的碎片数据。

（2）附件 1、附件 2 为纵切碎片数据，每页纸被切为 19 条碎片。

（3）附件 3、附件 4 为纵横切碎片数据，每页纸被切为 11×19 个碎片。

（4）附件 5 为纵横切碎片数据，每页纸被切为 11×19 个碎片，每个碎片有正反两面。该附件中每一碎片对应两个文件，共有 2×11×19 个文件，例如，第一个碎片的两面分别对应文件 000a、000b。

【结果表达格式说明】

复原图片放入附录中，表格表达格式如下：

（1）附件 1、附件 2 的结果：将碎片序号按复原后顺序填入 1×19 的表格。

（2）附件 3、附件 4 的结果：将碎片序号按复原后顺序填入 11×19 的表格。

（3）附件 5 的结果：将碎片序号按复原后顺序填入两个 11×19 的表格。

（4）不能确定复原位置的碎片，可不填入上述表格，单独列表。

注：因篇幅原因，文中提及并未列出的“附件”均为题目自带，有需要的读者可在全国大学生数学建模竞赛官方网站（http://www.mcm.edu.cn/index_cn.html）上下载。

2013 年 B 题　全国一等奖

基于 0-1 规划与 Floyd 算法的碎纸片拼接模型

参赛队员：戴晨曦　范莉萍　袁　强

指导教师：罗万春

摘　要

本文对碎纸片的自动拼接技术进行了探究，建立了碎纸片自动拼接复原的模型，以提高拼接复原效率。

问题一：我们对纵切碎纸片的拼接复原问题进行了研究。首先，引入“吻合度”来表征碎纸片间的匹配程度，然后建立了以总“吻合度”最低为目标函数的 0-1 规划模型，对附件 1、附件 2 中的碎纸片进行拼接复原。采用贪心算法，用 MATLAB 7.0 编程求解，能够将中英文碎纸片完全正确拼接复原，中文碎纸片复原结果为（008,014,012,015,003,010,002,016,001,004,005,009,013,018,011,007, 017, 000,006），英文碎纸片的复原结果为（003,006,002,007,015,018,011,000,005, 001,009,013,010,008,012,014,017,016,004）。

问题二：第一步，根据问题一建立的 0-1 规划模型，对碎纸片进行横向拼接，中英文碎纸片拼接的正确率为 85.35%和 77.27%；第二步，对模型进行进一步优化，在前面正确拼接的基础之上，采用基于 Floyd 算法的最长匹配序列模型，对附件 3 和附件 4 中的数据进行求解，可得到中文拼接序列 33 个，英文拼接序列 40 个；第三步，我们采用系统聚类模型，依据纸片矩阵的行灰度值信息，将 209 个中文碎片和 209 个英文碎片分别聚为 11 类；第四步，将 Floyd 算法求解得到的拼接序列进行归类，把同属于一类的碎纸条进行拼接匹配，中英文碎纸片均正确的拼接为 11 条横向的纸片；第五步，按照 0-1 规划模型分别对这 11 个横向纸条进行拼接处理，得到完全正确的中文和英文复原纸片。在拼接过程中，人工干预方式为判断拼接正确性，且干预事件发生在横向拼接的某段，人工干预少。

问题三：根据纸片的边界特性，我们初步确定了原文件的边界信息。接着利用问题二中的 Floyd 算法对附件 5 中的数据进行处理，得到了 56 个碎纸条，数目较少，因此我们又建立了双向的 Floyd 最长匹配模型，从而得到了 135 个碎纸条。

接着将得到的碎纸条代入前面已经确定的纸片轮廓中进行匹配，最终筛选得到16条拼接序列。利用问题二中的逐步匹配模型，只匹配了8次，得到22条长度为11的拼接序列，最后利用问题二中基于Floyd算法的最长碎片匹配模型，得到最终完全正确的正反面序列和复原图片。

本文建立的基于0-1规划与Floyd算法的碎纸片拼接模型与实际联系紧密，经细化与扩展后可应用于司法物证复原、情报获取等诸多领域。

关键词：0-1规划　Floyd算法　吻合度

一、问题重述

破碎文件的拼接在司法物证复原、历史文献修复以及军事情报获取等领域都有着重要的应用。传统拼接复原工作需由人工完成，准确率较高，但效率很低。特别是当碎片数量巨大时，人工拼接很难在短时间内完成任务。随着计算机技术的发展，人们试图开发碎纸片的自动拼接技术，以提高拼接复原效率。

我们要求解以下问题：

问题一：对于给定的来自同一页印刷文字文件的碎纸机破碎纸片（仅纵切），建立碎纸片拼接复原模型和算法，并针对附件1、附件2给出的中、英文各一页文件的碎片数据进行拼接复原。如果复原过程需要人工干预，请写出干预方式及干预的时间节点。复原结果以图片形式及表格形式表达（见【结果表达格式说明】）。

问题二：对于碎纸机既纵切又横切的情形，请设计碎纸片拼接复原模型和算法，并针对附件3、附件4（附件4的结果见附图4）给出的中、英文各一页文件的碎片数据进行拼接复原。如果复原过程需要人工干预，请写出干预方式及干预的时间节点。复原结果表达要求同问题一。

问题三：上述所给碎片数据均为单面打印文件，从现实情形出发，还可能有双面打印文件的碎纸片拼接复原问题需要解决。附件5给出的是一页英文印刷文字双面打印文件的碎片数据。请尝试设计相应的碎纸片拼接复原模型与算法，并就附件5的碎片数据给出拼接复原结果，结果表达要求同问题一。

二、模型假设

（1）纸片原文件有一定的页边距。

（2）假设所有碎纸片的形状为矩形。

（3）原文件中的文字具有一定的逻辑性。

（4）假设文件边缘为空白，无其他修订。

（5）假设附件 5 中编号 a、b 与原文件正反面无关。

三、符号说明

（1）d_{ij}：第 j 张碎纸片与第 i 张碎纸片之间的“吻合度”。

（2）x_{im}：第 i 张碎纸片第 m 点的灰度值。

（3）y_{ij}：表征第 i 张碎纸片与第 j 张碎纸片能否连接的决策变量。

（4）D_{ij}：邻接矩阵中第 i 张碎纸片与第 j 张碎纸片的距离。

（5）X_{Ri}：第 i 张碎纸片右侧边界上所有像素点组成的列向量。

（6）X_{Lj}：第 j 张碎纸片左侧边界上所有像素点组成的列向量。

（7）S：附件 3 至附件 5 中的碎纸片左右边界均有 S 个像素点。

（8）n：横向碎纸片的张数。

四、问题分析

4.1 问题一的分析

本问要求对纵切碎纸片进行拼接复原。当前对碎纸片的拼接问题主要有两种解决方案：基于几何特征的拼接和基于文字特征的拼接。而由于本题附件 1、附件 2 中的碎纸片均由给定的碎纸机破碎纸片（仅纵切）得来，边缘形状无显著差异，并不适合用基于边界几何特征的拼接方法进行处理。故在本题中应采用基于文字特征的拼接方法。

首先，对于本题中图片资料，我们可以用矩阵来表示，并进行相应的处理。我们需要定义一个指标考虑各个碎纸片之间的匹配程度，然后用这个匹配程度尽可能多地连接这些碎纸片。对于这些碎纸片，只有能拼接和不能拼接两种情况，因此可用 0-1 规划的思想建立拼接复原模型。

4.2 问题二的分析

本问要求对既有纵切又有横切的碎纸片进行拼接复原，信息量比问题一中的碎纸片要少，要考虑将匹配程度大的碎纸片尽可能多地连接起来，这些碎纸片都是180×72，显然行信息要比列信息多，因此可以先考虑用距离的矩阵建立碎纸片拼接复原模型和算法，并针对附件3、附件4给出的中、英文各一页文件的碎片进行拼接复原。

由于本问附件中的单个碎纸片所含信息量较少，很难直接一步完成拼接复原工作，故考虑由小到大、由局部到整体逐步实现碎纸片拼接复原的策略。由于问题一中已经给出针对纵向长条碎纸片的拼接复原模型，因此首先考虑将209个碎纸片拼接成19条纵向拼接序列或11条横向拼接序列。基于纵向拼接时行距的存在使得碎纸片的上下边界的区分度较小，匹配难，故考虑建立横向拼接模型来得到多个横向匹配的拼接序列。

为了对得到的多个横向拼接序列进行进一步匹配，我们考虑到相邻两位置的图像的灰度值相近(或相等)，故可以采用以碎纸片行平均值的列向量为分类依据，对系统进行聚类分析，从而实现在同类中将较小长度的拼接序列拼接成较大长度的拼接序列。加之人工干预，实现每一行碎片的完整拼接，得到11个拼接序列。最终根据问题一中的模型求解拼接序列复原原文件。

4.3 问题三的分析

本文给出418个来自同一双面打印文件的碎纸片。拼接复原的思想与问题二相似。但为了提高效率，同时从左右两个方向对碎纸片进行配对，以及利用正反两面进行验证，从而提高拼接复原的效率。

五、模型的建立与求解

5.1 问题一：仅纵切碎纸片的拼接复原

5.1.1 建模前准备

观察图像易知附件中的碎纸片图像均为灰度图像，在拼接碎纸片前本文先将每个碎纸片的灰度值以矩阵形式读入MATLAB 7.0，转化为用矩阵的方式处理数据。

附件1和附件2中每个碎纸片都是1980×72的灰阶矩阵，共19个。

附件3和附件4中每个碎纸片都是180×72的灰阶矩阵，共209个。

附件5中每个碎纸片都是180×72的灰阶矩阵，共418个。

5.1.2 纸片图形边界的确定

从19张中文碎纸片中可以看出只有008左边界和006右边界有空白，不妨假设这两张纸片分别是碎纸的起点和终点，然后求解最优的顺序。英文碎纸片中 003 和 004 为左右边界。

5.1.3 纵切碎纸片拼接复原模型的建立

由题可知，对于任意两个碎纸片，只有匹配和不匹配两种情况，因此，可用 0-1 规划的思想建立模型。

设 y_{ij} 为第 i 个碎纸片与第 j 个碎纸片的匹配情况（从左至右的方向），则有

$$y_{ij}=\begin{cases}0, & \text{第 } i \text{ 个碎纸片与第 } j \text{ 个碎纸片不匹配}\\ 1, & \text{第 } i \text{ 个碎纸片与第 } j \text{ 个碎纸片匹配}\end{cases} \tag{1}$$

$$(i=1,2,3,\cdots,n;\ j=1,2,3,\cdots,n;\ i\neq j)$$

令 $X_{\mathrm{L}i}=(x_{\mathrm{L}i1},x_{\mathrm{L}i2},\cdots,x_{\mathrm{L}in})^{\mathrm{T}},i=(1,\cdots,n)$ 表示第 i 张碎纸片左侧边界上所有像素点组成的列向量， $X_{\mathrm{R}j}=(x_{\mathrm{R}j1},x_{\mathrm{R}j2},\cdots,x_{\mathrm{R}jn})^{\mathrm{T}},j=(1,\cdots,n)$ 表示第 j 张碎纸片左侧边界上所有像素点组成的列向量。

本文引入“吻合度”这一概念来表征两破碎纸片边界的匹配程度。记“吻合度”为 d_{ij}，则第 i 张碎纸片与第 j 张碎纸片之间的“吻合度”为

$$d_{ij}=d(X_{\mathrm{R}i}-X_{\mathrm{L}j})=\sqrt{\sum_{k=1}^{n}(x_{\mathrm{R}ik}-x_{\mathrm{L}jk})^2}\quad(i\neq j) \tag{2}$$

1. 目标函数的建立

在第 i 张碎纸片与除 i 以外的其他碎纸片的吻合度中，选择具有最小吻合度的碎纸片作为匹配碎纸片，可以求出所有吻合度乘以 0-1 规划中的决策变量 y_{ij} 之和，再求最小值作为目标函数，即

$$\min z=\sum_{j=1}^{n}\sum_{i=1}^{n}d_{ij}y_{ij}\quad(i\neq j) \tag{3}$$

2. 约束条件的确定

对第 i 张碎纸片而言，一定有张碎纸片与之相匹配，要么在左，要么在右（除 n 外），则有

$$\sum_{j=1}^{n}y_{ij}=1\quad(i=1,\cdots,n-1;\ i\neq j) \tag{4}$$

另一方面，所有碎纸片均能找到相匹配的碎纸片（从左向右，只需 $n-1$ 次即可完成横向拼接），则有

$$\sum_{j=1}^{n}\sum_{i=1}^{n} y_{ij} = n-1 \quad (i=1,\cdots,n-1;\ i \neq j) \tag{5}$$

综上所述，本问题中 0-1 规划的模型为

$$\min z = \sum_{j=1}^{n}\sum_{i=1}^{n} d_{ij} y_{ij}$$

$$s.t.\begin{cases} \sum_{i=1}^{n} y_{ij} = 1 \quad (i=1,\cdots,n-1) \\ \sum_{j=1}^{n}\sum_{i=1}^{n} y_{ij} = n-1 \\ y_{ij} = 0,1 \quad (i=1,\cdots,n;\ j=1,\cdots,n) \\ i \neq j \end{cases} \tag{6}$$

由于 i、j 的任意性，该模型也适用于从右往左拼接的情形。

5.1.4 模型求解

由于附件的数据量比较大，该模型不易通过 MATLAB 7.0 优化工具箱求解，故采用贪心算法求解。纵切碎纸片拼接还原模型的程序设计流程图如图 1 所示。

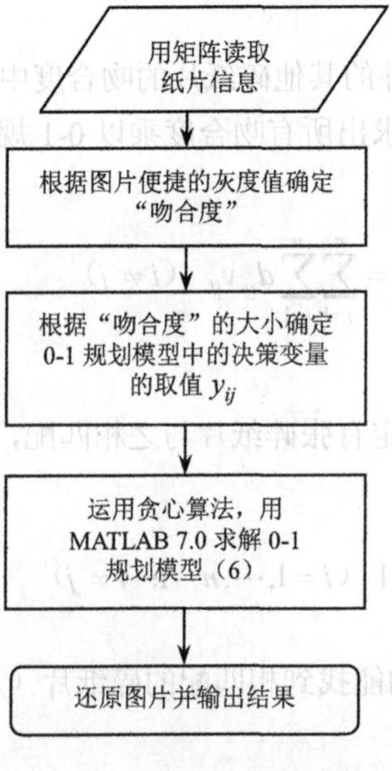

图 1 纵切碎纸片拼接还原模型的程序设计流程图

1. 中文纸片拼接复原求解结果

根据模型（6），利用 MATLAB 7.0 编程，最后可以得到复原后的纸张布局，见表 1，中文碎纸片拼接复原图如附图 1 所示。

表 1　纵切中文碎纸片复原后布局（左数）

序号	1	2	3	4	5	6	7	8	9	10
纸片编号	008	014	012	015	003	010	002	016	001	004
序号	11	12	13	14	15	16	17	18	19	
纸片编号	005	009	013	018	011	007	017	000	006	

由拼接结果可知，文件中的语句通顺，逻辑性强，显然拼接完全正确。

2. 英文纸片拼接复原求解结果

运用模型（6）对附件 2 中的英文碎纸片进行处理时，得到的结果（表 2）显示纸片 003 与 001 号纸片的“吻合度”较其与 006 号纸片的“吻合度”高。但实际人工拼接显示 003 号纸片应与 006 号纸片相匹配。这说明我们初步建立的纵切碎纸片拼接复原模型对英文碎纸片的处理效果不够理想。

表 2　003 号英文纸片与其他纸片的吻合度

序号	1	2	3	4	5	6	7	8	9	10
吻合度	14.69	7.86	15.39	无	16.42	17.73	10.31	15.92	16.82	15.43
序号	11	12	13	14	15	16	17	18	19	
吻合度	16.15	14.70	16.27	16.01	17.35	15.35	16.10	15.93	14.39	

分析比较英文碎纸片与汉字碎纸片各自的特点并根据文献[7]可知：汉字笔画较多且彼此之间形态差别较大，被切为碎片后汉字碎片在碎片边缘部分所具有的信息量也较大，容易识别，而英文字母笔画简单，且字母之间的差异也比汉字之间少，导致了英文碎纸片边缘含有的信息量少且彼此之间差异不大。以上两个因素就导致了汉字碎纸片识别度较高、英文碎片识别度较低的问题。为了使模型同时对中英文碎纸片适用，我们对模型进行改进。

针对原模型在处理英文碎纸片上的不足，本文对“吻合度”进行如下优化。

设编号为 i 的碎纸片上右边界某点为 $x_{\mathrm{R}im}$，其与编号为 j 的纸片左边界上邻近三点的距离分别为 $\left|x_{\mathrm{R}im}-x_{\mathrm{L}j(m-1)}\right|$、$\left|x_{\mathrm{R}im}-x_{\mathrm{L}jm}\right|$、$\left|x_{\mathrm{R}im}-x_{\mathrm{L}j(m+1)}\right|$（图 2）。

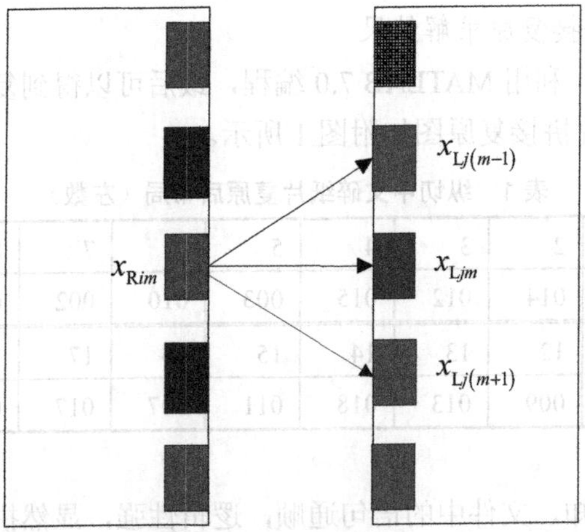

图 2 新吻合度求解图示

取三者中的最小值计算优化后的“吻合度”：

$$d_{ij}^{*}=\begin{cases}\sqrt{\sum_{m=1}^{n}\left(\min\left(\left(x_{\mathrm{R}im}-x_{\mathrm{L}jm}\right),\left(x_{\mathrm{R}im}-x_{\mathrm{L}j(m+1)}\right)\right)\right)^{2}}, m=1\\ \sqrt{\sum_{m=1}^{n}\left(\min\left(\left(x_{\mathrm{R}im}-x_{\mathrm{L}j(m-1)}\right),\left(x_{\mathrm{R}im}-x_{\mathrm{L}jm}\right),\left(x_{\mathrm{R}im}-x_{\mathrm{L}j(m+1)}\right)\right)\right)^{2}}, 1<m<s\\ \sqrt{\sum_{m=1}^{n}\left(\min\left(\left(x_{\mathrm{R}im}-x_{\mathrm{L}j(m-1)}\right),\left(x_{\mathrm{R}im}-x_{\mathrm{L}jm}\right)\right)\right)^{2}}, m=s\end{cases} \quad (7)$$

将新设定的优化后的吻合度 d_{ij}^{*} 替换原模型中的吻合度 d_{ij}，即可建立起基于 0-1 规划的英文纵切碎纸片拼接复原优化模型：

$$\min z=\sum_{j=1}^{n}\sum_{i=1}^{n}d_{ij}^{*}y_{ij} \quad (8)$$

$$s.t.\begin{cases}\sum_{i=1}^{n}y_{ij}=1 \quad (i=1,\cdots,n-1)\\ \sum_{j=1}^{n}\sum_{i=1}^{n}y_{ij}=n-1\\ y_{ij}=0,1 \quad (i=1,\cdots,n;\ j=1,\cdots,n)\\ i\neq j\end{cases}$$

利用所建立的基于 0-1 规划的纵切碎纸片拼接复原优化模型，根据图 3 中所示的流程，用 MATLAB 7.0 进行编程求解模型，得到的英文纸片的布局见表 3，还原图片如附图 2 所示。

表 3　纵切英文碎纸片复原拼接顺序表

序号	1	2	3	4	5	6	7	8	9	10
纸片编号	003	006	002	007	005	018	011	000	005	001
序号	11	12	13	14	15	16	17	18	19	
纸片编号	009	013	010	008	012	014	017	016	004	

由附图 2 可知，拼接结果完全正确。

5.2　问题二：既横切又纵切碎纸片的拼接复原

在问题一中，本文建立了基于 0-1 规划的纵切碎纸片拼接复原优化模型。对纵切碎纸片进行了拼接复原，取得了较好的效果。但在问题二中，经横切和纵切后的碎纸片横纵边界为 180 和 72，所包含的信息量非常有限，无法直接利用问题一中所建模型求解。因此，我们用如下方法进行拼接：①按照模型（6）拼接横向纸条；②将拼接好的纸条按照模型（6）拼接为全文。

横切且纵切碎纸片的拼接复原模型建立的流程图如图 3 所示。

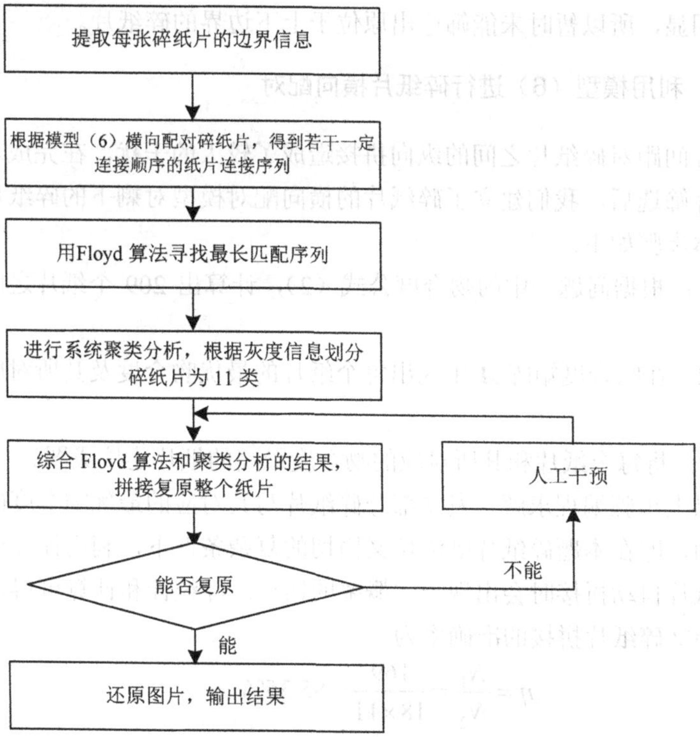

图 3　横切且纵切碎纸片的拼接复原模型建立的流程图

5.2.1 提取复原文件的边缘信息，找出可能为原件左右边界的碎纸片

根据常识及假设（1）可知，文件的四周边界均可有页边距，故可知在碎纸机粉碎后，原来处于文件边界部分的碎纸片可能有边界是完全白色的，即原处于原文件的左边界（右边界）的碎纸片对应边界的灰度值均为 255。基于这一特点，本文利用 MATLAB 7.0 编程。对所给 209 张碎纸片进行筛选，筛选出了原位于文件左右边界的 22 张碎纸片。编程提取复原文件的边缘信息见表 4。

表 4 编程提取复原文件的边缘信息

边界类别	边界碎纸片
中文左	007、014、029、038、049、061、071、089、094、125、168
中文右	018、036、043、059、060、074、123、141、145、176、196
英文左	019、020、070、081、086、132、146、159、171、191、201、208
英文右	031、044、082、109、112、115、127、143、146、147、178

由于文件中文字的行间距等干扰因素的影响，所给碎纸片上下边界灰度值的区分度不明显，所以暂时未能筛选出原位于上下边界的碎纸片。

5.2.2 利用模型（6）进行碎纸片横向配对

由于行间距对碎纸片之间的纵向拼接造成了较大的干扰，在完成左右边界位置的碎纸片筛选后，我们建立了碎纸片的横向配对模型对剩下的碎纸片进行横向配对。具体步骤如下：

步骤 1：根据问题一中的吻合度公式（2），计算出 209 个纸片之间的吻合度矩阵 $\boldsymbol{A}$。

步骤 2：在吻合度矩阵 $\boldsymbol{A}$ 中找出每个纸片的最优吻合度及其所对应的碎纸片编号。

步骤 3：将每个纸片和其所对应的吻合度最高的纸片连接成图。

按照以上步骤编程求解，发现部分碎纸片与其对应的最优吻合度碎纸片的匹配是错误的，即在本题碎纸片既纵切又横切的复杂条件下，利用计算机运用该模型进行碎纸片自动拼接时会出现一定概率的错误。经统计和计算可得，计算机对附件 3 中中文碎纸片拼接的准确率为

$$\eta = \frac{N_1}{N_2} = \frac{169}{18\times 11} = 85.35\% \tag{9}$$

同理可求得该模型对附件 4 中英文碎纸片拼接的准确率为 77.27%。

对既横切又纵切的碎纸片，由于单个碎纸片所包含的 72×180 个像素点信息相对较少，无法一次性完全准确拼接复原纸片。

因此，为了保证拼接的准确性，本文利用假设（3）在步骤 3 中纸片拼接前加入人工判别过程，判断每个纸片与其对应最优吻合度碎纸片拼接是否正确，同时建立 209×209 矩阵 $\boldsymbol{D}$。如果纸片 i 和纸片 j 拼接正确，令 $D_{ij}=1$；如果不正确，就记 $D_{ij}=+\infty$，然后放弃拼接，转向处理下一对碎纸片。

对以上加入人工判别以后的碎纸片横向配对半自动模型进行编程求解，得到匹配结果 $\boldsymbol{D}$。通过对得到的图像进行分析可知，所建立的碎纸片横向配对半自动模型实现了吻合度比较好的碎纸片的匹配，同时也排除了计算机自动拼接时可能出现的错误，实现了碎纸片拼接的完全正确。

5.2.3 运用 Floyd 算法扩充横向纸片长度

经过 5.2.2 节中的碎纸片横向配对模型的处理，可以得到许多横向拼接的两个相连碎纸片组合。为了实现将这些碎纸片组合成几个最长的横向碎纸片条，以达到进一步拼接碎纸片、简化问题的目的，可以建立寻找最长匹配碎纸片的模型对这些碎纸片进行处理，这一模型的核心就是找到碎纸片对应的矩阵 $\boldsymbol{D}$ 中与点之间的最小值，这类问题常用 Floyd 算法解决。综上，我们建立了基于 Floyd 算法寻找最长匹配碎纸片的模型，对在 5.2.2 节中产生的矩阵 $\boldsymbol{D}$ 进行运算，具体流程如下：

步骤 1：令矩阵中的元素 $m=1,2,...,N$，依次由 D_{m-1} 的元素确定 D_m 的元素，应用下列递归公式：

$$D_{ij}^{m}=\min\left\{D_{im}^{m-1}+D_{mj}^{m-1},D_{ij}^{m-1}\right\} \tag{10}$$

步骤 2：每当确定一个元素时，就记下它所表示的路，即纸片间相连的序列。在算法终止时，矩阵 $\boldsymbol{D}$ 的元素 (i,j) 就表示从顶点 i 到顶点 j 最连通的长度，即纸片间相连的序列的长度。

步骤 3：根据以上运算，可得到更新过的矩阵 $\boldsymbol{D}$，如果纸片 $D_{ij}=n$，就表示纸片 i 与纸片 j 之间可以连成 $n+1$ 的纸条，即一个序列。如果其为无穷，则表示两者不能横向连接。综上可以得到很多纸条。

利用 Floyd 算法编程运算，可以找出最长组合的碎纸片模块。

MATLAB 7.0 编程运行结果见表 5 和表 6。

表5 中文横向最长匹配序列

序列编号	中文横向最长拼接序列
1	004, 101, 113, 194, 119, 123
2	007, 208, 138, 158, 126, 068, 175, 045, 174, 000, 137, 053, 056, 093, 153, 070, 166, 032, 196
3	009, 105
4	014, 128, 003
5	026, 001
6	029, 064, 111, 201, 005, 092, 180, 048, 037, 075
7	049, 054, 065
8	055, 044, 206, 010, 104, 098, 172, 171, 059
9	061, 019, 078
10	063, 116, 163, 072, 006, 177, 020, 052
11	066, 106, 150, 021, 173, 157, 181, 204, 139, 145
12	067, 069, 099, 162, 096, 131, 079
13	071, 156
14	080, 033, 202, 198, 015, 133, 170, 205, 085, 152, 165, 027, 060
15	089, 146
16	094, 034, 084, 183, 090, 047
17	102, 154
18	114, 040, 151
19	120, 086, 195
20	121, 042, 124
21	125, 013
22	130, 193, 088
23	132, 200, 017
24	135, 012, 073, 160
25	143, 186, 002, 057, 192, 178, 118, 190, 095, 011, 022
26	144, 077, 112, 149, 097, 136, 164, 127
27	159, 082, 199
28	161, 024, 035, 081, 189, 122, 103
29	167, 025, 008
30	168, 100, 076, 062, 142, 030, 041, 023, 147, 191, 050, 179
31	182, 109, 197, 016, 184, 110, 187
32	203, 169, 134, 039, 031, 051, 107, 115
33	207, 155, 140, 185, 108, 117

表 6 英文横向最长匹配序列

序列编号	英文横向最长拼接序列
1	003, 130
2	005, 059, 058, 092, 030, 037, 046, 127
3	007, 049, 061, 119
4	019, 194, 093, 141
5	024, 117
6	032, 204
7	033, 142, 168, 062, 169, 054, 192
8	034, 013, 110, 025
9	035, 016
10	043, 199, 045, 173, 079, 161, 207, 135, 015, 076
11	050, 160, 187, 097, 203, 031
12	066, 205, 010, 157, 074, 145, 083, 134, 055, 018, 056
13	069, 167, 163
14	070, 084, 060, 014, 068, 174, 137
15	081, 077, 128, 200, 131, 052, 125, 140, 193, 087, 089, 048, 072, 012
16	086, 051, 107, 029, 040, 158
17	090, 185, 109
18	099, 122
19	102, 115
20	103, 091, 080, 101, 026, 100, 006, 017, 028
21	111, 144
22	120, 175
23	132, 181, 095
24	138, 153, 053, 038, 123
25	139, 001, 129, 063
26	155, 114, 176
27	165, 082
28	166, 188
29	171, 042, 126, 105
30	179, 143
31	182, 151, 022
32	183, 152

续表

序列编号	英文横向最长拼接序列
33	184, 002, 104, 180, 064, 106, 039, 067, 147
34	186, 098
35	191, 075, 011, 154, 190
36	195, 008, 047, 172, 156, 096, 023
37	197, 112
38	201, 148, 170, 196, 198, 094, 113, 164, 078
39	202, 071
40	208, 021

由表5和表6可知，利用Floyd算法，中文碎片可得到33个横向拼接的序列，而英文碎片可得到40个横向拼接的序列，用Floyd算法拼接复原中文碎纸片的效率较英文高。视每个拼接好的序列为一个整体，则相互之间可继续进行拼接。

5.2.4 用系统聚类分析将所有碎纸片聚为11类

从附件3可以观察出：每个碎纸片都有其行间距，两个具有相同行间距的碎纸片就有较大可能相匹配或同在一行，根据碎纸片的这个特点，本文以每张碎纸片的行平均值的列向量作为统计量与划分依据，建立了系统分析模型对碎纸片进行分析。具体流程如下：

步骤1：每张碎纸片是180×72的灰阶矩阵，对每一行求平均值，即可得到每个碎纸片的行平均值，即求第i张碎纸片行平均值的列向量$\boldsymbol{aver}_i$，计算公式如下：

$$\boldsymbol{aver}_i = \frac{\text{每行纸片灰度之和}}{\text{纸片列数目（72）}} \tag{11}$$

并将每张碎纸片的行平均值的列向量作为统计量。

步骤2：以步骤1中的统计量作为划分类型的依据，首先将一些相似程度大的变量（或样品）聚合为一类，接着把另一些相似程度较小的变量（或样品）聚合为另一类，直到所有的变量（或样品）都聚合完毕。在聚合过程中，将碎纸片每一行灰度的均值作为分类指标，则一共有209个分类指标，运用软件SPSS 18依据分类指标对碎纸片进行处理，由于复原纸片由11×19的碎纸片矩阵组成，可将所有变量划分为11类。具体结果如图4和图5所示。

中文碎纸片系统聚类后频数的标准差为5.5498，英文碎纸片聚类后频数的标准差为10.5641。比较图4和图5可知，分成11类后，中文碎纸片的分布相对较稳定，各类别中所包含的纸片数目差距不大。而英文碎纸片系统聚类后的结果不太理想，各类别中所包含的碎纸片数目大部分在 10～20 的范围内，但有个别相差较大，远高于或低于平均水平。这可能与上文中提到的英文单词结构简单有关。

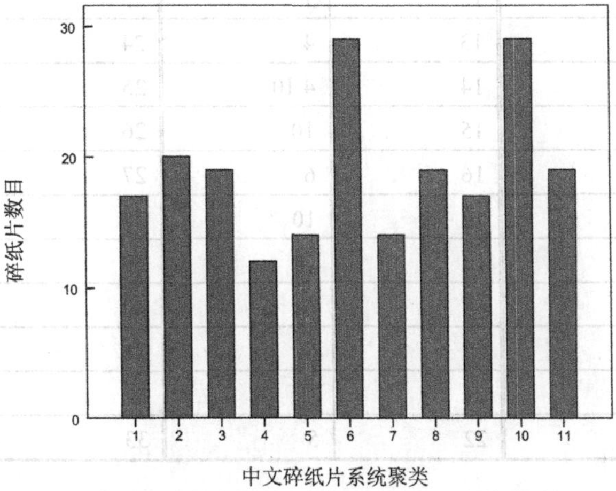

图 4　中文碎纸片系统聚类的频数图

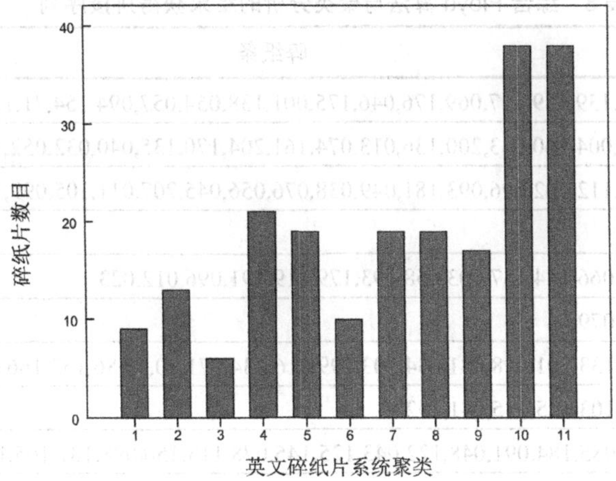

图 5　英文碎纸片系统聚类的频数图

5.2.5　比较聚类分析结果和 Floyd 算法结果，再扩充序列长度

根据聚类分析所得的结果，可将通过 Floyd 算法得到的碎纸条进一步匹配，从而得到更长的匹配模块。

首先，将 33 个中文碎纸条与系统聚类分成的 11 类碎纸条进行重合度检验，如果某个碎纸条中的碎纸片与某类碎纸片有 n 个碎纸片相同，那么两者之间的重合度为 n，用 MATLAB 7.0 进行计算可以得到表 7 所列的分类。

表7 系统聚类分析的分类结果

碎纸条编号	类别	碎纸条编号	类别	碎纸条编号	类别
1	10	12	7	23	4
2	6,7	13	4	24	1
3	7	14	4,10	25	11
4	1	15	10	26	6
5	8	16	6	27	1
6	2	17	10	28	5
7	11	18	10	29	5,7
8	2	19	8	30	8
9	3	20	6	31	9
10	3	21	10	32	1,2
11	9	22	5	33	11

用MATLAB 7.0对同属同一类别的碎纸条进行匹配，得到表8所列结果。

表8 综合Floyd算法与聚类分析的结果获得拼接序列

编号	碎纸条
*1	008,209,139,159,127,069,176,046,175,001,138,054,057,094,154,71,167,033,197
2	015,129,004,160,083,200,136,013,074,161,204,170,135,040,032,052,108,116
*3	030,065,112,202,006,093,181,049,038,076,056,045,207,011,105,099,173,172,060
4	39
5	050,055,066,144,187,003,058,193,179,119,191,096,012,023
6	062,020,079
*7	072,157,133,201,018,081,034,203,199,016,134,171,20,60,86,153,166,028,061
8	090,147,103,155,115,041,152
9	095,035,085,184,091,048,122,043,125,145,078,113,150,098,137,165,128
*10	126,014,183,110,198,17,185,111,188,067,107,151,022,174,158,182,205,140,146
11	169,101,077,063,143,031,042,024,148,192,051,180,121,087,196,027,002,
12	010,106
13	064,117,164,073,007,178,021,053
14	068,070,100,163,097,132,080,
15	162,025,036,082,190,123,104,131,194,089,168,026,009
16	208,156,141,186,109,118

注 编号前加*表示这个纸条已排满19个（一行）。

5.2.6 逐步筛选得到横向纸条的完全拼接序列

由于中文碎纸片和英文碎纸片不可能借助 Floyd 算法将所有的序列找出，故需要逐步筛选，具体流程图如图 6 所示。

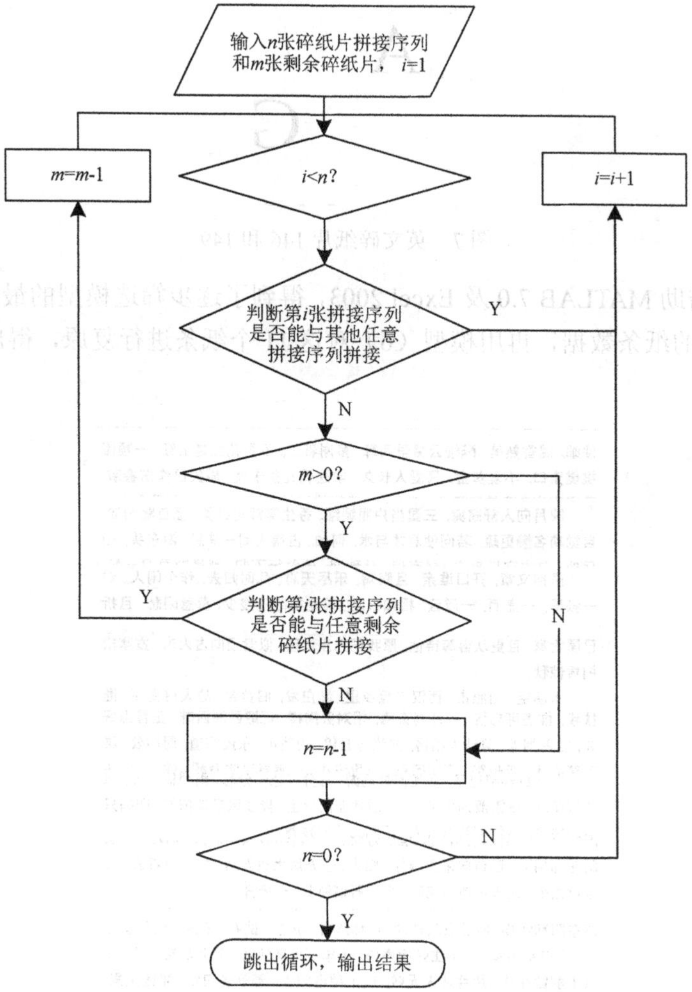

图 6 逐步筛选模型建立的流程图

逐步筛选模型的核心思想是：为了提高效率，优先对已产生的拼接序列进行匹配拼接，当拼接序列两两之间无法拼接时，才考虑用剩余碎纸片与拼接序列进行匹配，最后才考虑剩余碎纸片之间的匹配。

在逐步筛选的过程中，中文图片使用逐步筛选效率比较高，总计筛选了 15 步。

在英文图片中，由于图片信息量较少，会出现匹配错误的情况，如图 7 所示，碎纸片 146 和 149 边缘周边基本没有信息，所以，这就给逐步筛选过程带来巨大的考验，我们总共匹配错误 7 次。

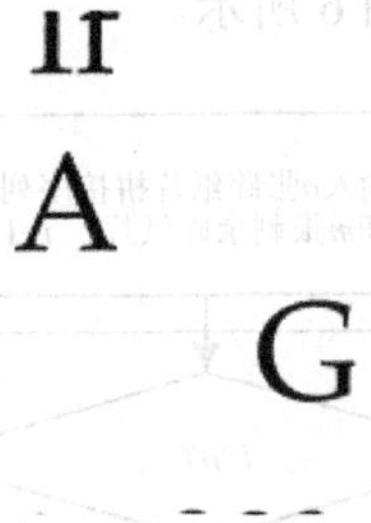

图 7　英文碎纸片 146 和 149

我们借助 MATLAB 7.0 及 Excel 2003，得到了逐步筛选模型的最终结果，即 11 个1×19 的纸条数据，再用模型（6）对这 11 个纸条进行复原，得出的结果如图 8 所示。

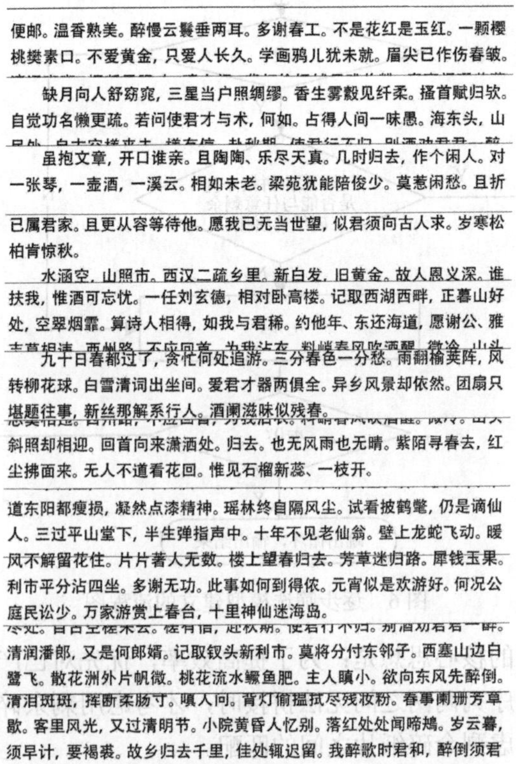

便邮。温香熟美。醉慢云鬟垂两耳。多谢春工。不是花红是玉红。一颗樱
桃樊素口。不爱黄金，只爱人长久。学画鸦儿犹未就。眉尖已作伤春皱。

　　缺月向人舒窈窕，三星当户照绸缪。香生雾縠见纤柔。搔首赋归欤。
自觉功名懒更疏。若问使君才与术，何如。占得人间一味愚。海东头，山

　　虽抱文章，开口谁亲。且陶陶、乐尽天真。几时归去，作个闲人。对
一张琴，一壶酒，一溪云。相如未老。梁苑犹能陪俊少。莫惹闲愁。且折

已属君家。且更从容等待他。愿我已无当世望，似君须向古人求。岁寒松
柏肯惊秋。

　　水涵空，山照市。西汉二疏乡里。新白发，旧黄金。故人恩义深。谁
扶我，惟酒可忘忧。一任刘玄德，相对卧高楼。记取西湖西畔，正暮山好
处，空翠烟霏。算诗人相得，如我与君稀。约他年、东还海道，愿谢公、雅

　　九十日春都过了，贪忙何处追游。三分春色一分愁。雨翻榆荚阵，风
转柳花球。白雪清词出坐间。爱君才器两俱全。异乡风景却依然。团扇只
堪题往事，新丝那解系行人。酒阑滋味似残春。

斜照却相迎。回首向来潇洒处。归去。也无风雨也无晴。紫陌寻春去，红
尘拂面来。无人不道看花回。惟见石榴新蕊、一枝开。

道东阳都瘦损，凝然点漆精神。瑶林终自隔风尘。试看披鹤氅，仍是谪仙
人。三过平山堂下，半生弹指声中。十年不见老仙翁。壁上龙蛇飞动。暖
风不解留花住。片片著人无数。楼上望春归去。芳草迷归路。犀钱玉果。
利市平分沾四坐。多谢无功。此事如何到得侬。元宵似是欢游好。何况公
庭民讼少。万家游赏上春台，十里神仙迷海岛。

清润潘郎，又是何郎婿。记取钗头新利市。莫将分付东邻子。西塞山边白
鹭飞。散花洲外片帆微。桃花流水鳜鱼肥。主人瞋小。欲向东风先醉倒。
清泪斑斑，挥断柔肠寸。嗔人问。背灯偷揾拭尽残妆粉。春事阑珊芳草
歇。客里风光，又过清明节。小院黄昏人忆别。落红处处闻啼鴂。岁云暮，
须早计，要褐裘。故乡归去千里，佳处辄迟留。我醉歌时君和，醉倒须君

图 8　横切且纵切中文碎纸片初步复原图

由于纸条与纸条之间空白太多，信息量很少，无法使得这些图片有效地连接在一起，所以进行每个纸条的匹配识别，再对模型（6）用 Floyd 算法进行求解，得到最终的拼接序列，见表 9 和表 10，复原后的图片见附图 3，其结果完全正确。

表 9　中文碎纸片复原

	1	2	3	4	5	6	7	8	9	10	11	12	13	14	15	16	17	18	19
1	065	143	186	002	057	192	178	118	190	095	011	022	129	028	091	188	141	065	143
2	078	067	069	099	162	096	131	079	063	116	163	072	006	177	020	052	036	078	067
3	076	062	142	030	041	023	147	191	050	179	120	086	195	026	001	087	018	076	062
4	046	161	024	035	081	189	122	103	130	193	088	167	025	008	009	105	074	046	161
5	003	159	082	199	135	012	073	160	203	169	134	039	031	051	107	115	176	003	159
6	084	183	090	047	121	042	124	144	077	112	149	097	136	164	127	058	043	084	183
7	182	109	197	016	184	110	187	066	106	150	021	173	157	181	204	139	145	182	109
8	111	201	005	092	180	048	037	075	055	044	206	010	104	098	172	171	059	111	201
9	138	158	126	068	175	045	174	000	137	053	056	093	153	070	166	032	196	138	158
10	083	132	200	017	080	033	202	198	015	133	170	205	085	152	165	027	060	083	132
11	102	154	114	040	151	207	155	140	185	108	117	004	101	113	194	119	123	102	154

表 10　英文碎纸片复原

	1	2	3	4	5	6	7	8	9	10	11	12	13	14	15	16	17	18	19
1	191	075	011	154	190	184	002	104	180	064	106	004	149	032	204	065	039	067	148
2	020	041	108	116	136	073	036	207	135	015	076	043	199	045	173	079	161	179	144
3	019	194	093	141	088	121	126	105	155	114	176	182	151	022	057	202	071	165	083
4	132	181	095	069	167	163	166	188	111	144	206	003	130	034	013	110	025	027	179
5	070	084	060	014	068	174	137	195	008	047	172	156	096	023	099	122	090	185	110
6	081	077	128	200	131	052	125	140	193	087	089	048	072	012	177	124	000	102	116
7	086	051	107	029	040	158	186	098	024	117	150	005	059	058	092	030	037	046	128
8	159	139	001	129	063	138	153	053	038	123	120	175	085	050	160	187	097	203	032
9	171	042	066	205	010	157	074	145	083	134	055	018	056	035	016	009	183	152	045
10	208	021	007	049	061	119	033	142	168	062	169	054	192	133	118	189	162	197	113
11	201	148	170	196	198	094	113	164	078	103	091	080	101	026	100	006	017	028	147

在该问的求解过程中，我们进行了人工干预：在吻合度准确率计算的过程中，我们进行了正确性识别；在逐步筛选过程中，也进行了正确性识别。

5.3 问题三：既横切又纵切的双面文件碎纸片的拼接复原

5.3.1 提取复原文件边缘信息，以得到原文件的边界

根据 5.2.1 节中所述的原理，对所给的 418 张碎纸片进行筛选，分别筛选出了可能为边界的碎纸片，见表 11。

表 11 原文件的边界信息

左边界	右边界	上边界	下边界
03b 005b	003a 005a	011a 015a 021b 023a 023b 028b	000b 005b 006a 006b 013a 013b
009a 013b	009b 013a	029a 033a 034b 035a 035b 039b	024a 026a 026b 027a 043a 043b
023b 035b	023a 035a	047a 047b 048b 051a 052b 058a	049a 049b 054a 054b 055a 055b
054a 078b	054b 078a	062b 066a 071a 073b 078a 078b	057a 064b 080b 091a 091b 096a
083b 088b	083a 088a	081a 081b 083a 095b 097a 101b	096b 099a 099b 100a 100b 102b
089a 090b	089b 090a	110b 118a 119b 125a 129a 130a	103a 103b 104a 104b 105a 106a
091b 099a	099b 105a	133b 136a 136b 140b 142a 150a	106b 109a 109b 112a 112b 113a
100a 105b	114b 136b	155a 155b 156b 159a 160a 161b	113b 123a 123b 126b 134a 134b
114a 136a	143b 146b	163a 164b 169a 173a 174a 174b	135b 141a 142a 176a 185a 196a
143a 146a	165a 172a	183a 193b 194a 199a 205b 206a	196b 204b 208a
165b 172b	186a 199a		
186b 199b			

由表 11 可以观察出：左边界和右边界的碎纸片中 003b 和 003a 是来自同一张碎纸片的正反面，类似 003a 和 003b 的纸片共有 22 对，恰好等于正面和反面行数之和，我们假设这 22 对碎纸片即为这张纸的左右边界，见表 12。

表 12 原文件的左右边界

边界类型	边界的碎纸片
左边界	003b 005b 009a 013b 023b 035b 054a 078b 083b 088b 089a 090b 099a 105b 114a 136a 143a 146a 165b 172b 186b 199b
右边界	003a 005a 009b 013a 023a 035a 054b 078a 083a 088a 089b 090a 099b 105a 114b 136b 143b 146b 165a 172a 186a 199a

再观察上下边界，发现上边界中共有 8 对同为上边界，下边界中共有 20 对同为下边界，见表 13。

表 13 原文件的上下边界

上边界	下边界
023a 023b 035a 035b 047a 047b 078a 078b 081a 081b 136a 136b 155a 155b 174a 174b	006a 006b 013a 013b 026a 026b 043a 043b 049a 049b 054a 054b 055a 055b 091a 091b 096a 096b 099a 099b 100a 100b 103a 103b 104a 104b 106a 106b 109a 109b 112a 112b 113a 113b 123a 123b 134a 134b 196a 196b

再观察左边界和上边界的范围，即可确定左上角，同理可确定左下角、右上角和右下角，见表 14。

表 14 待选的边界角

左上角	左下角	右上角	右下角
023b 035b 078b 136a	013b 054a 099a	023a 035a 078b 136b	013a 054b 099b

5.3.2 利用双向 Floyd 算法寻找最长匹配碎纸片

同问题二相似，需要将 418 张碎纸片由少到多、由局部到整体地拼接成长条状，最后利用问题一中的模型实现碎纸片的自动拼接复原。

步骤 1：将 209 个双面纸片当成 418 个独立的碎纸片，根据公式（6），得到 418 个碎纸片的吻合度矩阵。结合人工判定，得到邻接矩阵 $\boldsymbol{D}$。

步骤 2：运用 Floyd 算法，得到 56 个碎纸片连接序列，平均长度为 5.23。

在问题一、问题二中，我们只单向（从左向右）地寻找最佳匹配碎纸片，在本模型中，我们从两个方向建立基于 Floyd 算法的寻找最长匹配碎纸片的模型，如图 9 所示。

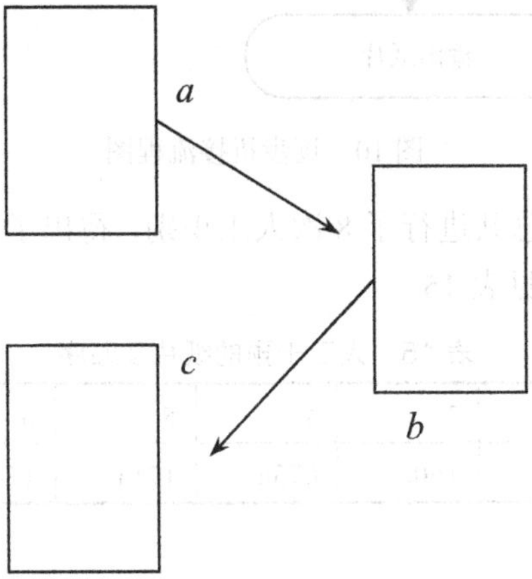

图 9 双向拼接匹配碎纸片的示意图

在图 9 中，碎纸片 a 的最优匹配是碎纸片 b，而对于碎纸片 b 而言，可能其最优匹配碎纸片是 c（c 和 a 不是同一个碎纸片）。我们从这两个角度出发，可以保证 b 匹配的准确性，从而提高了判别的正确率和模型效率。

利用 MATLAB 7.0 对此编程求解，得出 135 个拼接序列，平均长度为 4.13。

用 5.3.1 节中得出的结论还原边界，然后将 5.3.2 节中拼接的碎纸条序列放入，逐步拼出，发现只有很少的碎纸片没有放入，中间结果见附表1和附表2。

再利用问题二中的逐步拼接模型逐步拼接复原，优先选择已知拼接序列进行匹配，具体流程图如图10所示。

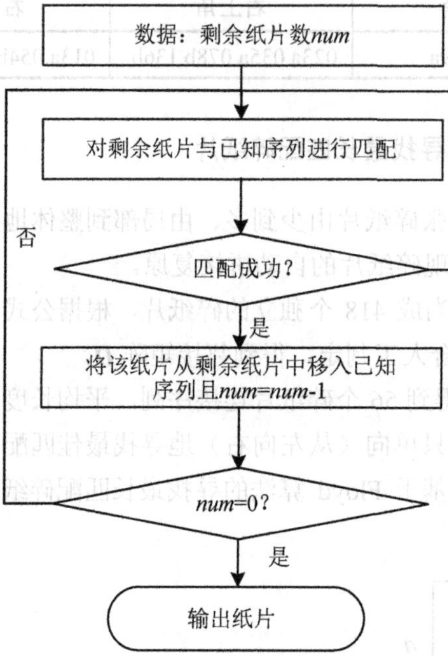

图10 逐步拼接流程图

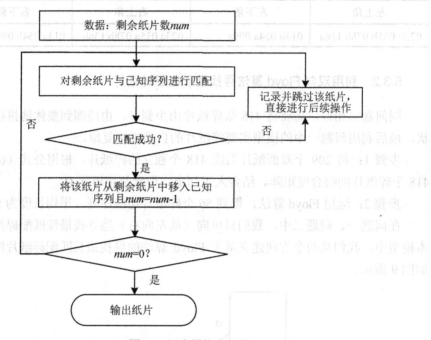

在拼接的过程中，总共进行了8次人工识别，得出了每22行的拼接序列，具体人工识别的图片编号见表15。

表15 人工干预的纸片及顺序

序号	1	2	3	4	5	6	7	8
编号	044b	129a	160a	073a	171a	174a	140b	111a

5.3.3 用Floyd算法求原文件的正反面及编号位置

在逐步筛选之后，我们得到了22组序列，其中11组为反面序列。对22组序列进行两两配对，建立22×22的邻接矩阵$\boldsymbol{D}$，如果能配对成功，则$D_{ij}=1$，否则为无穷大。将邻接矩阵$\boldsymbol{D}$代入问题二中的Floyd算法中，可以求得22组序列的正确排序和原文件的正反面及编号位置。用MATLAB 7.0求解，原文件图见附图5，得出的正确正反面序列见表16和表17。

表 16 双面打印中文碎纸片复原-a 面

1	2	3	4	5	6	7	8	9	10	11	12	13	14	15	16	17	18	19
136a	47b	20b	164a	81a	189a	29b	18a	108b	66b	110b	174a	183a	150b	155b	140b	125b	111a	78a
5b	152b	147b	60a	59b	14b	79b	144b	120a	22b	124a	192b	25a	44b	178b	76a	36b	10a	89b
143a	200a	86a	187a	131a	56a	138b	45b	137a	61a	94a	98b	121b	38b	30b	42a	84a	153b	186a
83b	39a	97b	175b	72a	93b	132a	87b	198a	181a	34b	156b	206a	173a	194a	169a	161b	11a	199a
90b	203a	162a	2b	139a	70a	41b	170a	151a	1a	166a	115a	65a	191b	37a	180b	149a	107b	88a
13b	24b	57b	142b	208b	64a	102a	17a	12b	28a	154a	197b	158b	58b	207b	116a	179a	184a	114b
35b	159b	73a	193a	163b	130b	21a	202b	53a	177a	16a	19a	92a	190a	50b	201b	31b	171a	146b
172b	122b	182a	40b	127b	188b	68a	8a	117a	167b	75a	63a	67b	46b	168b	157b	128b	195b	165a
105b	204a	141b	135a	27b	80a	0a	185b	176b	126a	74a	32b	69b	4b	77b	148a	85a	7a	3a
9a	145b	82a	205b	15a	101b	118a	129a	62b	52b	71a	33a	119b	160a	95b	51a	48b	133b	23a
54a	196a	112b	103b	55a	100a	106a	91b	49a	26a	113b	134b	104b	6b	123b	109b	96a	43b	99b

表 17 双面打印中文碎纸片复原-b 面

1	2	3	4	5	6	7	8	9	10	11	12	13	14	15	16	17	18	19
78b	111b	125a	140a	155a	150a	183b	174b	110a	66a	108a	18b	29a	189b	81b	164b	20a	47a	136b
89a	10b	36a	76b	178a	44a	25b	192a	124b	22a	120b	144a	79a	14a	59a	60b	147a	152a	5a
186b	153a	84b	42b	30a	38a	121a	98a	94b	61b	137b	45a	138a	56b	131b	187b	86b	200b	143b
199b	11b	161a	169b	194b	173b	206b	156a	34a	181b	198b	87a	132b	93a	72b	175a	97a	39b	83a
88b	107a	149b	180a	37b	191a	65b	115b	166b	1b	151b	170b	41a	70b	139b	2a	162b	203b	90a
114a	184b	179b	116b	207a	58a	158a	197a	154b	28b	12a	17b	102b	64b	208a	142a	57a	24a	13a
146a	171b	31a	201a	50a	190b	92b	19b	16b	177b	53b	202a	21b	130a	163a	193b	73b	159a	35a
165b	195a	128a	157a	168a	46a	67a	63b	75b	167a	117b	8b	68b	188a	127a	40a	182b	122a	172a
3b	7b	85b	148b	77a	4a	69a	32a	74b	126b	176a	185a	0b	80b	27a	135b	141a	204b	105a
23b	133a	48a	51b	95a	160b	119a	33b	71b	52a	62a	129b	118b	101a	15b	205a	82b	145a	9b
99a	43a	96b	109a	123a	6a	104a	134a	113a	26b	49b	91a	106b	100b	55b	103a	112a	196b	54b

六、模型的评价及推广

6.1 模型的评价

6.1.1 模型的优点

（1）本模型是由局部到整体、由简单到复杂逐步建立的且逐步完善，容易理解，应用性强。

（2）模型考虑全面，与实际联系紧密，具有较强的推广性。

（3）本文模型在基于0-1规划模型的同时又引入了Floyd算法，在对碎纸片拼接时具有快速高效的特点，为碎纸片的拼接复原提供了一种简单易行的方法。

6.1.2 模型的不足

因为信息量太少，所以某些碎纸片的识别过程需要进行人工干预。

6.2 模型的推广

本文中的0-1规划模型方法灵活，且便于用计算机求解，目前已成功应用于求解生产进度问题、旅行推销员问题、工厂选址问题、背包问题及分配问题等，有较强的推广性。

本文中采用的Floyd算法是一种动态规划法，是用来求最短路径问题的一个算法，容易理解，程序容易实现，可用来求任意两点之间的最短距离。

参考文献

[1] 孙亮，李敬文．一种简单的灰度图像边缘检测算法[J]．兰州交通大学学报，2013，32（1）：111-115.

[2] 罗智中．基于文字特征的文档碎纸片半自动拼接[J]．计算机工程与应用，2012，48（5）：207-210.

[3] 杨昆，徐静，张彦斌．基因选择的0-1规划模型和算法[J]．计算机工程与应用，2010，46（20）：184-187.

[4] 张德全，吴果林．最短路问题的Floyd算法优化[J]．许昌学院学报，2003，8（2）：10-13.

[5] 王江思，马传明，王文梅，等．基于SPSS和GIS的BP神经网络农用地适宜性评价[J]．地质科技情报，2013，32（2）：138-145.

[6] 王恺，王庆人，王文梅．中英文混合文章识别问题[J]．软件学报，2005，16（5）：786-798.

[7] 王宝全．汉字与英语拼音文字（字母）的对比研究[J]．经典阅读，2013（3）：223-223.

附录

1. 结果

（1）附图 1：附件 1 结果。

城上层楼叠巘。城下清淮古汴。举手揖吴云，人与暮天俱远。魂断。魂断。后夜松江月满。簌簌衣巾莎枣花。村南村北响缲车。牛衣古柳卖黄瓜。海棠珠缀一重重。清晓近帘栊。胭脂谁与匀淡，偏向脸边浓。小郑非常强记，二南依旧能诗。更有鲈鱼堪切脍，儿辈莫教知。自古相从休务日，何妨低唱微吟。天垂云重作春阴。坐中人半醉，帘外雪将深。双鬟绿坠。娇眼横波眉黛翠。妙舞蹁跹。掌上身轻意态妍。碧雾轻笼两凤，寒烟淡拂双鸦。为谁流睇不归家。错认门前过马。

我劝髯张归去好，从来自己忘情。尘心消尽道心平。江南与塞北，何处不堪行。闲离阻。谁念萦损襄王，何曾梦云雨。旧恨前欢，心事两无据。要知欲见无由，痴心犹自，倩人道、一声传语。风卷珠帘自上钩。萧萧乱叶报新秋。独携纤手上高楼。临水纵横回晚鞚。归来转觉情怀动。梅笛烟中闻几弄。秋阴重。西山雪淡云凝冻。凭高眺远，见长空万里，云无留迹。桂魄飞来光射处，冷浸一天秋碧。玉宇琼楼，乘鸾来去，人在清凉国。江山如画，望中烟树历历。省可清言挥玉尘，真须保器全真。风流何似道家纯。不应同蜀客，惟爱卓文君。自惜风流云雨散。关山有限情无限。待君重见寻芳伴。为说相思，目断西楼燕。莫恨黄花未吐。且教红粉相扶。酒阑不必看茱萸。俯仰人间今古。玉骨那愁瘴雾，冰姿自有仙风。海仙时遣探芳丛。倒挂绿毛么凤。

俎豆庚桑真过矣，凭君说与南荣。愿闻吴越报丰登。君王如有问，结袜赖王生。师唱谁家曲，宗风嗣阿谁。借君拍板与门槌。我也逢场作戏、莫相疑。晕腮嫌枕印。印枕嫌腮晕。闲照晚妆残。残妆晚照闲。可恨相逢能几日，不知重会是何年。茱萸仔细更重看。午夜风翻幔，三更月到床。簟纹如水玉肌凉。何物与侬归去、有残妆。金炉犹暖麝煤残。惜香更把宝钗翻。重闻处，余熏在，这一番、气味胜从前。菊暗荷枯一夜霜。新苞绿叶照林光。竹篱茅舍出青黄。霜降水痕收。浅碧鳞鳞露远洲。酒力渐消风力软，飕飕。破帽多情却恋头。烛影摇风，一枕伤春绪。归不去。凤楼何处。芳草迷归路。汤发云腴酽白，盏浮花乳轻圆。人间谁敢更争妍。斗取红窗粉面。炙手无人傍屋头。萧萧晚雨脱梧楸。谁怜季子敝貂裘。

（2）附图 2：附件 2 结果。

fair of face.

The customer is always right. East, west, home's best. Life's not all beer and skittles. The devil looks after his own. Manners maketh man. Many a mickle makes a muckle. A man who is his own lawyer has a fool for his client.

You can't make a silk purse from a sow's ear. As thick as thieves. Clothes make the man. All that glisters is not gold. The pen is mightier than sword. Is fair and wise and good and gay. Make love not war. Devil take the hindmost. The female of the species is more deadly than the male. A place for everything and everything in its place. Hell hath no fury like a woman scorned. When in Rome, do as the Romans do. To err is human; to forgive divine. Enough is as good as a feast. People who live in glass houses shouldn't throw stones. Nature abhors a vacuum. Moderation in all things.

Everything comes to him who waits. Tomorrow is another day. Better to light a candle than to curse the darkness.

Two is company, but three's a crowd. It's the squeaky wheel that gets the grease. Please enjoy the pain which is unable to avoid. Don't teach your Grandma to suck eggs. He who lives by the sword shall die by the sword. Don't meet troubles half-way. Oil and water don't mix. All work and no play makes Jack a dull boy.

The best things in life are free. Finders keepers, losers weepers. There's no place like home. Speak softly and carry a big stick. Music has charms to soothe the savage breast. Ne'er cast a clout till May be out. There's no such thing as a free lunch. Nothing venture, nothing gain. He who can does, he who cannot, teaches. A stitch in time saves nine. The child is the father of the man. And a child that's born on the Sab-

（3）附图 3。

便邮。温香熟美。醉慢云鬟垂两耳。多谢春工。不是花红是玉红。一颗樱桃樊素口。不爱黄金，只爱人长久。学画鸦儿犹未就。眉尖已作伤春皱。清泪斑斑，挥断柔肠寸。嗔人问。背灯偷揾拭尽残妆粉。春事阑珊芳草歇。客里风光，又过清明节。小院黄昏人忆别。落红处处闻啼鴂。岁云暮，须早计，要褐裘。故乡归去千里，佳处辄迟留。我醉歌时君和，醉倒须君扶我，惟酒可忘忧。一任刘玄德，相对卧高楼。记取西湖西畔，正暮山好处，空翠烟霏。算诗人相得，如我与君稀。约他年、东还海道，愿谢公、雅志莫相违。西州路，不应回首，为我沾衣。料峭春风吹酒醒。微冷。山头斜照却相迎。回首向来萧洒处。归去。也无风雨也无晴。紫陌寻春去，红尘拂面来。无人不道看花回。惟见石榴新蕊、一枝开。

缺月向人舒窈窕，三星当户照绸缪。香生雾縠见纤柔。搔首赋归欤。自觉功名懒更疏。若问使君才与术，何如。占得人间一味愚。海东头，山尽处。自古空槎来去。槎有信，赴秋期。使君行不归。别酒劝君君一醉。清润潘郎，又是何郎婿。记取钗头新利市。莫将分付东邻子。西塞山边白鹭飞。散花洲外片帆微。桃花流水鳜鱼肥。主人瞋小。欲向东风先醉倒。已属君家。且更从容等待他。愿我已无当世望，似君须向古人求。岁寒松柏肯惊秋。

水涵空，山照市。西汉二疏乡里。新白发，旧黄金。故人恩义深。谁道东阳都瘦损，凝然点漆精神。瑶林终自隔风尘。试看披鹤氅，仍是谪仙人。三过平山堂下，半生弹指声中。十年不见老仙翁。壁上龙蛇飞动。暖风不解留花住。片片著人无数。楼上望春归去。芳草迷归路。犀钱玉果。利市平分沾四坐。多谢无功。此事如何到得侬。元宵似是欢游好。何况公庭民讼少。万家游赏上春台，十里神仙迷海岛。

九十日春都过了，贪忙何处追游。三分春色一分愁。雨翻榆荚阵，风转柳花球。白雪清词出坐间。爱君才器两俱全。异乡风景却依然。团扇只堪题往事，新丝那解系行人。酒阑滋味似残春。

虽抱文章，开口谁亲。且陶陶、乐尽天真。几时归去，作个闲人。对一张琴，一壶酒，一溪云。相如未老。梁苑犹能陪俊少。莫惹闲愁。且折

（4）附图 4：附件 4 的结果。

bath day. No news is good news.

Procrastination is the thief of time. Genius is an infinite capacity for taking pains. Nothing succeeds like success. If you can't beat em, join em. After a storm comes a calm. A good beginning makes a good ending.

tomorrow the tear. All that glitters is not gold. Discretion is the better part of valour. Little things please little minds. Time flies. Practice what you preach. Cheats never prosper.

The early bird catches the worm. It's the early bird that catches the worm. Don't count your chickens before they are hatched. One swallow does not make a summer. Every picture tells a story. Softly, softly, catchee monkey. Thought is already is late, exactly is the earliest time. Less is more.

A picture paints a thousand words. There's a time and a place for everything. History repeats itself. The more the merrier. Fair exchange is no robbery. A woman's work is never done. Time is money.

Nobody can casually succeed, it comes from the thorough self-control and the will. Not matter of the today will drag tomorrow. They that sow the wind, shall reap the whirlwind. Rob Peter to pay Paul. Every little helps. In for a penny, in for a pound. Never put off until tomorrow what you can do today. There's many a slip twixt cup and lip. The law is an ass. If you can't stand the heat get out of the kitchen. The boy is father to the man. A nod's as good as a wink to a blind horse. Practice makes perfect. Hard work never did anyone any harm. Only has compared to the others early, diligently

（5）附图 5：附件 5 的结果。

He who laughs last laughs longest. Red sky at night shepherd's delight; red sky in the morning, shepherd's warning. Don't burn your bridges behind you. Don't cross the bridge till you come to it. Hindsight is always twenty-twenty.

Never go to bed on an argument. The course of true love never did run smooth. When the oak is before the ash, then you will only get a splash; when the ash is before the oak, then you may expect a soak. What you lose on the swings you gain on the roundabouts.

Love thy neighbour as thyself. Worrying never did anyone any good. There's nowt so queer as folk. Don't try to walk before you can crawl. Tell the truth and shame the Devil. From the sublime to the ridiculous is only one step. Don't wash your dirty linen in public. Beware of Greeks bearing gifts. Horses for courses. Saturday's child works hard for its living.

Life begins at forty. An apple a day keeps the doctor away. Thursday's child has far to go. Take care of the pence and the pounds will take care of themselves. The husband is always the last to know. It's all grist to the mill. Let the dead bury the dead. Count your blessings. Revenge is a dish best served cold. All's for the best in the best of all possible worlds. It's the empty can that makes the most noise. Never tell tales out of school. Little pitchers have big ears. Love is blind. The price of liberty is eternal vigilance. Let the punishment fit the crime.

The more things change, the more they stay the same. The bread always falls buttered side down. Blood is thicker than

What can't be cured must be endured. Bad money drives out good. Hard cases make bad law. Talk is cheap. See a pin and pick it up, all the day you'll have good luck; see a pin and let it lie, bad luck you'll have all day. If you pay peanuts, you get monkeys. If you can't be good, be careful. Share and share alike. All's well that ends well. Better late than never. Fish always stink from the head down. A new broom sweeps clean. April showers bring forth May flowers. It never rains but it pours. Never let the sun go down on your anger.

Pearls of wisdom. The proof of the pudding is in the eating. Parsley seed goes nine times to the Devil. Judge not, that ye be not judged. The longest journey starts with a single step. Big fish eat little fish. Great minds think alike. The end justifies the means. Cowards may die many times before their death. You can't win them all. Do as I say, not as I do. Don't upset the apple-cart. Behind every great man there's a great woman. Pride goes before a fall.

You can lead a horse to water, but you can't make it drink. Two heads are better than one. March winds and April showers bring forth May flowers. A swarm in May is worth a load of hay; a swarm in June is worth a silver spoon; but a swarm in July is not worth a fly. Might is right. Let bygones be bygones. It takes all sorts to make a world. A change is as good as a rest. Into every life a little rain must fall. A chain is only as strong as its weakest link.

Don't look a gift horse in the mouth. Old soldiers never die, they just fade away. Seeing is believing. The opera ain't over till the fat lady sings. Silence is golden. Variety is the

2. 附表

附表 1 边界确定法复原的正面匹配序列（中间结果）

编号	匹配序列																		
1	007	015	171	297	154	008	138	064	149	253	352								
2	011	305	295	120	119	029	159	289	240	045	248	385	050						
3	018	291	164	411	030	203	236												
4	047	266	096	103	190	321													
5	071	319																	
*6	108	392	225	207	110	200	212	183	098	052	227	269	209	013	247	219	192	087	199
7	157	223																	
*8	177	214	299	360	075	382	131	231	333	003	303	341	082	141	279	004	325	407	180
9	178	021	072	153	356	088													
10	211	408	283	270	055	160	000	371	334	235	017	137	376	254	080	365	244	344	
*11	228	369	359	233	414	116	316	394	309	057	024	035	205	129	416	284	114	048	026
12	272	095	041	328	162	378	059	036	217	133	221								
13	292	343																	
*14	345	245	364	081	255	377	136	016	234	335	150	126	135	093	337	315	257	391	330
*15	373	306	169	085	060	076	242	196	189	123	275	090	276	113	263	375	173	401	287
*16	399	023	322	339	389	347	413	312	068	363	397	174	265	186	145	350	194	079	166

附表 2 根据边界确定法复原的反面匹配序列（中间结果）

编号	匹配序列																		
1									353	252	148	065	139	009	155	296	170	014	006
2								051	384	044	241	288	158	028	118	121	294	304	010
3													237	202	031	410	165	290	019
4														320	191	102	097	267	046
5																		318	070
*6	198	086	193	218	246	012	208	268	226	053	099	182	213	201	111	206	224	393	109
7																		222	156
*8	181	406	324	005	278	140	083	340	302	002	332	230	130	383	074	361	298	215	176
9														089	357	152	073	020	179
10												370	001	161	054	271	282	409	210
*11	027	049	115	285	417	128	204	034	023	056	308	395	317	117	415	232	358	368	229
12									220	132	216	037	058	379	163	329	040	094	273
13																		342	293
*14	331	390	256	314	336	092	134	127	151	334	235	017	137	376	254	080	365	244	344
*15	286	400	172	374	262	112	277	091	274	122	188	197	243	077	061	084	168	307	372
*16	167	078	195	351	144	187	264	175	396	362	069	313	412	346	388	338	323	022	398

注 附表 1 和附表 2 是中间结果，没有将数值改为编号形式。

【论文评述】

本文运用0-1规划数学模型并结合Floyd算法，很好地解决了题目要求的三个问题，叙述清楚，层次分明，计算结果合理，格式规范。

本文针对第一个问题，首先利用序列的相似性作为两个纸片之间的吻合度，然后以纸片拼接完成的最低总吻合度为目标建立0-1规划的优化模型，最后利用贪心算法求解得出正确的纸片还原策略。总的来说，这种解法简单可靠，当纸张碎化不严重时可采取这种可行性较高的策略。

对于问题二和问题三，由于需要考虑横向和纵向拼接问题，两个步骤无法同时进行，且纸片左右两侧的灰度信息较为丰富，故采用“两步走”的策略，即先横向拼接，后纵向拼接。再次建立0-1规划的优化模型，对碎纸片进行横向匹配，然后采用图论中Floyd最短路径算法和聚类分析横向连接纸片，由此得到拼接完整的横向纸条，最后，按照0-1规划的优化模型和Floyd算法对所有横向纸条进行纵向拼接处理，得到完全正确的复原纸片。对于与实际问题类似的问题二和问题三，纸片的上下边界信息缺乏，左右边界信息丰富，拼接复原时采用“两步走”策略无疑是一种较为优化的方式。此外，模型求解利用易于实现、复杂度低和优化效率高的Floyd算法，为纸片复原提供了一种高效、可行的实现方式。问题三仅人工干预8次就是一个模型和算法较好的证明。

该组同学比较擅长智能算法的设计，对于求解复杂的优化问题可以做到计算高效、结果可靠。

（戴晨曦　罗万春）

2014年B题

创意平板折叠桌

某公司生产一种可折叠的桌子，桌面呈圆形（图1），桌腿随着铰链的活动可以平摊成一张平板（图2）。桌腿由若干根木条组成，分成两组，每组各用一根钢筋将木条连接，钢筋两端分别固定在桌腿各组最外侧的两根木条上，并且沿木条有空槽以保证滑动的自由度（图3）。桌子外形由直纹曲面构成，造型美观。附件视频展示了折叠桌的动态变化过程。

图1

图2

试建立数学模型讨论下列问题：

问题一：给定长方形平板尺寸为120cm × 50cm × 3cm，每根木条宽2.5cm，连接桌腿木条的钢筋固定在桌腿最外侧木条的中心位置，折叠后桌子的高度为53cm。

试建立模型描述此折叠桌的动态变化过程，在此基础上给出此折叠桌的设计加工参数（例如桌腿木条开槽的长度等）和桌脚边缘线（图 4 中红色曲线）的数学描述。

问题二： 折叠桌的设计应做到产品稳固性好、加工方便、用材最少。对于任意给定的折叠桌高度和圆形桌面直径的设计要求，讨论长方形平板材料和折叠桌的最优设计加工参数，例如平板尺寸、钢筋位置、开槽长度等。对于桌高为 70cm、桌面直径为 80cm 的情形，确定最优设计加工参数。

问题三： 公司计划开发一种折叠桌设计软件，根据客户任意设定的折叠桌高度、桌面边缘线的形状大小和桌脚边缘线的大致形状，给出所需平板材料的形状尺寸和切实可行的最优设计加工参数，使得生产的折叠桌尽可能接近客户所期望的形状。你们团队的任务是给出这一软件设计的数学模型，并根据所建立的模型给出几个你们自己设计的创意平板折叠桌。要求给出相应的设计加工参数，画出至少 8 张动态变化过程中的示意图。

图 3

图 4

注：因篇幅原因，文中提及并未列出的“附件”均为题目自带，有需要的读者可在全国大学生数学建模竞赛官方网站（http://www.mcm.edu.cn/index_cn.html）上下载。

2014 年 B 题　全国一等奖

基于几何关系的折叠桌设计优化方案

参赛队员：邵　辉　黄嘉诚　王家瑞

指导教师：周　彦

摘　要

本题主要研究平板折叠桌的制作原理，通过数学模型来描述平板折叠桌的设计参数及动态变化过程，并且对其加工参数、桌面形状以及美观度进行创新和优化设计。

问题一：我们首先以长方形平板为中心、以平板宽度为直径作一个圆与平板长相切，再根据木条宽度和平板宽度关系将平板切割成 20 等份，过每一根木条与圆同侧的两个交点连线的中点进行垂直切割，便得到一侧的桌腿，另一侧同理。由于桌腿的长度固定，故只需计算桌子折叠过程中每根木条与竖直方向夹角的动态变化即可。因此，利用三角函数找到最外侧木条与竖直方向夹角α和同侧其余木条与竖直方向夹角β_i之间的数学关系，用 MATLAB 7.0 计算出木条的开槽长度，因为同侧木条开槽长度是对称的，故只需计算最外侧到中间 10 根木条的开槽长度，它们依次为 0、4.31cm、7.04cm、8.98cm、11.29cm、13.18cm、14.68cm、15.81cm、16.61cm、17.08cm。最后，以折叠桌下桌板中心为坐标原点建立空间直角坐标系，通过数学关系的推导得到边缘线模型，并用 MATLAB 7.0 描点观察（图 8），结果合理可信。

问题二：分析折叠桌的参数可知，仅有r、h两个参数是已经给出的，故我们需要利用优化模型确定其他参数，即木条数、钢筋位置占桌腿比例、桌长的一半（n、k、b），从而计算出具体加工参数，即木条长度和开槽长度。考虑到折叠桌的稳固性、加工方便程度、用料等方面，我们构建了目标函数。进一步分析得到，稳固性的衡量包括重心位置和β_i正负角个数两个因素；而加工方便程度与木条根数和开槽总长度有关；用料与木板体积有关。我们对各分目标函数进行归一化处理，并相加得到总目标函数，建立折叠桌设计的优化模型，用 MATLAB 7.0 求解。最后得出：对于桌高为 70cm、桌面直径为 80cm 的情况，长方形平板尺寸为$162\text{cm}\times 80\text{cm}\times 3\text{cm}$，平板状态时桌面中心距离钢筋 40.5cm，同侧桌腿最外侧到中间木条的开槽长度依次为 0、6.71cm、10.69cm、15.41cm、19.39cm、22.61cm、25.12cm、26.99cm、28.28cm、29.04cm，结果合理可靠。

问题三：我们综合问题一、问题二，采用了五种不同形状的桌面模型（包括圆形、椭圆、正六边形、正八边形、正四边形桌面）进行计算。合理给出初值高度和宽度，刻画桌面边缘函数，之后用优化模型搜索最佳参数，利用参数计算得到开槽长度和木条长度，并用 MATLAB 7.0 进行动态模拟和评估，匹配效果较好（图 14）。

关键词：折叠桌 开槽 动态模拟 优化 桌脚边缘曲线 目标设计

一、问题重述

某公司生产的一种圆形桌面折叠桌，桌腿被分为两组，各组各用一根钢筋将木条连接，沿木条有空槽可使钢筋滑动，而钢筋两端分别固定在桌腿各组最外侧的两根木条上。折叠桌可由原来的一个平板经过动态变化变成一个稳定的木桌。

试建立数学模型讨论下列问题：

问题一：给定长方形平板尺寸为$120\ \text{cm}\times 50\ \text{cm}\times 3\ \text{cm}$，每根木条宽 2.5cm，连接桌腿木条的钢筋固定在桌腿最外侧木条的中心位置，折叠后桌子的高度为 53cm。试建立模型描述此折叠桌的动态变化过程，在此基础上给出此折叠桌的设计加工参数（例如桌腿木条开槽的长度等）和桌脚边缘线（图 4 中红色曲线）的数学描述。

问题二：折叠桌的设计应做到产品稳固性好、加工方便、用材最少。对于任意给定的折叠桌高度和圆形桌面直径的设计要求，讨论长方形平板材料和折叠桌的最优设计加工参数，例如平板尺寸、钢筋位置、开槽长度等。对于桌高为 70cm、桌面直径为 80cm 的情形，确定最优设计加工参数。

问题三：公司计划开发一种折叠桌设计软件，根据客户任意设定的折叠桌高度、桌面边缘线的形状大小和桌脚边缘线的大致形状，给出所需平板材料的形状尺寸和切实可行的最优设计加工参数，使得生产的折叠桌尽可能接近客户所期望的形状。你们团队的任务是给出这一软件设计的数学模型，并根据所建立的模型给出几个你们自己设计的创意平板折叠桌。要求给出相应的设计加工参数，画出至少 8 张动态变化过程中的示意图。

二、模型假设

（1）题目所给的数据真实可靠。

（2）木条质地均匀，表面平整，具有一定刚性，不会被轻易折断。

（3）所有木条接触紧密，且比较光滑，阻碍较小。

（4）客户任意给出的折叠桌相关要求符合实际，切实可行。

（5）忽略切割木条时损失的木料，即认为木条与木条间无缝隙。

三、符号说明

（1）L_i：第 i 根木条的长度。

（2）α：最外面那根木条与竖直方向的夹角。

（3）β_i：第 i 根木条与竖直方向的夹角，记 $\beta_1=\alpha$。

（4）S_i：第 i 根木条留在圆桌上部分长度的一半。

（5）d_i：第 i 根木条的开槽长度。

（6）a：每根木条的宽度。

（7）b：长方形木板长度的一半。

（8）c：平板状态下中心至钢筋的距离。

（9）h：桌面的高度。

（10）D：稳定状态下两侧最外面木条边缘之间的距离。

（11）r：圆形桌面的半径或非圆时桌宽的一半。

（12）μ：每根木条的厚度。

（13）n：木条的根数。

（14）k：钢筋位置分桌腿的比例。

四、问题分析

4.1 问题一

已知折叠桌的折叠是一个动态变化的过程，长方形平板的尺寸以及折叠后桌子高度均已给出，根据所给数据和信息，我们欲以最外侧一根木条为准，通过各木条与竖直方向夹角间的关系来描述折叠桌的动态变化过程，在此基础上即可求出折叠桌的设计加工参数。

我们以桌子的 1/4 为研究对象，再对称即得所有。

首先，求出每一根木条的长度。我们以长方形平板的中心为圆心、以宽度为直径作圆内切于长方形平板。通过观察数据，我们发现长方形平板刚好可以被切割 19 次，即一共有 20 根木条，过木条与圆交点连线的中点作垂直方向切割，再利用几何关系和勾股定理依次计算出每一根木条的长度。

然后，分别求出最外侧木条和同侧其余木条与竖直方向夹角之间的关系。由于折叠桌木条长度是确定的，只需确定出木条与竖直方向的夹角就可以描述折叠桌的动态变化过程。已知折叠后桌子高度和最外面木条的长度，利用三角函数可以得到最外面木条与竖直方向的夹角，并根据几何关系找到最外侧木条和同侧其余木条与竖直方向夹角之间的关系，以最外侧木条的角度为自变量，同侧其余木条的角度为因变量，建立方程以描述任意动态过程中木条的位置。

接下来要算出桌腿木条开槽长度。将桌面中心和每一根木条的垂直切割线中心、平板状态下钢筋位置向水平方向投影，将钢筋的理想运动轨迹和实际运动轨迹分别描绘出来，找到折叠桌放置稳定后的状态，相邻轨迹之间的最大距离即该根木条的开槽长度。

最后拟合出桌脚边缘线曲线方程。以折叠桌的中心为坐标原点，木条切割方向为 x 轴，垂直直径方向为 y 轴，建立空间直角坐标系，可通过几何关系找出桌角边缘线曲线方程，也可分别求出边缘线上的点的坐标。

4.2 问题二

这是一个优化问题，对于给定的折叠桌高度和圆形桌面直径的设计要求，依据相关限制条件，进行合理范围内的搜索最优，保证达到产品稳固性好、加工方便、用材最少三方面的要求。

4.3 问题三

问题三是基于问题一对问题二进行的推广。根据客户给定的折叠桌高度、桌面边缘线的形状大小和桌脚边缘线的大致形状，确定桌面半径和桌子高度，利用优化模型，确定其他参数，再进行计算，得到最终的开槽长度和木棍长度，并用 MATLAB 7.0 进行模拟、分析，得出结果。此外，根据桌脚边缘线的形状得到函数表达式，也可以确定桌板的长度，因此我们利用这一点进行结果的评价，以得到吻合度。

五、模型的建立与求解

5.1 问题一：基于几何关系的折叠桌动态变化模型建立与求解

题目要求我们通过建立数学模型来描述折叠桌的动态变化过程，并给出创意平板折叠桌的设计加工参数，因此我们创新地采用一种新的切割方法得到圆形桌面，且能有效减少误差，并根据其几何关系，建立数学模型来解决问题。

5.1.1 作内切圆，将平板分成 20 根木条

题目没有具体给出长方形平板的切割方式，因此我们用最大内切圆的方法进行切割。我们以长方形木板的中心为圆心、以木板宽度为直径，与木板的长边内切作圆，得到半径为 25cm 的内切圆。然后分析数据，我们发现长方形木板的宽度正好是木条宽的 20 倍，所以我们将木板进行 20 等分切割。若由外向内依次切割，每一条切割线与其上一条切割线分别与圆各有一个交点，以两交点的中点作一条垂直于两条切割线的线，该条垂线即该根木条的纵向切割线，纵向切割线至木板边缘即为木条，另一段至木板中心即为留在圆形桌面的部分，以此类推将长方形平板切割成一个圆形桌面，如图 1 所示。

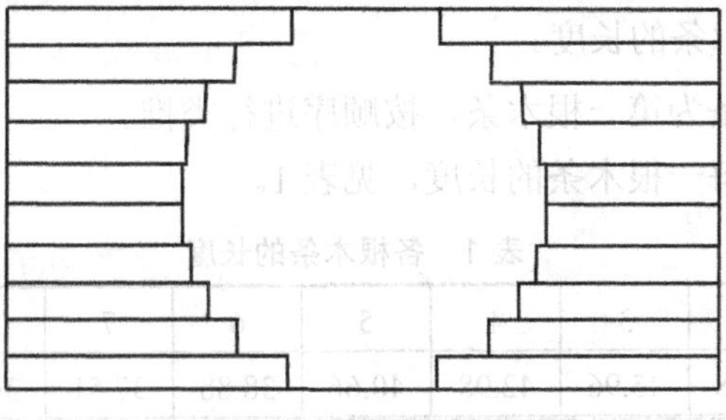

图 1　木板切割示意图

为了方便下文进行描述，我们在这里给出一个定义——切割点：过相邻两条水平切割线与圆交点之间的连线中点，作一条垂直于两条水平切割线的垂线，该垂线与圆弧的交点为切割点。

5.1.2 求出每一根木条的长度

根据几何关系，利用勾股定理和三角函数求出每一根木条的长度，如图 2 所示。

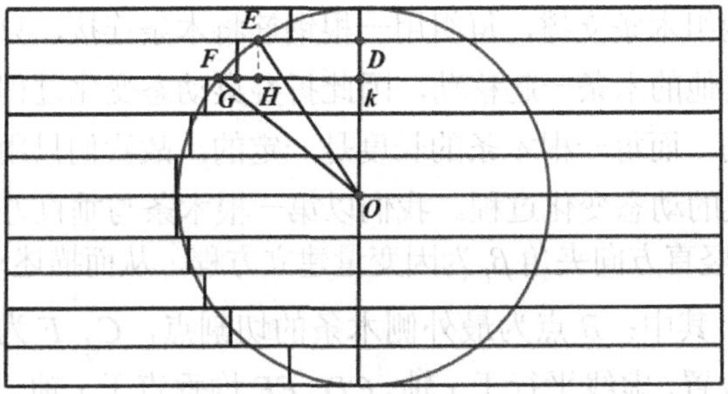

图 2　木条长度几何关系图

由图2得到

$$ED=\sqrt{OE^2-(OE-DK)^2}=\sqrt{25^2-(25-2.5)^2}$$

$$FK=\sqrt{OG^2-(OG-2DK)^2}=\sqrt{25^2-(25-2\times 2.5)^2}$$

$$HK=\frac{FK-ED}{2}+ED=\frac{FK+ED}{2}$$

由此类推可得

$$S_i=\frac{\sqrt{\left(625-(25-2.5i)^2\right)}}{2}+\frac{S_{i-1}}{2} \tag{1}$$

$$L_i=60-S_i \tag{2}$$

其中：

S_i——第 i 根木条留在圆桌上长度的一半。

L_i——第 i 根木条的长度。

记最外面的木条为第一根木条，按顺序进行类推。

根据上式算出每一根木条的长度，见表1。

表1 各根木条的长度 单位：cm

编号	1	2	3	4	5	6	7	8	9	10
长度	54.55	49.78	45.96	42.98	40.66	38.88	37.51	36.51	35.82	35.41
编号	11	12	13	14	15	16	17	18	19	20
长度	35.41	35.82	36.51	37.51	38.88	40.66	42.98	45.96	49.78	54.55

由表1得出最外面一根木条的长度为54.55cm，而折叠桌的实际高度为折叠桌高减去木条的厚度，为50cm，最外面木条长度是大于50cm的，故我们的切割方法是可行的。

5.1.3 建立折叠桌动态变化模型

由于桌子由两组木条支撑，每组用一根钢筋将木条连接，只要最外侧木条发生移动，就会带动其他的木条一起移动，因此折叠桌动态变化过程中木条与竖直方向的夹角 α 是变化的，而每一根木条的长度是一定的，故我们只用研究角度的变化关系就可描述折叠桌的动态变化过程。我们以第一根木条与垂直方向的夹角 α 为自变量，第 i 根木条与竖直方向夹角 β_i 为因变量建立方程，从而描述动态变化过程。

如图3所示，其中：B 点为最外侧木条的切割点，C、F 为另外两个切割点，G 点为钢筋所在位置，虚线平行于 x 轴，CD、FE 均垂直于 x 轴，$BC=k$，$MG=S$，

$BM = h$， $BG = \dfrac{l}{2}$， $CG = \dfrac{l_i}{2}$， $DG = S - k$ 。

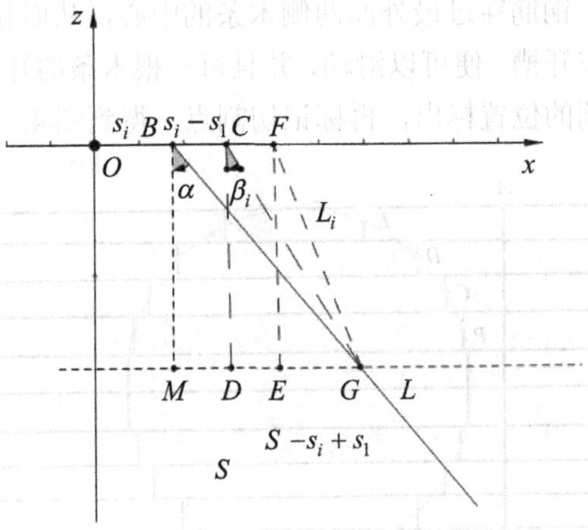

图 3 折叠桌正面观

利用几何关系找到

$$\begin{cases} \cos\alpha = \dfrac{h}{l/2} \\ \sin\alpha = \dfrac{S}{l/2} \\ \tan\beta_i = \dfrac{S-k}{h} \end{cases} \tag{3}$$

联立解得

$$\beta_i = -\arctan\left(\tan\alpha - \frac{2(S_i - S_1)}{l\cos\alpha}\right) \tag{4}$$

在上述两式中 α 可以根据折叠桌的高度算得：

$$\cos\alpha = \frac{h}{L_1} \tag{5}$$

但是折叠桌的高度为 53cm，而木条的厚度为 3cm，故折叠桌的下表面距地面 50cm。

在折叠桌的动态变化过程中，由于最外面木条长 L_1 是保持不变的，而随着高度的改变，α 也在不断变化，从而可引起内部木条的 β_i 一起变化，所以式（4）可以描述出折叠桌的动态变化过程。

5.1.4 计算木条的开槽长度

根据题意可知，钢筋穿过最外面两侧木条的中心，从而起到固定的作用，而中间的木条由于存在开槽，便可以滑动，并且每一根木条的开槽长度是不一样的。

我们首先把钢筋的位置标出，再标记切割点，得到图4。

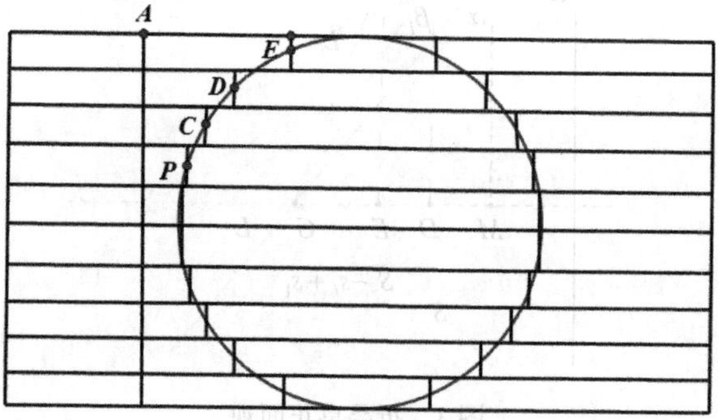

图4 木板示意图

然后将木板向水平方向投影，各切割点依次投影至水平线上，分别以这些切割点的投影点为圆心、以投影点到钢筋的距离为半径作圆。此圆即为钢筋在不发生滑动情况下的理想运动路径。但实际上，钢筋固定在最外侧木条上，故其运动轨迹是由最外侧木条来决定的，所以相邻轨迹之间的最大距离（钢筋的最大位移）即该木条的最小开槽长度，如图5所示。

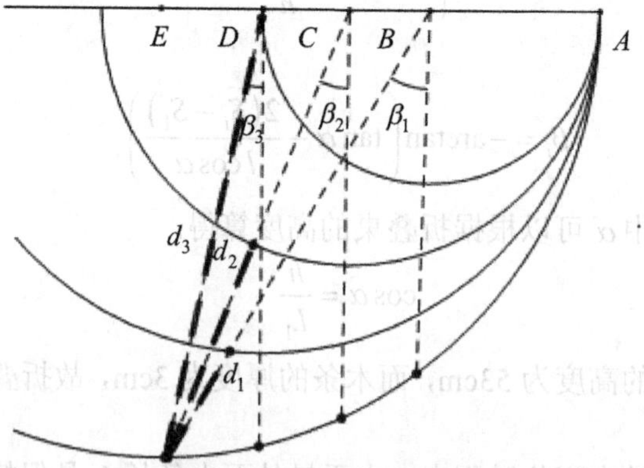

图5 投影后折叠桌示意图

A 为钢筋起始位置，B、C、D 分别为第1、2、3根木条切割点。

如图6所示，C 为钢筋起始位置，A、B 分别为第1、2根木条切割点。用正

弦定理可得

$$\frac{r_2-r_1}{\sin\theta}=\frac{r_2}{\sin\delta}=\frac{d+r_1}{\sin\gamma} \tag{6}$$

而 β_i 在上文已求出，便可推导出开槽长度为

$$d_i=\frac{(r_2-r_1)\cos\beta_i\cos\left(\frac{\pi}{2}-\beta_i\right)}{r_2}+\sin\left(\frac{\pi}{2}-\beta_i\right)\frac{r_2}{\cos\beta_i}\sqrt{\left(1-\left(\frac{r_2-r_1}{r_2}\cos\beta_i\right)^2\right)}-r_1 \tag{7}$$

其中

$$r_2=30-S_1$$
$$r_1=30-S_i$$

式中，d_i 为第 i 根木条的开槽长度。

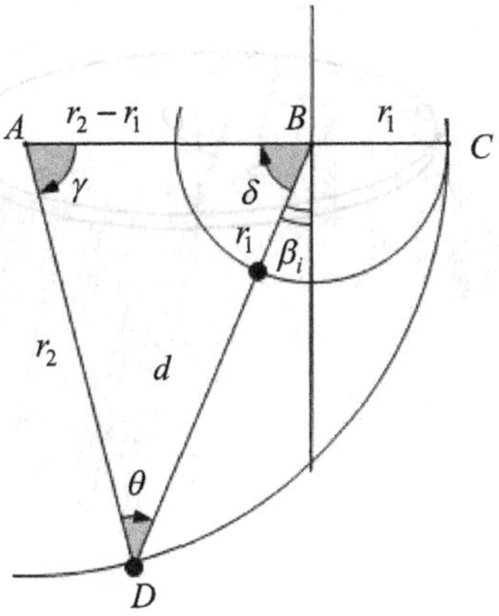

图 6 钢筋运动轨迹

对式（7）求导，开槽长度的极值点为 0 和 $\frac{\pi}{2}$，因此在求解相邻两圆间最大距离时要分两种情况。

（1）当 $0<\beta_i<\frac{\pi}{2}$ 时，开槽长度为折叠桌稳定状态下，相邻两圆之间的距离。

（2）当 $\beta_i\geqslant\frac{\pi}{2}$ 时，木条的开槽长度为 β_i 取 $\frac{\pi}{2}$ 时对应的相邻两圆间的距离。

综上所述，每根木条的开槽长度见表 2。

从表 2 我们观察到最外侧木条的开槽长度为 0，而最大开槽长度为 17.08cm，均符合实际情况，数据合理。

表2 每根木条的开槽长度 单位：cm

编号	1	2	3	4	5	6	7	8	9	10
槽长	0	4.31	7.04	8.98	11.29	13.18	14.68	15.81	16.61	17.08
编号	11	12	13	14	15	16	17	18	19	20
槽长	17.08	16.61	15.81	14.68	13.18	11.29	8.98	7.04	4.31	0

5.1.5 建立桌角边缘线模型

以折叠桌的中心为坐标原点，以木条方向为x轴，以垂直直径方向为y轴，建立空间直角坐标系，如图7所示。

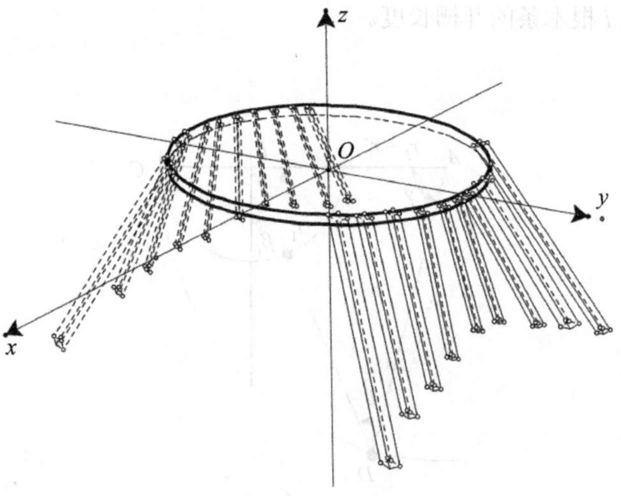

图7 空间直角坐标系示意图

求出边缘线上点的坐标表达，并通过几何关系找出桌角边缘线曲线方程。以任意一根木条为例，如图8所示。

B点为第i根木条的切割点，AB为其相对应的木条。根据几何关系，我们可以得到

$$\begin{cases} z^2+(x-S_i)^2=(60-S_i)^2 \\ 25^2-y^2=S_i^{\,2} \end{cases} \tag{8}$$

其中，S_i为第i根木条留在圆桌上长度的一半。

联立可以得到桌角边缘线的曲面方程：

$$z^2=-120\sqrt{(25^2-y^2)}-x^2+2x\sqrt{25^2-y^2}+3600 \tag{9}$$

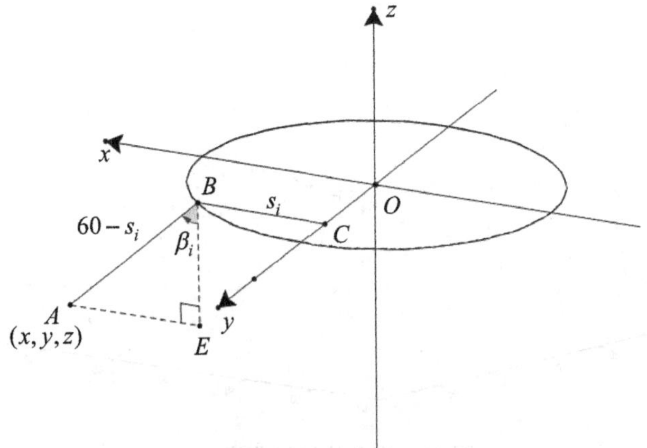

图 8　桌角边缘点坐标

用 MATLAB 7.0 画出桌角边缘线的曲面方程图，如图 9 所示。

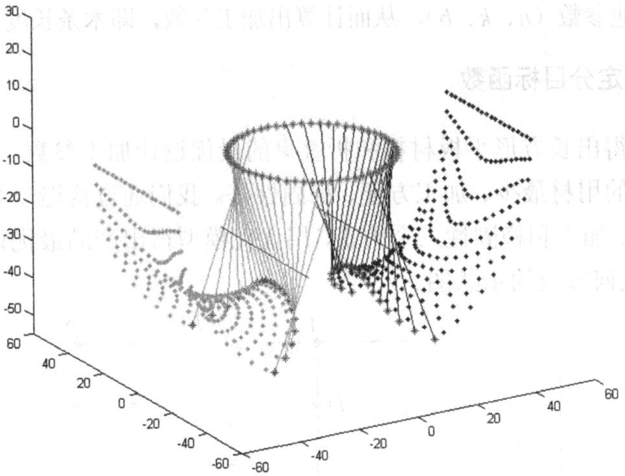

图 9　桌角边缘线曲面

图 9 两侧图形为桌角边缘线的运动轨迹，构成了一个曲面。但是这样的点是连续的，而桌角边缘的点是离散的，因此我们把折叠桌维持在稳定状态下，将最终曲面上的点分离，得到桌角边缘线的曲线图，如图 10 所示。

通过以上模型的建立与求解，我们很好地描述了折叠桌的动态变化过程，求出每一根木条的开槽长度，并用函数关系描述出桌脚边缘线，结果均符合实际，具有合理性。

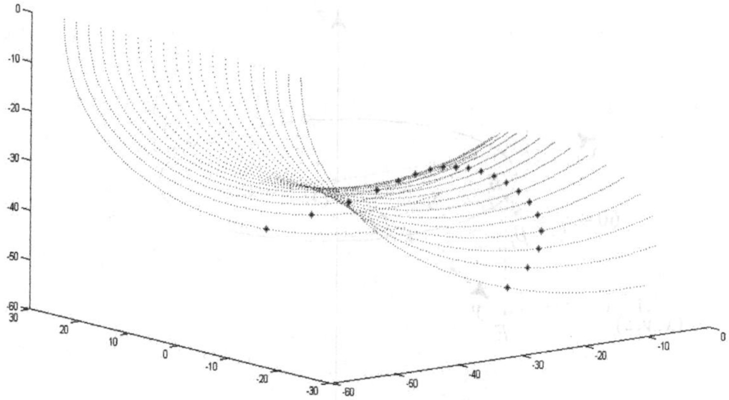

图 10 桌角边缘线曲线

5.2 问题二：折叠桌设计优化模型建立与求解

分析折叠桌的参数可知，仅有 r、h 两个参数是顾客给出的，故我们需要利用优化模型确定其他参数（n、k、b），从而计算出加工参数，即木条长度和开槽长度。

5.2.1 确定分目标函数

题目要求得出长方形平板材料和折叠桌的最优设计加工参数，因此我们的目标函数为产品的用材最少、加工方便、稳固性好。我们通过构造一个函数关系式，综合考虑用料、加工和稳固性三个因素，用优化模型得出产品最优设计加工参数。图 11 为各个几何参数的示意图。

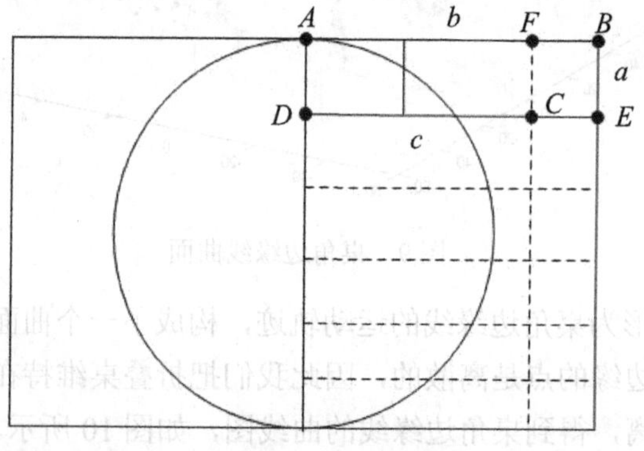

图 11 几何参数示意图

（1）用料：木材的用料是由木板的长、宽、高来决定的。要使得用料最省，则在满足题目所给条件的前提下，使木板的体积最小，即

$$V = 4rb\mu \tag{10}$$

（2）加工。

1）木条根数。根据经验得知，木条的根数越少，切割次数越少，加工越方便，即

$$n = \frac{2r}{a} \quad (n \in \mathrm{N}^*,\ n \geqslant 2) \tag{11}$$

2）开槽长度。每一根木条的开槽长度是不一样的，将所有木条的开槽长度相加得到总开槽长度，当总开槽长度最小时，加工工程量最小，去皮也最少。由上文得出每一根木条的开槽长度为

$$d_i = \frac{(r_2 - r_1)\cos\beta_i \cos\left(\frac{\pi}{2} - \beta_i\right)}{r_2} + \sin\left(\frac{\pi}{2} - \beta_i\right)\frac{r_2}{\cos\beta_i}\sqrt{\left(1 - \left(\frac{r_2 - r_1}{r_2}\cos\beta_i\right)^2\right)} - r_1 \tag{12}$$

其中

$$r_2 = c - S_1$$

$$r_1 = c - S_n$$

$$S_i = \frac{\sqrt{r^2 - (r - ai)^2}}{2}$$

式中，d_i 为第 i 根木条的开槽长度。

要使得总开槽长度最小，对 d_i 累加使总开槽长度最小。

（3）稳固性。

1）重心稳定。我们认为，当圆形桌面的投影恰好与四个桌脚连线构成的矩形外切时，折叠桌的稳固性最好，此时四个桌角正好是正方形的四个顶点。折叠桌的正面观如图 12 所示。

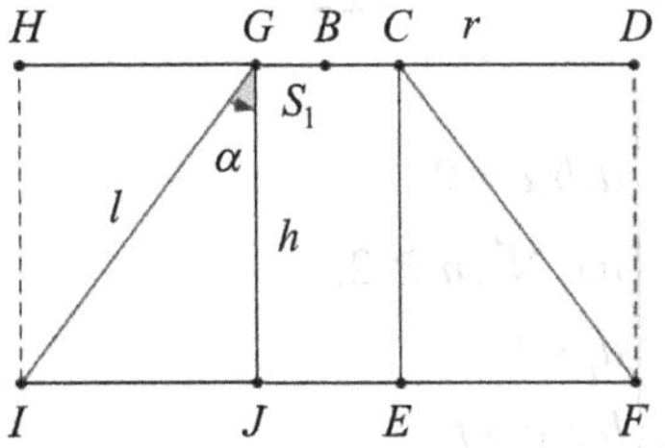

图 12　折叠桌正面观

根据几何关系可得到

$$D = 2(L_1\sin\alpha + S_1) \tag{13}$$

当折叠桌稳固性最好时，$D = 2r$，但不一定是最优解，因为还有其他因素来

限制目标函数，故只需让$(D-2r)^2$的值趋近于0即可满足要求，即

$$(D-2r)^2 \to 0 \tag{14}$$

2）正负角个数平衡。对钢筋进行受力分析可知，钢筋的受力平衡与木条和钢筋之间夹角的正负有关，我们规定木条向里的角度为负、向外为正，当正角度和负角度的角度个数相近时，我们认为木条的稳固性较好，即

$$N = N(\beta^-) - N(\beta^+) \tag{15}$$

5.2.2 分目标函数归一化处理

由于目标函数有三个分目标，每一个目标函数的量纲不同，故我们对分目标函数进行归一化处理。

对于样本数据$x(n)$，$n=1,2,\cdots,N$，可以采用均值法，该法可将数据归一化到任意范围内。

$$y(k) = A\frac{x(k)}{\bar{x}},\ k=1,2,\cdots,N,\ \bar{x} = \frac{1}{N}\sum_{i=1}^{N} x(i) \tag{16}$$

5.2.3 确定总目标函数

将归一化处理过的三个分目标函数相加，得到总目标函数，要满足产品稳固性好、加工方便、用料最少三个条件，即使总目标函数最小，则

$$F = \sum_{j=1}^{3} f_j \tag{17}$$

5.2.4 折叠桌设计优化模型的建立与求解

确定了总目标函数后，通过寻找约束条件，建立折叠桌设计优化模型。

$$\min F = \sum_{j=1}^{3} f_j \tag{18}$$

$$s.t.\begin{cases} a,b,c>0, \\ n\in \mathrm{N}^*, n\geqslant 2, \\ d_i<l, \\ b>c>r, \\ \alpha\in\left[0,\dfrac{\pi}{2}\right], \beta_i\in\left[-\dfrac{\pi}{2},\dfrac{\pi}{2}\right], \\ l\geqslant h, \\ c>d_i \end{cases} \tag{19}$$

用 MATLAB 7.0 进行求解，得到

$$a = 4, b = 81, c = 40.5, n = 20, u = 3$$

因此，长方形平板尺寸为$162\text{cm} \times 80\text{cm} \times 3\text{cm}$，平板状态时中心到钢筋的距离为 40.5cm，每根木条的开槽长度见表 3。

表 3 每根木条的开槽长度 单位：cm

编号	1	2	3	4	5	6	7	8	9	10
开槽长度	0	6.71	10.69	15.41	19.39	22.61	25.12	26.99	28.28	29.04
编号	11	12	13	14	15	16	17	18	19	20
开槽长度	29.04	28.28	26.99	25.12	22.61	19.39	15.41	10.69	6.71	0

最外侧的木条的开槽长度为 0，而最中间木条的开槽长度为 29.04cm，数值合理。折叠桌最右设计方案示意图如图 13 所示。

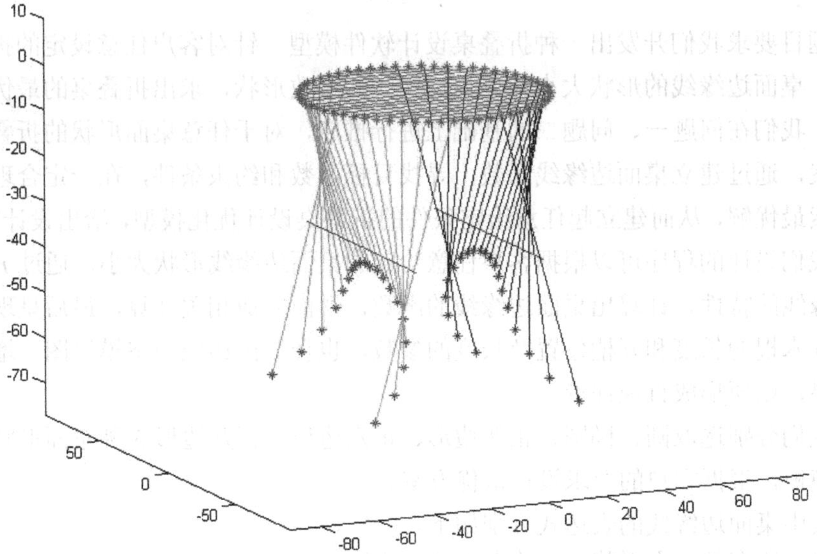

图 13 折叠桌最右设计方案示意图

折叠桌桌脚边缘线运动轨迹如图 14 所示。图中边缘“*”散点为折叠桌稳定状态下桌脚边缘位置，其他点为运动过程中的轨迹。

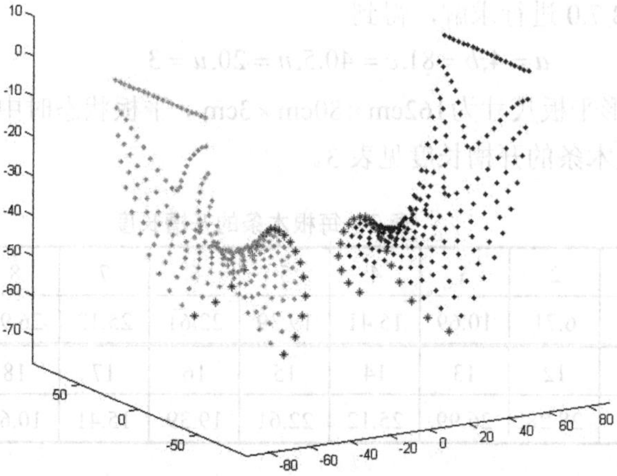

图 14 折叠桌桌脚边缘线运动轨迹

5.3 问题三：任意给定条件的折叠桌设计优化模型

题目要求我们开发出一种折叠桌设计软件模型。针对客户任意设定的折叠桌高度、桌面边缘线的形状大小和桌角边缘线的大致形状，求出折叠桌的最优设计方案。我们在问题一、问题二的基础上进行推广，对于任意桌面形状的折叠桌设计方案，通过建立桌面边缘线函数，寻找目标函数和约束条件，在一定合理范围内搜索最优解，从而建立起任意给定条件的折叠桌设计优化模型，给出设计方案。

我们设计的程序可以根据客户任意给定的桌面边缘线形状大小，通过 r 和桌面边缘线的特性，计算出桌面边缘线的函数，继而完成相关计算，最后呈现出的即为各木棍的长度和开槽位置及长度的参数，也会给出相应动态模拟图，增强视觉效果，以便形成直观评价。

我们分别选取圆、椭圆、正四边形、正六边形、正八边形 5 种桌面形状作为基本模板，根据客户的要求设计最优方案。

其中桌面边缘线的表达式分别如下。

对于所有的桌面形状，y 的表达是一致的：

$$y(i)=\frac{a}{2}+ai$$

x 的表达方式如下：

圆：$$\begin{cases} x(i)=\sqrt[2.5]{r^2-(r-ai)^2},\ i=1 \\ x(i)=\sqrt[2.5]{r^2-(r-ai)^2}+\dfrac{x(i-1)}{2},\ i\neq 1 \end{cases}$$

椭圆：$x(i)=\sqrt{\dfrac{ab-by(i)^2}{a}}$

正四边形：$x(i)=\dfrac{2r}{ni}$

正六边形：$x(i)=\dfrac{2ri}{n}+\dfrac{r}{2}$

正八边形：$\begin{cases} x(i)=\sqrt{2}r\sin\dfrac{\pi}{8}+\dfrac{i}{n}r\cos\left(\dfrac{\pi}{8}-\sin\dfrac{\pi}{8}\right),\ i<10-\dfrac{r\sin\dfrac{\pi}{8}-\dfrac{a}{2}}{a} \\ x(i)=r\cos\dfrac{\pi}{8},\ i\geqslant 10-\dfrac{r\sin\dfrac{\pi}{8}-\dfrac{a}{2}}{a} \end{cases}$

5.3.1 建立任意给定要求的折叠桌设计优化模型

目标函数与问题二一致，限制条件也是一致的，我们仅改变了桌面外形函数表达式。

得到相同的优化模型：

$$\min F=\sum_{j=1}^{3} f_j \tag{20}$$

$$s.t.\begin{cases} a,b,c>0, \\ n\in \mathrm{N}^*, n\geqslant 2, \\ d_i<l, \\ b>c>r, \\ \alpha\in\left[0,\dfrac{\pi}{2}\right],\beta_i\in\left[-\dfrac{\pi}{2},\dfrac{\pi}{2}\right], \\ l\geqslant h, \\ c>d_i \end{cases} \tag{21}$$

5.3.2 优化方案与客户要求的吻合度

分析函数表达式得，桌脚边缘函数表达式可以唯一确定 b。利用优化模型也可以得到最优加工参数。由此，我们把优化选择出的值和理论值进行比较，统计分析得吻合度达 90.87%。

5.3.3 软件模拟

我们首先选取五个模板样品，在合理范围内分别任意给予初值 r（桌面垂直与切割方向的长度）和 h（桌子的高度），见表 4。

表 4　五个模型的具体参数

组数	h	r	椭圆	圆	正八边形	正六边形	方形
1	55	35	√				
2	45	30		√			
3	60	40			√		
4	70	40				√	
5	65	40					√

注　打“√”者为相对应的桌面形状。

然后进行优化选择，选取最优的其他参数 n、b、k。优化后选取的参数值见表 5。

表 5　优化后选取的参数值

组数	h	r	n	k	b
1	55	35	20	0.53	67
2	45	30	18	0.55	55
3	60	40	22	0.46	88
4	70	40	20	0.42	97
5	65	40	16	0.32	126

注　h、r、b 单位均为 cm，n 为条数，k 为比例。

通过对即得参数的计算，我们得出开槽长度和木棍切割长度，见表 6。

表 6　桌面上剩余木棍长度和开槽长度　　单位：cm

椭圆	木条编号	1	2	3	4	5	6	7	8	9	10	
	剩余木条长	7.81	13.17	16.54	19.00	20.88	22.33	23.42	24.21	24.72	24.97	
	开槽长度	0.00	4.84	7.32	8.93	10.83	12.36	13.56	14.44	15.03	15.32	
圆形	木条编号	1	2	3	4	5	6	7	8	9		
	剩余木条长	6.87	12.86	17.61	21.28	24.08	26.18	27.72	28.76	29.38		
	开槽长度	0.00	5.21	9.20	13.43	17.01	19.87	22.03	23.55	24.46		
正八边形	木条编号	1	2	3	4	5	6	7	8	9	10	11
	剩余木条长	23.47	25.28	27.10	28.92	30.74	32.56	36.96	36.96	36.96	36.96	36.96
	开槽长度	0.00	1.72	3.24	4.56	5.64	6.46	7.59	7.59	7.59	7.59	7.59
正六边形	木条编号	1	2	3	4	5	6	7	8	9	10	
	剩余木条长	22	24	26	28	30	32	34	36	38	40	
	开槽长度	0	1.892	3.5646	5.0051	6.1906	7.0813	7.6082	7.6406	6.8751	5.1711	
正四边形	木条编号	1	2	3	4	5	6	7	8			
	剩余木条长	5	10	15	20	25	30	35	40			
	开槽长度	0	4.6443	8.5548	11.6566	13.7919	14.63	13.3214	4.4237			

通过对所得参数的拟合，我们用 MATLAB 7.0 画出桌子的动态变化图（代码见附录），依次为圆形桌面、椭圆形桌面、正六边形桌面、正八边形桌面、正四边形桌面，如图 15 所示。

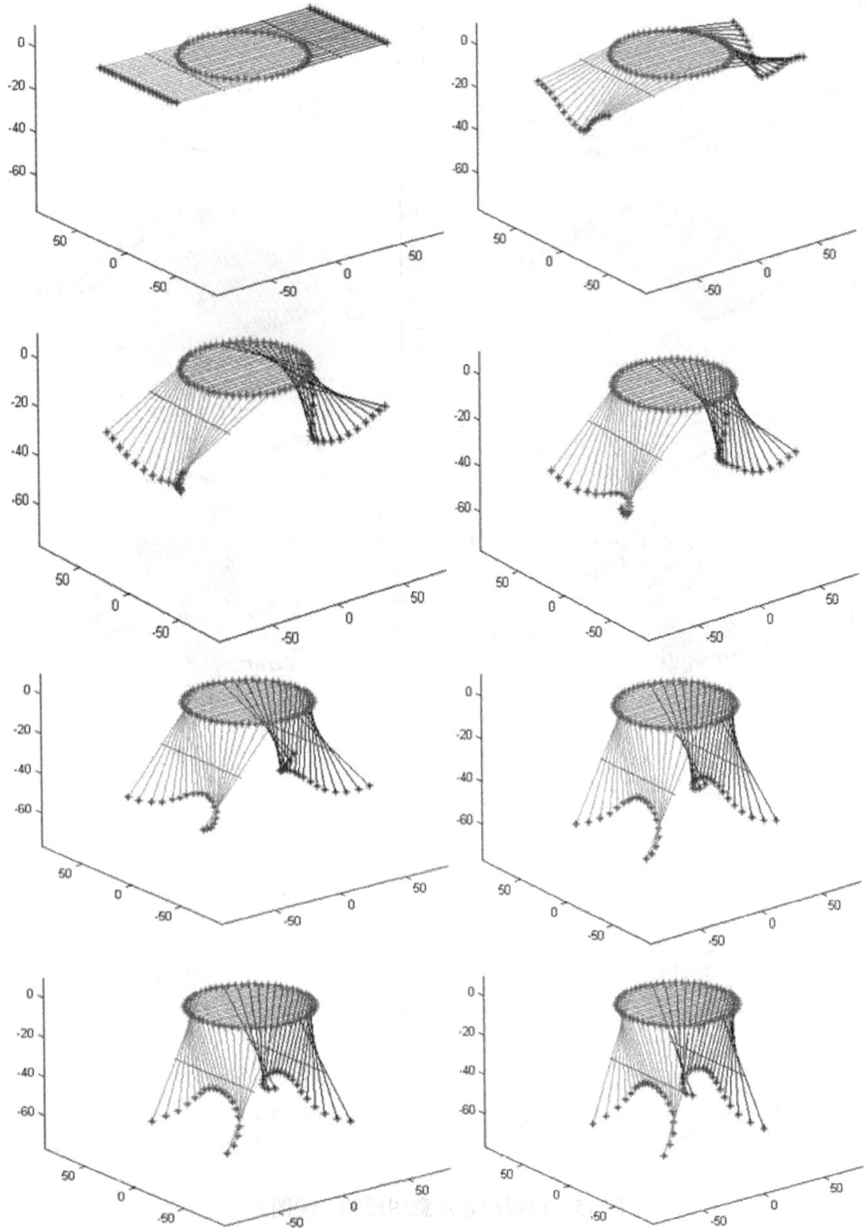

图 15　模拟动态示意图截图

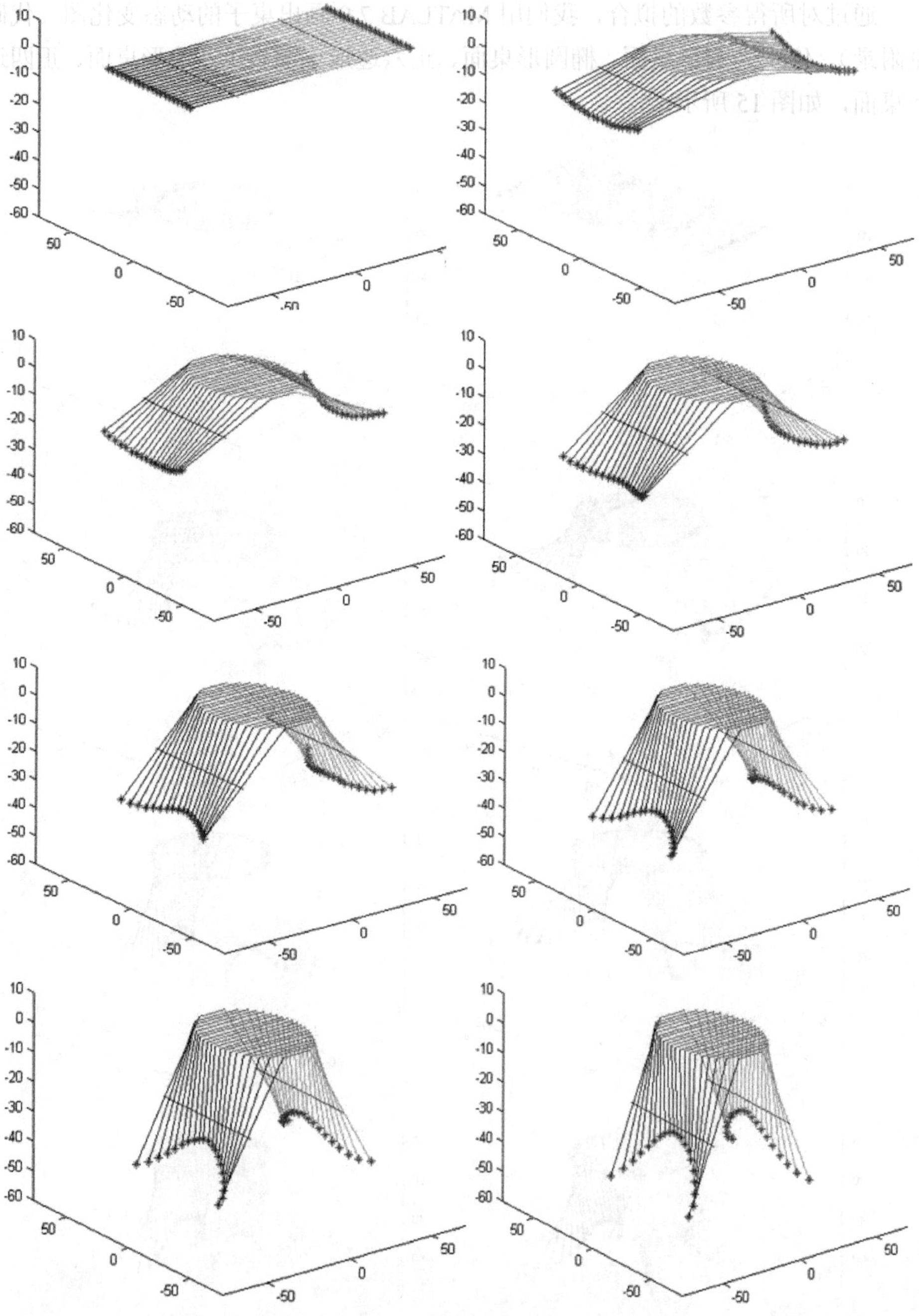

图15 模拟动态示意图截图（续图）

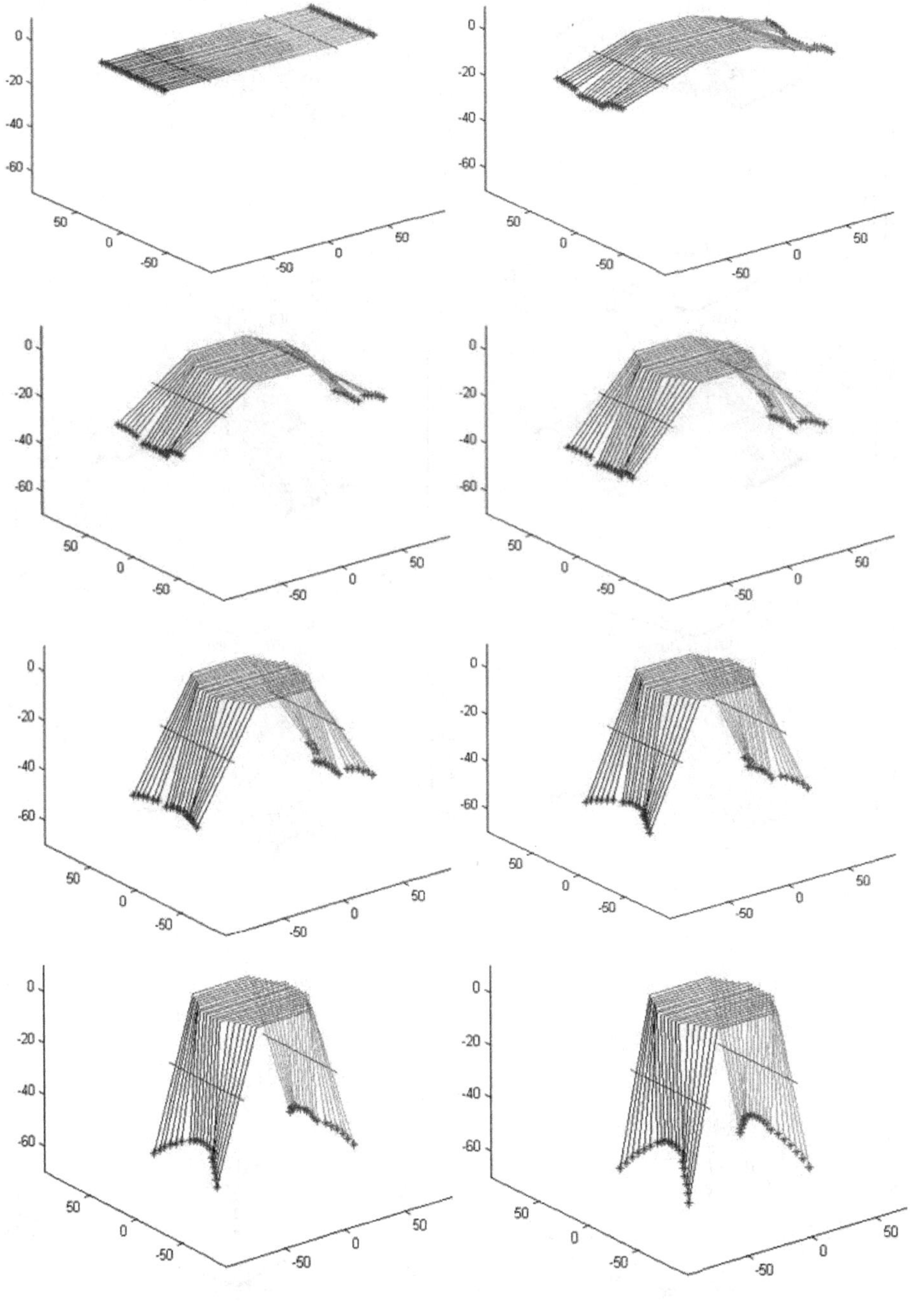

图 15　模拟动态示意图截图（续图）

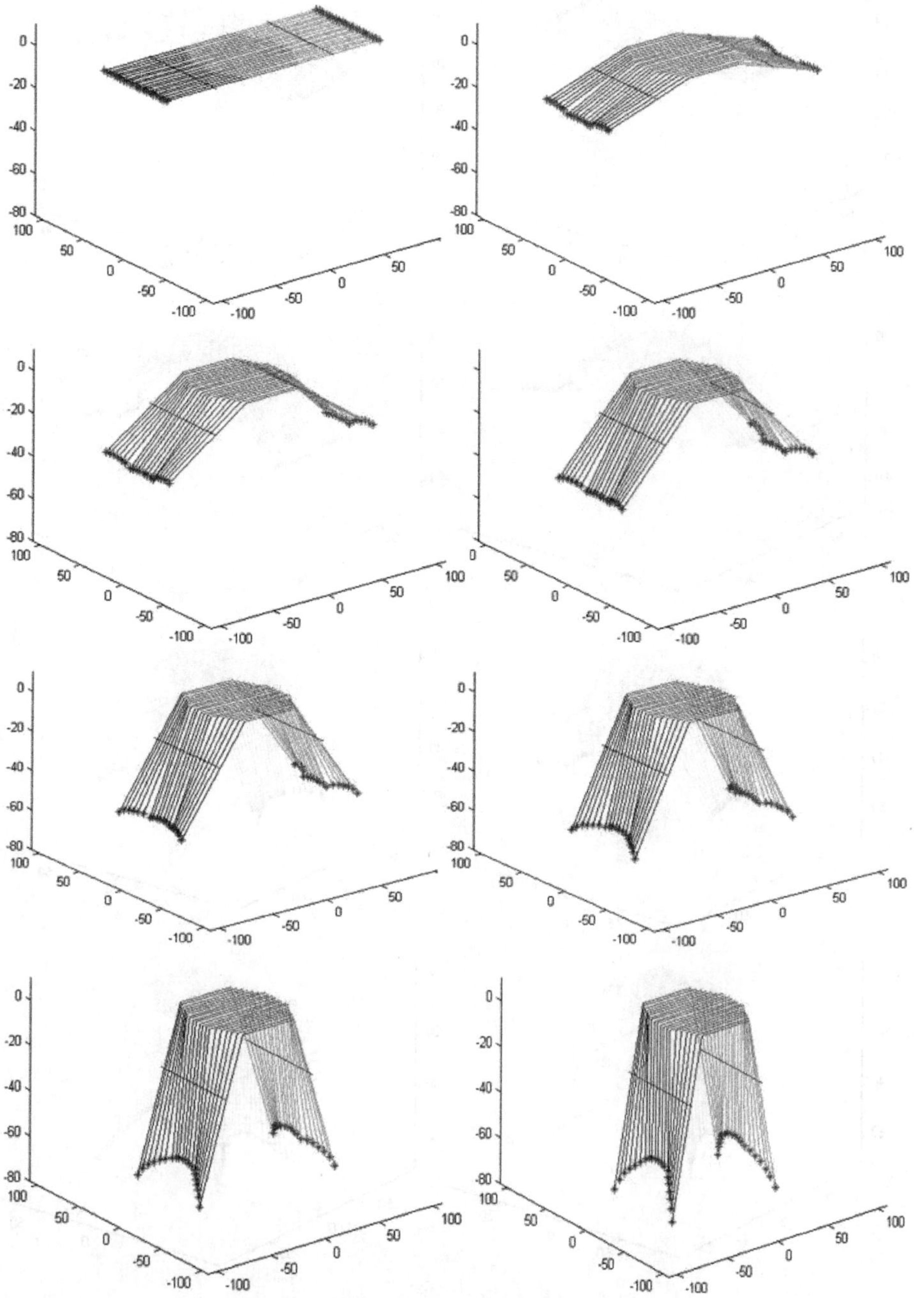

图 15　模拟动态示意图截图（续图）

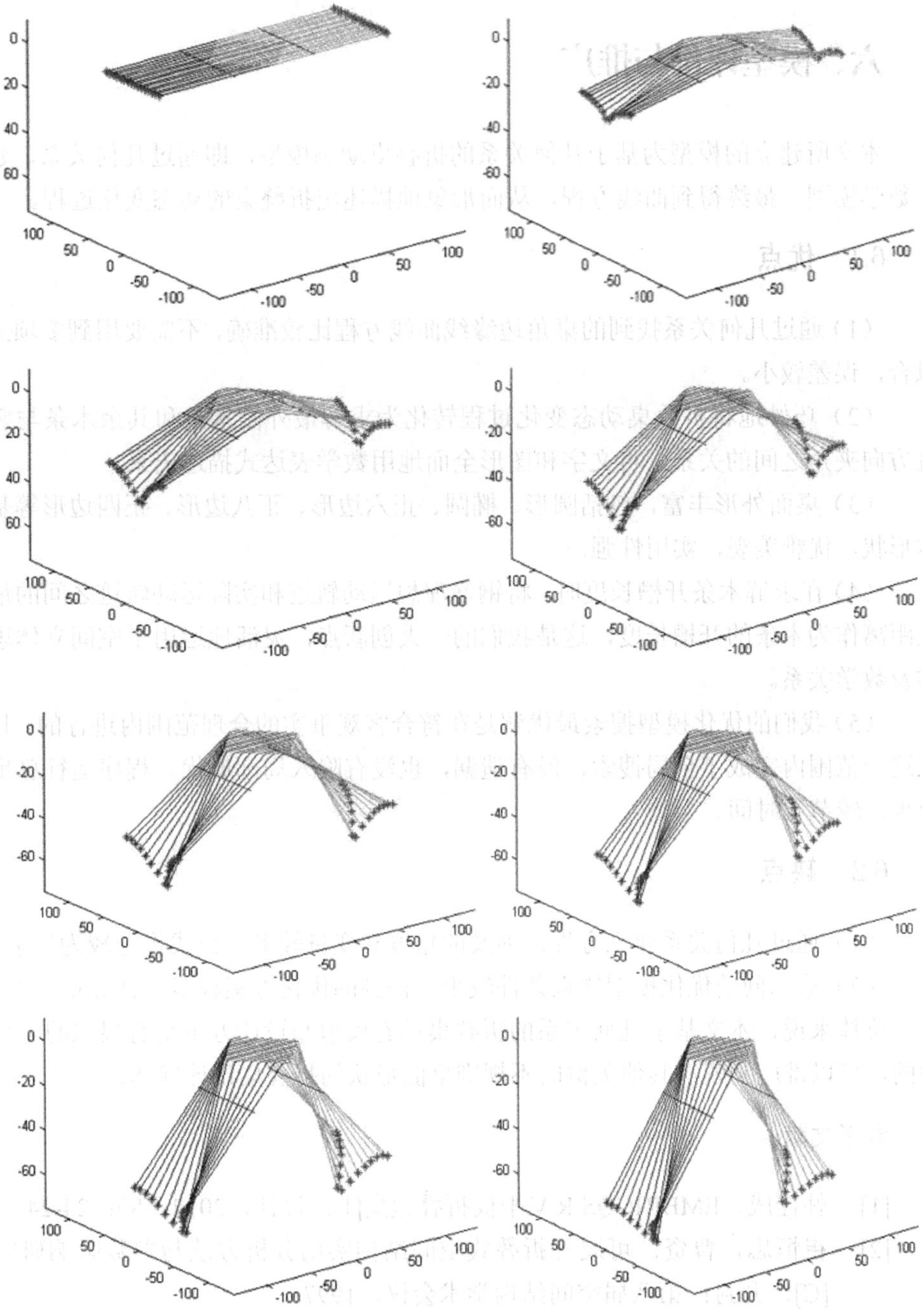

图 15 模拟动态示意图截图（续图）

六、模型评价与推广

本文所建立的模型为基于几何关系的折叠桌动态模型，即通过几何关系，建立数学模型，最终得到曲线方程，从而形象地描述出折叠桌的动态变化过程。

6.1 优点

（1）通过几何关系找到的桌角边缘线曲线方程比较准确，不需要用到多项式拟合，误差较小。

（2）巧妙地将折叠桌动态变化过程转化为求解最外侧木条和其余木条与竖直方向夹角之间的关系，将文字和图形全面地用数学表达式描述出来。

（3）桌面外形丰富，包括圆形、椭圆、正六边形、正八边形、正四边形等基本形状，优雅美观，实用性强。

（4）在求解木条开槽长度时，将钢筋理想运动轨迹和实际运动轨迹之间的最大距离作为木条的开槽长度，这是我们的一大创新点，灵活地运用了空间立体思维及数学关系。

（5）我们的优化模型搜索最优解是在符合客观事实的合理范围内进行的，且在这一范围内完成了全局搜索，没有遗漏，也没有陷入局部最优。程序运行总步数少，较节省时间。

6.2 缺点

（1）通过几何关系建立方程，涉及的角度和变量较多，公式推导较为复杂。

（2）第二问的优化模型约束条件较少，得到的优化方案较多，计算量较大。

总体来说，本文基于几何关系的折叠桌动态模型和设计方案是有很强的可行性的，可以推广到解决其他类似的不规则桌面形状的折叠桌设计问题。

参考文献

[1] 韩佳成，EMBRICQS R V.平板折叠边桌[J]．设计，2012（8）：24-24.

[2] 崔恒忠，曹资．可展开折叠式空间结构实用分析方法与参数影响研究[C]．开封：第八届空间结构学术会议，1997.

[3] 陈锦昌，刘桂雄，梁利东．自由曲面造型中曲面信息的表示与分析[J]．华南理工大学学报（自然科学版），2002，30（4）：26-28.

【论文评述】

该篇论文是2014年全国大学生数学建模竞赛一等奖的论文，主要研究平板折叠桌的制作原理，通过数学模型来描述平板折叠桌的设计参数及动态变化过程，并且对其加工参数、桌面形状以及美观度进行创新和优化设计。本文以平板折叠桌的折叠结构基本参数为切入点，基于几何推理和多目标优化模型比较圆满地解决了该问题。论文行文流畅、观点鲜明，各种方法的使用合理，是一篇非常优秀的数学建模竞赛论文。

对于问题一，论文从桌子的基本参数入手，画图直观分析其几何关系，建立函数表达式得到每根木条的长度、开槽长度、每根木条在折叠过程中与竖直方向夹角的动态变化模型以及桌角边缘线模型。此部分有两大优点：一是模型是通过严谨、周密的推导得到的，结论的误差小，准确性高；二是巧妙地将折叠桌动态变化过程转化为求解最外侧木条和其余木条与竖直方向夹角之间的关系。

对于问题二，分析确定以木板体积最小、木条根数少、开槽总长度小、桌子的重心稳定等为目标的多目标规划模型，代入数据，求解得到加工参数，即木条数、钢筋位置占桌腿比例、木条长度和开槽长度等。此模型为凸优化模型，能找出全局最优解，结果合理。

对于问题三，文中选用了五种不同形状的桌面（包括圆形、椭圆形、正六边形、正八边形、正四边形桌面），通过问题一和问题二的模型，在给出桌子基本参数后计算开槽长度和木棍切割长度，此问题显示了参赛者很强的数学编程能力。

在论文写作方面，本文格式清晰，行文流畅，格式排版规范，摘要做得很详细，思路十分清晰，逻辑比较紧密，但缺点是偏长，总体显得有些啰唆，在某些问题的阐释上不够简练。若是能对摘要进行适当的压缩，将会使摘要成为本论文的一大亮点。

（周彦）

2014年B题　全国一等奖

平板折叠桌的创意设计分析

参赛队员：朱世奔　刘馨竹　史书杰

指导教师：罗万春

摘　要

本文通过对某公司生产的折叠桌的动态变化过程及设计加工参数进行分析和求解，归纳提炼出一种折叠桌设计软件的模型，即能够在给定桌高、桌面边缘线形状和大小、边缘线大致形状的情况下，得到折叠桌相应参数的模型。

问题一：要求在给定平板尺寸、木条宽及桌高的前提下，建立模型描述折叠桌的动态变化过程并给出其设计加工参数以及桌脚边缘线的数学描述。我们用每根木条与地面的夹角随桌子高度的变化来刻画折叠桌的动态变化，并给出了它们的关系曲线，以及9张动态变化过程中的示意图。在此基础上求得其设计加工参数：一侧的木条数目为19，平板宽为47.5cm，木条长度为35.0313~52.1938cm，以及木条开槽的长度为0~17.8729cm，方向向下。

问题二：要求对于任意给定的桌高及圆形桌面的直径，确定最优的设计加工参数。我们根据稳固性好及用材最少建立了以原材料平板面积最小为目标函数，以节省木料、提高稳定性等为约束条件的非线性规划模型，由此建立的模型可以确定木条数目及木条宽度。钢筋的位置是可以在一定范围内移动的。该范围的最高点是折叠桌展开后使桌子两侧木条相接触时钢筋的位置；最低点则为折叠桌展开后钢筋恰好与最中心一根木条底端相切的位置。我们用钢筋与支撑腿的交点到支撑腿顶点的距离与支撑腿长度的比值来代表钢筋位置，由此建立钢筋位置的模型。对于桌高为70cm、桌面直径为80cm的情形，所需长方形平板的长为168cm，宽为79cm；一侧木条数目为25，木条宽度为3.16cm。

问题三：要求为折叠桌设计软件建立数学模型，且桌高、桌面边缘线的形状大小和桌脚边缘线的大致形状由客户给出。为了使我们建立的模型具有普适性，我们对桌面边缘线的形状作出了限制，即它的形状可以通过某种变换变成圆形。之后便可利用问题二中的模型对相应参数进行求解。我们设计了桌面为椭圆形的折叠桌，在给定桌高、椭圆的长轴与短轴和钢筋位置的条件下，得到了该折叠桌的设计加工参数，并作出了 9 张动态变化过程中的示意图。

本文的模型简洁，通用性强，只要设定桌子的高度等相关参数，即可得到折叠桌的设计方案，有较好的实用性和推广性。

关键词：折叠桌　钢筋位置　开槽长度　动态变化

一、问题重述

某公司生产一种可折叠的桌子，桌面呈圆形，桌腿随着铰链的活动可以平摊成一张平板。桌腿由若干根木条组成，分成两组，每组各用一根钢筋将木条连接，钢筋两端分别固定在桌腿各组最外侧的两根木条上，并且沿木条有空槽以保证滑动的自由度。桌子外形由直纹曲面构成，造型美观。

要求建立数学模型讨论下列问题：

问题一：给定长方形平板尺寸为 120 cm × 50 cm × 3 cm，每根木条宽 2.5 cm，连接桌腿木条的钢筋固定在桌腿最外侧木条的中心位置，折叠后桌子的高度为 53 cm。试建立模型描述此折叠桌的动态变化过程，在此基础上给出此折叠桌的设计加工参数（例如桌腿木条开槽的长度等）和桌脚边缘线的数学描述。

问题二：折叠桌的设计应做到产品稳固性好、加工方便、用材最少。对于任意给定的折叠桌高度和圆形桌面直径的设计要求，讨论长方形平板材料和折叠桌的最优设计加工参数，例如平板尺寸、钢筋位置、开槽长度等。对于桌高为 70cm、桌面直径为 80cm 的情形，确定最优设计加工参数。

问题三：公司计划开发一种折叠桌设计软件，根据客户任意设定的折叠桌高度、桌面边缘线的形状大小和桌脚边缘线的大致形状，给出所需平板材料的形状尺寸和切实可行的最优设计加工参数，使得生产的折叠桌尽可能接近客户所期望的形状。你们团队的任务是给出这一软件设计的数学模型，并根据所建立的模型给出几个自己设计的创意平板折叠桌。要求给出相应的设计加工参数，画出至少 8 张动态变化过程中的示意图。

二、模型假设

（1）在问题一中，圆为原材料的内切圆，多余的部分锯掉。

（2）在折叠桌的动态变化过程中，忽略平板的厚度。

（3）设一侧桌腿数目为奇数条。

三、符号说明

（1）A_i：桌腿木条的顶点。

（2）l_i：桌腿的长度。

（3）d_{1i}：折叠桌未展开时钢筋距桌腿顶点的距离。

（4）d_{2i}：折叠桌展开后钢筋距桌腿顶点的距离。

（5）d_i：桌腿木条开槽的长度。

（6）C_i：折叠桌未展开钢筋与桌腿的交点。

（7）C_i'：折叠桌展开后钢筋与桌腿的交点。

（8）D_i：折叠桌展开后的桌脚。

（9）$2n-1$（$i=1,2,\cdots,n$）：为折叠桌一侧的桌腿数目。

（10）h：桌面下表面的高度。

其余符号在文中具体说明。

四、问题分析

4.1 问题一：折叠桌动态变化的模型、设计加工参数及桌脚边缘线的数学描述

实物图中折叠桌共计 19 根木条，根据题目，每根木条宽 2.5cm，那么该折叠桌的宽应为 47.5cm，小于给定木板的宽，故首先应该对该木板进行初加工：以 25cm 为半径、以木板中心为圆点作该木板的内切圆，然后将木板长边各锯掉 1.25cm 宽的长木条，得到 120cm×47.5cm×3cm 的木板。之后再根据加工参数进行加工，便可得到该产品。

对于折叠桌的动态变化模型，我们拟建立木条与地面的夹角 θ 和折叠桌的高度之间的函数关系，用 θ 随桌子高度不同而改变来刻画其动态变化的过程。

对于折叠桌的设计加工参数，木板尺寸由上已得，此外我们选择了计算木条长度和桌腿木条开槽的长度。根据圆的半径及锯掉木条的宽度可以确定各木条的长度；对于桌腿木条开槽的长度，可以根据展开前和展开后钢筋的位置得到。

对于桌脚边缘线的数学描述，我们选择桌脚边缘的坐标以及在空间直角坐标系中画出桌脚边缘线来描述。

4.2 问题二：折叠桌最优设计加工参数的模型建立

设计加工参数包括平板尺寸、钢筋位置和开槽长度。对于平板尺寸，我们首先考虑折叠桌的稳定性。我们认为当桌面投影在桌脚构成的矩形内时桌子稳固性好，而当圆与矩形相切时则为木腿最短，也就是最省材料的方法。由此可以得到平板长，然后以长方形平板的面积公式为目标函数，其最小值即最优解。对于钢筋位置，我们考虑用钢筋与支撑腿交点到支撑腿顶点的距离与支撑腿的长度的比值来表示，它的位置可以在一定范围内移动。钢筋的最高点是折叠桌展开后使桌子两侧木条相接触时钢筋的位置，即 λ 取最小值。另外，要保证折叠桌在打开过程中钢筋不会滑出最中心的木条，由此确定钢筋在支撑腿上的最低点，即 λ 的最大值。对于开槽长度，求解思路与 4.1 节中一致。

模型确立后，将题目中所给的桌高和桌面直径代入，利用软件即可确定最优设计加工参数。

4.3 问题三：折叠桌设计软件的数学模型及设计创意平板折叠桌

本问题中，虽然客户可以任意设定折叠桌高度、桌面边缘线的形状大小和桌脚边缘线的大致形状，但还是要在最稳固、最省材料的基础上，得到最优的设计加工参数。我们考虑将桌面形状限定为可转换成圆的形状，进而利用问题二的模型求解折叠桌的最优设计参数。我们拟设计桌面为椭圆形的折叠桌，给定桌高，椭圆的长轴和短轴以及 λ，求解折叠桌的设计加工参数，并利用软件画出动态变化过程中的示意图。

五、模型的建立与求解

5.1 问题一：折叠桌动态变化的模型及设计加工参数

5.1.1 建立坐标系

图 1 为给定木板，基于该物体的对称关系，我们以图中标记的四分之一来说明其加工过程以及后续的模型建立。根据 4.1 节内容，虚线部分即需要锯掉的部分，将剩余木料划分 19 等份，图中显示了 9 根半木条，因此 n=10，它们与圆的交点分别为 $A_1 \sim A_{10}$。

图 2 所示为我们建立的空间直角坐标系。木板的下表面为 x、y 轴所在平面，以圆心为原点，未展开时木板的长为 x 轴、宽为 y 轴，建立空间直角坐标系。

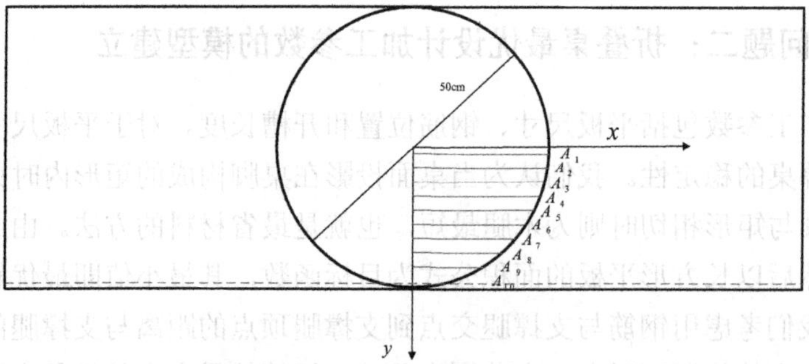

图 1 给定木板的加工设计

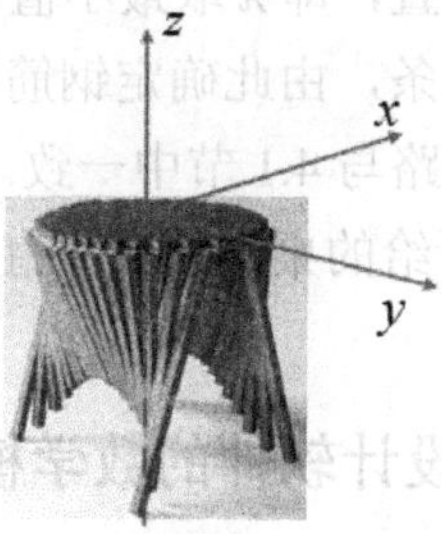

图 2 建立空间直角坐标系

5.1.2 建立动态变化模型

以图 1 所示的该折叠桌的四分之一来阐明模型建立的过程。

令桌面高度为h，木条与地面的夹角为θ_i（$i=1,2,\cdots,10$），桌腿顶点的横坐标为x_i（$i=1,2,\cdots,10$）。

图 3 为支撑木条l_{10}与地平面所构成的平面。

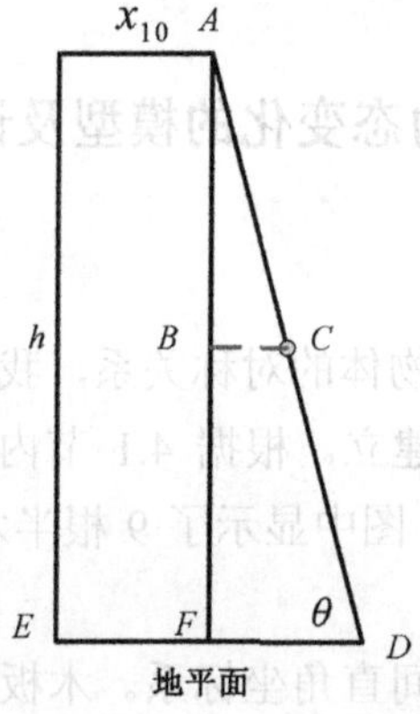

图 3 支撑木条和l_{10}所构成的平面

AD 为 l_{10}，A 点的横坐标为 x_{10}，即 $EF=x_{10}$。C 为钢筋与 AD 的交点，由题可知，C 为 AD 中点。

（1）求解钢筋的直线方程。根据题意，钢筋经过支撑木条的中点且与 y 轴平行，C 点的横坐标为

$$EF+BC=x_{10}+BC \tag{1}$$

$AD+x_{10}$ 为长方形平板长的一半，即 60。C 为 AD 中点，故

$$AC=\frac{60-x_{10}}{2}\ AB=0.5h$$

由勾股定理可得

$$BC=\sqrt{\left(\frac{60-x_{10}}{2}\right)^2-(0.5h)^2} \tag{2}$$

由式（1）、式（2）可知 C 点的横坐标为

$$x=x_{10}+\sqrt{\left(\frac{60-x_{10}}{2}\right)^2-\frac{h^2}{4}} \tag{3}$$

钢筋与 y 轴平行，此段钢筋的长度即为桌面宽度的一半，每根木条为 2.5cm 宽，故桌宽的一半为 9.5×2.5=23.75cm。因此

$$y\in[0,23.75] \tag{4}$$

C 点纵坐标为

$$z=-0.5h \tag{5}$$

由式（3）至式（5）可知，钢筋的方程为

$$\begin{cases} x=x_{10}+\sqrt{\left(\dfrac{60-x_{10}}{2}\right)^2-\dfrac{h^2}{4}} \\ y\in[0,23.75] \\ z=-0.5h \end{cases} \tag{6}$$

（2）建立动态变化过程的模型。桌子的动态变化过程可以用每根木条与地面的夹角 θ_i 随桌子高度 h 的变化来刻画，即

$$\tan\theta=-\frac{0.5h}{x_i-x}=\frac{0.5h}{x_{10}+\sqrt{\left(\dfrac{60-x_{10}}{2}\right)^2-\dfrac{h^2}{4}}-x_i}$$

因此有

$$\theta_i = \arctan\left(\frac{0.5h}{x_{10} + \sqrt{\left(\frac{60 - x_{10}}{2}\right)^2 - \frac{h^2}{4}} - x_i}\right) \quad (i = 1, 2, \cdots, 10) \tag{7}$$

由此便建立了折叠桌的动态变化过程模型。

5.1.3 设计加工参数的求解

设计加工参数包括平板尺寸、桌面和桌腿的木条长度以及桌腿木条开槽的长度。平板尺寸在 4.1 节中已得；后两个参数可以在 5.1.2 节中所建模型的基础上得到，具体算法流程如图 4 所示。

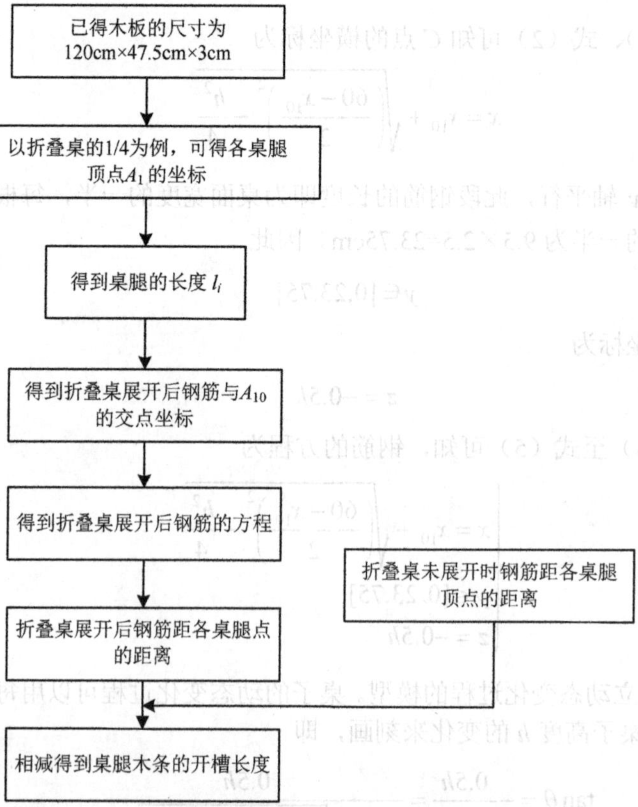

图 4 求解设计参数的流程图

1. 木板尺寸

由 4.1 节可知，未展开时的平板尺寸为 120cm×47.5cm×3cm。

2. 木条长度

（1）求解顶点坐标。根据图 1 的几何关系可得到 A_i 的坐标公式：

$$\begin{cases} x_i = \sqrt{25^2 - [1.25 + 2.5(i-1)]^2} \\ y_i = 1.25 + 2.5(i-1) \\ z_i = 0 \end{cases} \tag{8}$$

根据式（8）可得到 $A_1 \sim A_{10}$ 的坐标，结果见表 1。

表 1 A_i 点坐标

点	坐标	点	坐标
A_1	(24.9687,1.2500,0)	A_6	(20.8791,13.7500,0)
A_2	(24.7171,3.7500,0)	A_7	(18.9984,16.2500,0)
A_3	(24.2061,6.2500,0)	A_8	(16.5359,18.7500,0)
A_4	(23.4187,8.7500,0)	A_9	(13.1696,21.2500,0)
A_5	(22.3257,11.2500,0)	A_{10}	(7.8062,23.7500,0)

（2）求解木条长度。桌腿木条的长度 $l_i = 60 - x_i$ ，结果见表 2。

表 2 各木条长度

桌腿	长度/cm
l_1	35.0313
l_2	35.2829
l_3	35.7939
l_4	36.5813
l_5	37.6743
l_6	39.1209
l_7	41.0016
l_8	43.4641
l_9	46.8304
l_{10}	52.1938

3. 桌腿木条开槽的长度

（1）折叠桌展开后钢筋所在直线的方程。

根据方程（6），$x_{10}=7.8062$，$h=25$

$$x_i = 7.8026 + \sqrt{\left(\frac{60-x_{10}}{2}\right)^2 - \frac{h^2}{4}} = 15.2925$$

$$z=-25$$

因此，钢筋所在直线方程为

$$\begin{cases} x = 15.2925 \\ y \in [0, 23.75] \\ z = -25 \end{cases} \tag{9}$$

（2）桌腿木条开槽的长度。我们用展开时钢筋相对桌腿顶点的距离与展开后钢筋相对桌腿顶点的距离作差，即得到木条开槽长度 $d=|\Delta d|$。Δd 为正，即向上开槽；结果为负，即向下开槽。公式为

$$\begin{cases} d_{1i} = l_i - 26.0968 \\ d_{2i} = \sqrt{(15.2925 - x_i)^2 + 25^2} \\ \Delta d_i = d_{1i} - d_{2i} \end{cases} \tag{10}$$

结果见表3。

表3 桌腿木条开槽的长度

i	d_{1i} /cm	d_{2i} /cm	Δd_i /cm
1	8.9345	26.8073	−17.8729
2	9.1861	26.7175	−17.5315
3	9.6971	26.5415	−16.8446
4	10.4845	26.2876	−15.8032
5	11.5775	25.9705	−14.3931
6	13.0241	25.6166	−12.5926
7	14.9048	25.2732	−10.3684
8	17.3673	25.0309	−7.6637
9	20.7336	25.0900	−4.3564
10	26.0968	26.0968	0.0000

5.1.4 桌脚边缘线的数学描述

1. 得到钢筋与各桌腿木条的交点

根据方程（9）易得折叠桌展开后钢筋与各桌腿木条的交点 C_{2i}，结果见表4。

表 4　C_i 的坐标

点	坐标	点	坐标
C_1'	(15.2925,1.2500,–25.000)	C_6'	(15.2925,13.7500,–25.000)
C_2'	(15.2925,3.7500,–25.000)	C_7'	(15.2925,16.2500,–25.000)
C_3'	(15.2925,6.2500,–25.000)	C_8'	(15.2925,18.7500,–25.000)
C_4'	(15.2925,8.7500,–25.000)	C_9'	(15.2925,21.2500,–25.000)
C_5'	(15.2925,11.2500,–25.000)	C_{10}'	(15.2925,23.7500,–25.000)

2. 求解桌腿边缘坐标

图 5 中三角形是从折叠桌中抽象出来的，由桌腿（为斜边）、过 D 点的水平线和过 A 点的垂直线构成。A 为桌腿木条的顶点，D 为桌腿边缘，C 为钢筋与木条的交点。

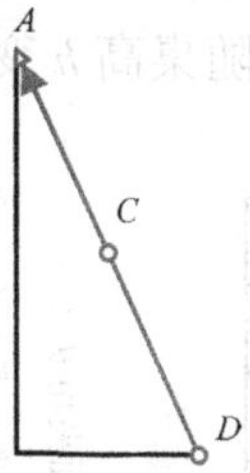

图 5　桌腿平面示意图

根据 $\frac{\vec{a}}{|\vec{a}|}=\frac{\vec{b}}{|\vec{b}|}$ 可得，$\frac{\overrightarrow{DA}}{|\overrightarrow{DA}|}=\frac{\overrightarrow{CA}}{|\overrightarrow{CA}|}$。$A_i$、$C_i$ 的坐标见表 1 和表 4；$|\overrightarrow{DA}|=l_i$，见表 2；$|\overrightarrow{CA}|=d_{2i}$，见表 3。由此便可得到 D 的坐标，结果见表 5。

表 5　桌腿边缘的坐标

点	坐标	点	坐标
D_1	(12.2710,3.7500,–32.6696)	D_6	(12.3474,13.7500,–38.1792)
D_2	(12.2710,3.7500,–33.0148)	D_7	(12.9862,16.2500,–40.5585)
D_3	(21.1582,6.2500,–33.7149)	D_8	(14.3768,18.7500,–43.4104)
D_4	(12.1104,8.7500,–34.7895)	D_9	(17.1320,21.2500,–46.6625)
D_5	(12.1229,11.2500,–36.2664)	D_{10}	(22.7788,23.7500,–50.0001)

剩余 3/4 的桌脚边缘与上述 10 个点只是正负号的区别，基于其对称特点，不

再罗列，直接利用 MATLAB R2012a 画出桌脚边缘曲线，结果如图 6 所示。

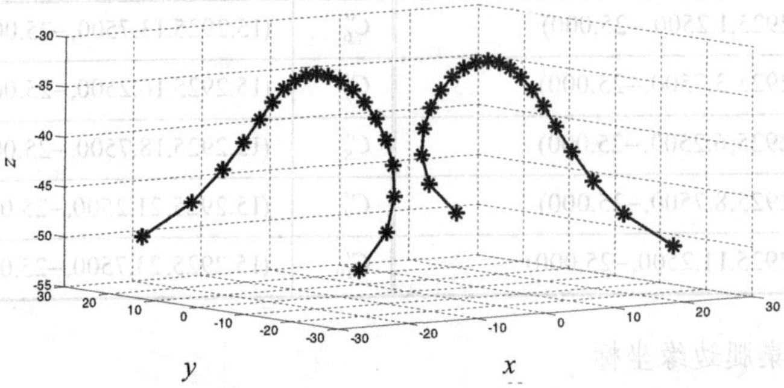

图 6　桌脚边缘曲线

为较好地说明折叠桌的动态变化过程，根据式（7）及表 1 的数据可利用 MATLAB R2011a 作出 10 条夹角 θ 随桌高 h 变化的曲线，如图 7 所示。

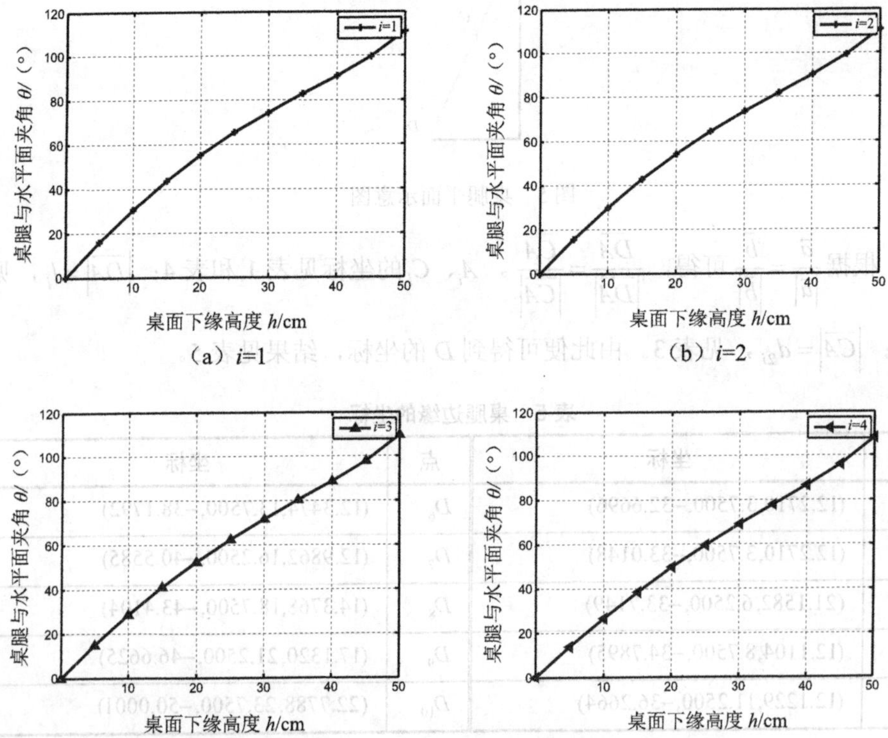

（a）i=1　（b）i=2

（c）i=3　（d）i=4

图 7　θ 随 h 的变化曲线

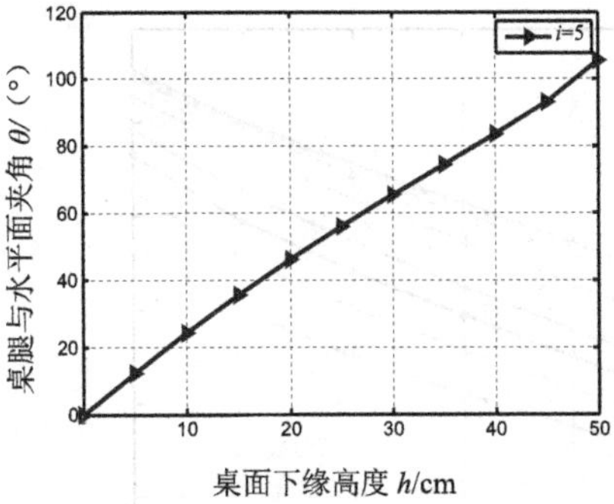

（e）i=5

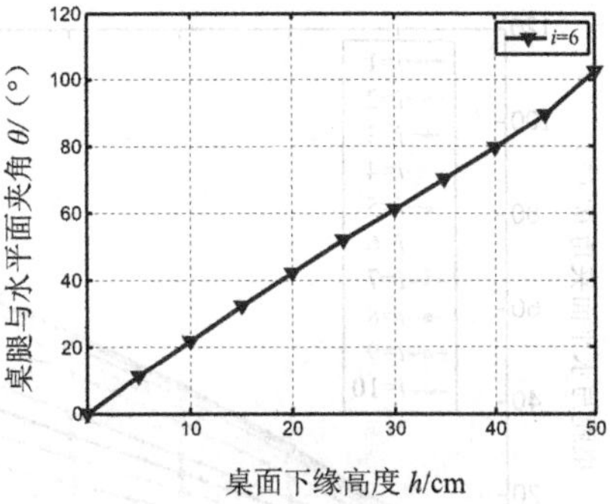

（f）i=6

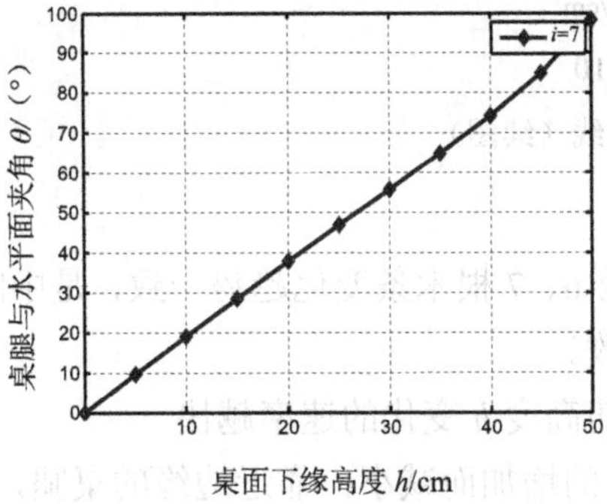

（g）i=7

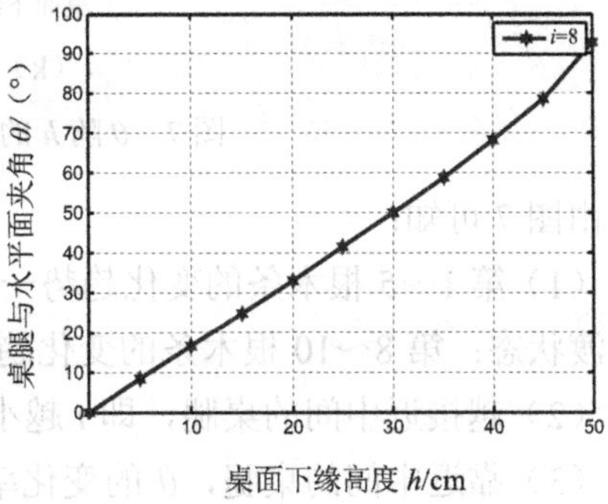

（h）i=8

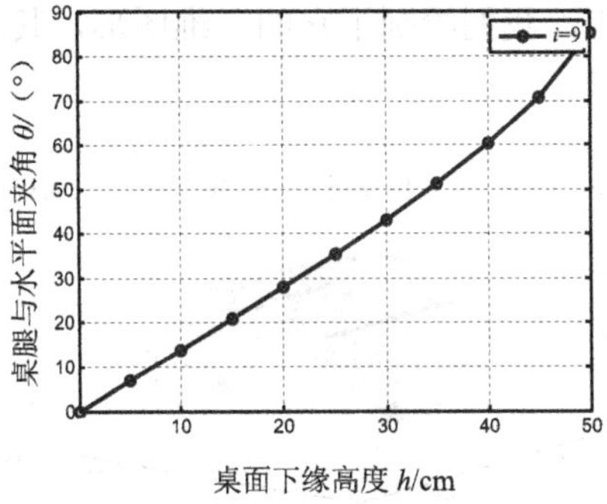

（i）i=9

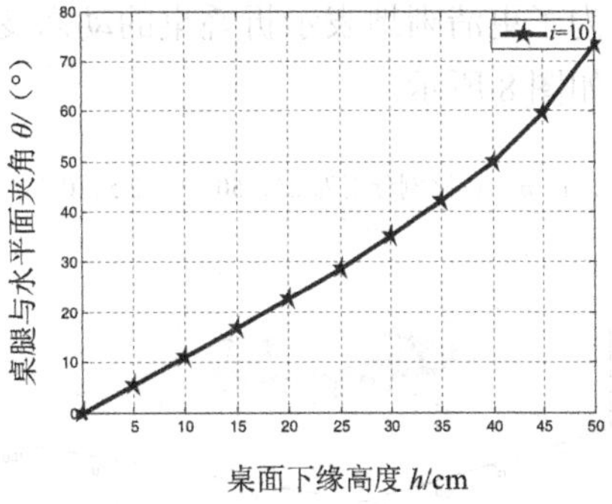

（j）i=10

图 7　θ 随 h 的变化曲线（续图）

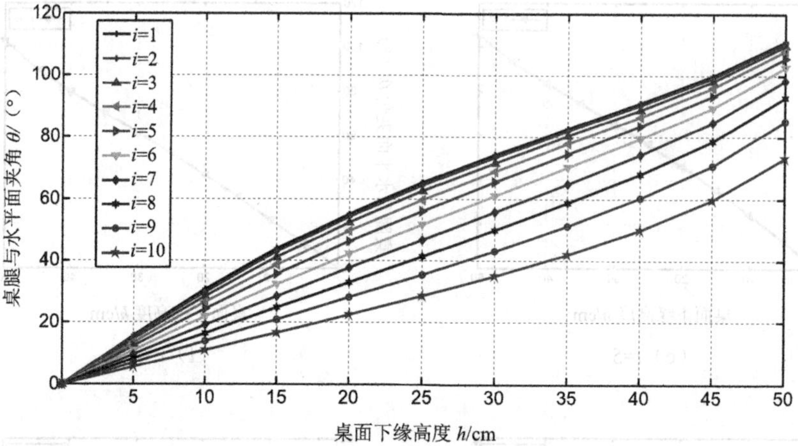

（k）i=1,…,10

图 7 θ 随 h 的变化曲线（续图）

由图 7 可知：

（1）第 1～5 根木条的变化趋势一致；第 6、7 根木条变化趋势一致，是中间的过渡状态；第 8～10 根木条的变化趋势一致。

（2）越接近中间的桌腿，即 i 越小，θ 随高度 h 变化的速率越快。

（3）靠近中间的桌腿，θ 的变化率随 h 的增加而减小；靠近边缘的桌腿，θ 的变化率随 h 的增加而增大。

这符合桌腿折叠的动态变化特征。

为了更清晰地表示折叠桌的动态变化过程，我们绘制了它的三维图形，其示意图如图 8 所示。

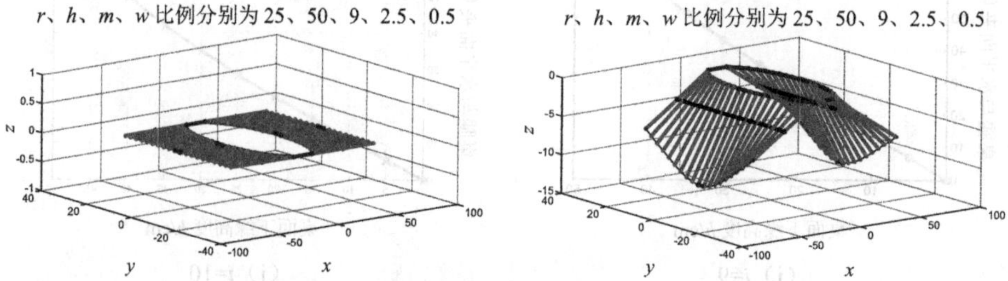

（a） （b）

图 8 此折叠桌的动态变化示意图

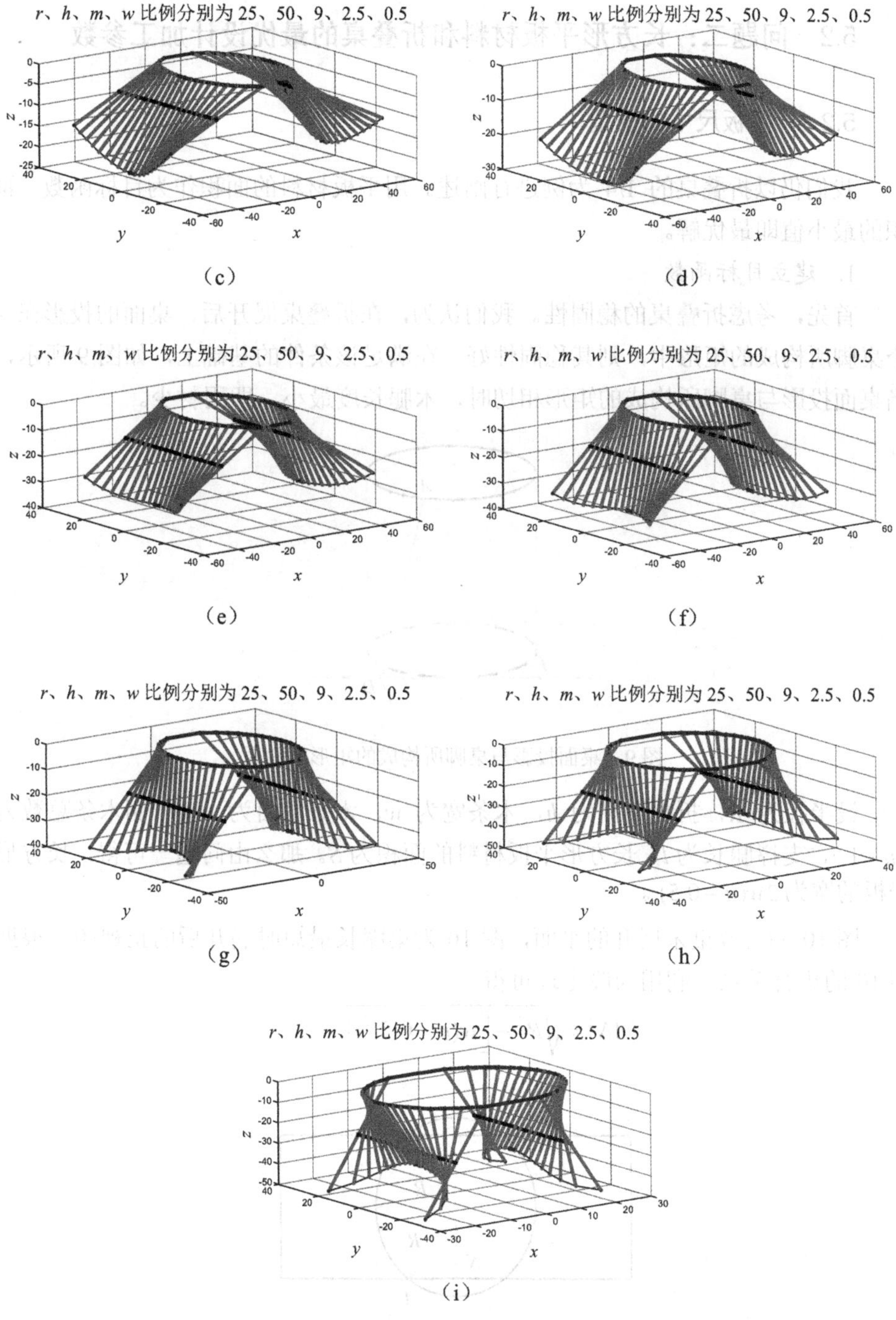

图 8　此折叠桌的动态变化示意图（续图）

5.2 问题二：长方形平板材料和折叠桌的最优设计加工参数

5.2.1 平板尺寸的模型

我们仍以折叠桌的 1/4 为例进行阐述。用平板材料的面积作为目标函数，面积的最小值即最优解。

1. 建立目标函数

首先，考虑折叠桌的稳固性。我们认为，在折叠桌展开后，桌面的投影在 4 个桌脚所构成的矩形中，则其稳固性好。在满足该条件的基础上，如图 9 所示，当桌面投影与桌脚所构成的矩形相切时，木腿长度最小，即用材少。

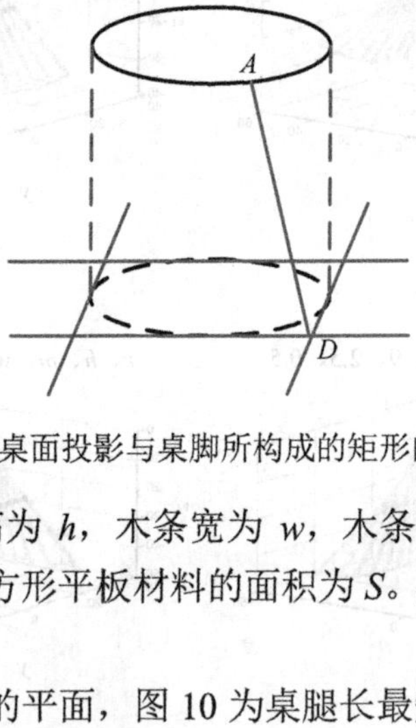

图 9 桌面投影与桌脚所构成的矩形的关系

设半径为 R，折叠桌高为 h，木条宽为 w，木条数目为 n（一侧木条总数为 $2n-1$），支撑腿长为 l，长方形平板材料的面积为 S。那么由问题一可得，长方形平板的宽为 $2w(n-0.5)$。

图 10 为折叠桌未展开的平面，图 10 为桌腿长最短时展开后的正视图。根据图 10 的集合关系，利用勾股定理可得

$$|AN| = \sqrt{R^2 - \left[w(n-0.5)^2\right]}$$

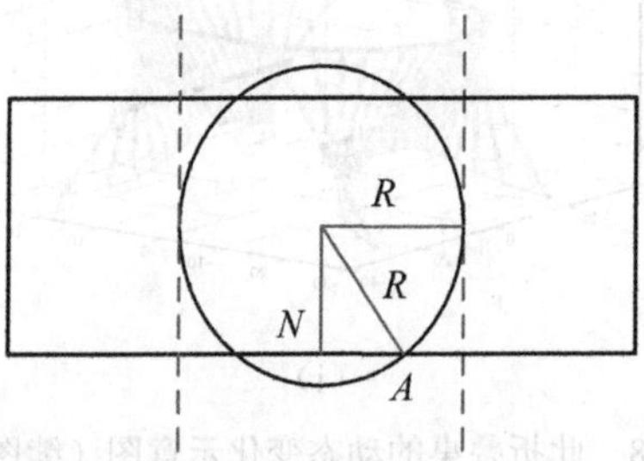

图 10 折叠桌展开时的平面图

那么，根据图 11 中的几何关系，$|MN| = R$，$|MA| = R - |NA|$，即

$$|MA| = R - \sqrt{R^2 - \left[w(n-0.5)^2\right]} \tag{11}$$

由勾股定理得

$$l^2 = \left\{R - \sqrt{R^2 - \left[w(n-0.5)^2\right]}\right\}^2 + h^2 \tag{12}$$

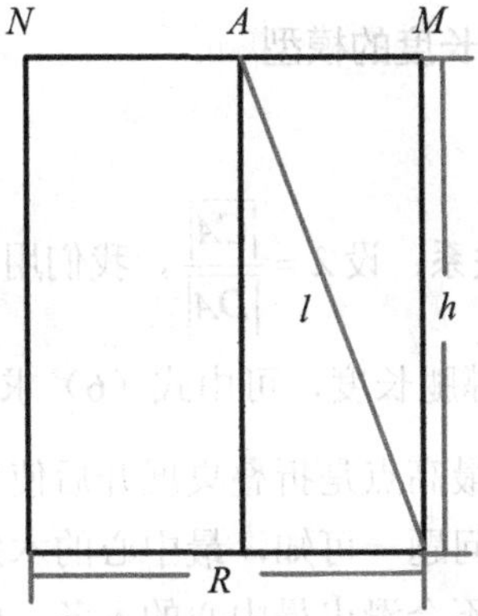

图 11　折叠桌展开后的正视图

由此可得长方形平板的面积公式，即目标函数为

$$S = 2\left[l + R - \sqrt{R^2 - \left[w(n-0.5)^2\right]}\right] \times (2n-1)w \tag{13}$$

2. 建立约束条件

为了尽可能地节省材料，并且能够充分地利用材料，可以建立下列约束条件：

（1）桌面的宽度，即所有木条的宽度要小于圆的直径，由此可得

$$w(2n-1) < 2R$$

（2）需要锯掉的木条宽要小于一个木条的宽，由此可得

$$2r - (2n-1)w < 2w$$

考虑其稳固性，令 $60° < \theta < 80°$。此外，还要满足 $n \in \mathrm{N}^+$，$w > 0$。

3. 结论

综上所述，折叠桌的设计满足以下模型：

$$\min S = 2\left[l + R - \sqrt{R^2 - \left[w(n-0.5)^2 \right]} \right] \times (2n-1)w$$

$$s.t.\begin{cases} w(2n-1) < 2r \\ 2r-(2n-1)w < 2w \\ n \in \mathrm{N}^+ \\ w > 0 \\ 60° < \theta < 80° \end{cases} \tag{14}$$

5.2.2 钢筋位置及开槽长度的模型

1. 钢筋位置的模型

（1）求解钢筋位置的关系：设$\lambda = \dfrac{|\overrightarrow{CA}|}{|\overrightarrow{DA}|}$，我们用$\lambda$来表示钢筋的位置。那么有$|\overrightarrow{CA}| = \lambda|\overrightarrow{DA}| = \lambda l$，$l$为支撑腿长度，可由式（6）求得。

λ为一个范围，钢筋的最高点是折叠桌展开后使桌子两侧木条相接触时钢筋的位置，即λ取最小值。由问题一可知，最中心的木条开槽长度最大，因此要保证折叠桌在打开过程中钢筋不会滑出最中心的木条，由此确定钢筋在支撑腿上的最低点，即λ的最大值。

（2）确定λ的范围。

1）求解钢筋的最低点，即λ的最大值。

图12即为钢筋处在最低点时的情况

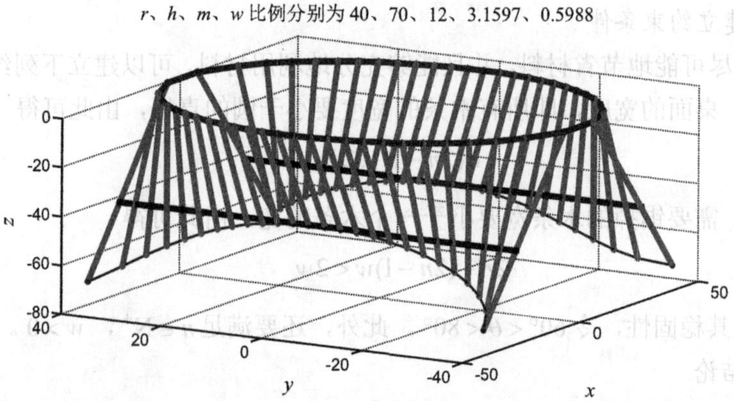

图12　λ最大时的情况

设桌面长的一半为L，则有

$$L=\sqrt{R^2-[(n-0.5)w]^2}+l$$
$$=\sqrt{R^2-[(n-0.5)w]^2}+\sqrt{h^2+\{R-\sqrt{R^2-[w(n-0.5)]^2}\}^2}$$

支撑桌腿腿脚的坐标：$D_{n+1}[R,w(n-0.5),-h]$。

图 13 中，C_i 为桌子未展开前钢筋与桌腿的交点；C_i' 为桌子展开后钢筋与桌腿的交点。根据图 12 中的几何关系，对于支撑桌腿有

$$\lambda\overrightarrow{A_{n+1}D_{n+1}}=\overrightarrow{A_{n+1}C'_{n+1}}\Rightarrow C'_{n+1}=A_{n+1}-\lambda(A_{n+1}-D_{n+1})\Rightarrow$$
$$C'_{n+1}((1-\lambda)\sqrt{R^2-[(n-0.5)w]^2}+\lambda R,(n-0.5)w,-\lambda h)$$

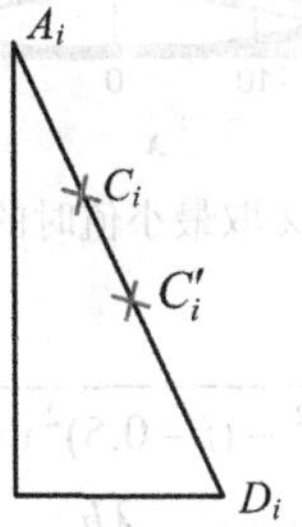

图 13　任意桌腿平面示意图

由此可得 $C_1'((1-\lambda)\sqrt{R^2-[(n-0.5)w]^2}+\lambda R,0.5w,-\lambda h)$

要满足钢筋不滑出中心木条，即满足 $A_1C_1'\leqslant A_1D_1$，则 A_1 坐标为

$$(\sqrt{R^2-0.25w^2},0.5w,0)$$

那么

$$A_1C_1'\leqslant A_1D_1\Rightarrow\{(1-\lambda)\sqrt{R^2-[(n-0.5)w]^2}+\lambda R-\sqrt{R^2-0.25w^2}\}^2+0^2+(\lambda h)^2\leqslant[L-\sqrt{R^2-0.25w^2}]^2 \tag{15}$$

上述不等式的解即为 λ 的最大值。

2）求解钢筋的最高点，即 λ 的最小值。

如图 14 所示，即为钢筋在最高点时的情况。

设 θ_i 为木条与水平线的夹角。

根据方程（6）得到折叠桌展开后的钢筋方程：

$$\begin{cases}x=\sqrt{R^2-[(n-0.5)w]^2}+\lambda\{R-\sqrt{R^2-[(n-0.5)w]^2}\}\\ y\in[0,w(n-0.5)]\\ z=-\lambda h\end{cases}$$

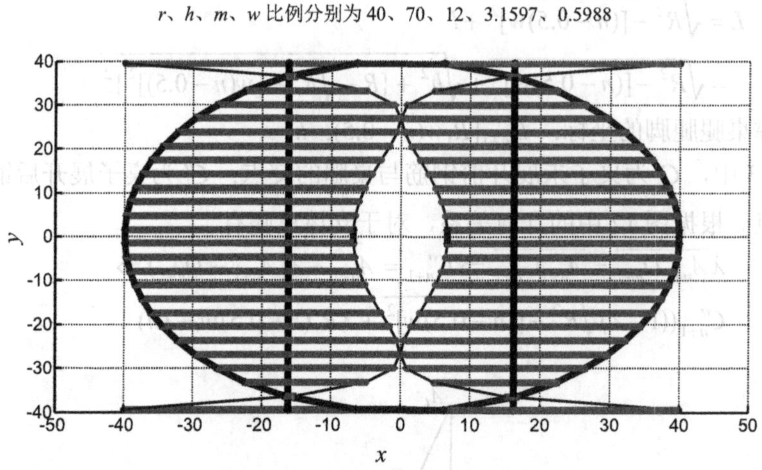

图 14 λ 取最小值时的俯视图

根据图 14 中的几何关系可得

$$x_i = \sqrt{R^2 - (i-0.5)^2 w^2}$$

$$\theta_i = \arctan\frac{\lambda h}{x_i - x} \tag{16}$$

那么可得 D 点的横坐标为

$$D_{x_i} = x_i - (l - x_i)\cos\theta = \sqrt{R^2 - (i-0.5)^2 w^2} - \Big(\sqrt{R^2 - [(n-0.5)w]^2} + \sqrt{h^2 + \big(R - \sqrt{R^2 - [(n-0.5)w]^2}\big)^2} - \sqrt{R^2 - (i-0.5)^2 w^2}\Big)\cos\theta \tag{17}$$

当 $\min D_{x_i} = 0$ 时，求得的即为 λ 的最小值。

2. 桌腿开槽长度的模型

由图 14 的几何关系可得开槽长度的公式如下：

$$\begin{cases} d_i = \left|\overrightarrow{C_iC_i'}\right| = \left|\overrightarrow{A_iC_i'}\right| - \left|\overrightarrow{A_iC_I}\right| \\ \quad = \left|\overrightarrow{A_iC_i'}\right| - \left(\left|\overrightarrow{A_iD_i}\right| - \left|\overrightarrow{D_iC_i}\right|\right) \ (i = 1,2,\cdots,n) \\ \left|\overrightarrow{D_iC_i}\right| = l - \lambda l = l(1-\lambda) \end{cases} \tag{18}$$

5.2.3 给定桌高和桌面直径时的最优设计加工参数

由题意得 $h = 70$，$R = 40$。

根据模型（14），利用 LINGO 11.0 得到相应参数，结果为 n=13，w=3.16cm，平板宽为 79cm，平板长度为 168cm。

根据 5.2.2 节中建立的模型，利用 MATLAB R2011a 得到设计加工参数。结果见表 6 和表 7。

表 6 A_i 的坐标

点	坐标	点	坐标
A_1	(39.9688,1.5799,0)	A_8	(32.2242,23.6981,0)
A_2	(39.7182,4.7396,0)	A_9	(29.6421,26.8578,0)
A_3	(39.2122,7.8994,0)	A_{10}	(26.4375,30.0176,0)
A_4	(38.4408,11.0591,0)	A_{11}	(22.3442,33.1773,0)
A_5	(37.3875,14.2189,0)	A_{12}	(16.7217,36.3371,0)
A_6	(36.0275,17.3786,0)	A_{13}	(6.34245,39.4968,0)
A_7	(34.3246,20.5384,0)		

表 7 桌腿的长度（$\lambda \in [0.2944, 0.5988]$） 单位：cm

i	1	2	3	4	5	6	7
长度	44.0348	44.2854	44.7914	45.5628	46.6161	47.9761	49.6790
i	8	9	10	11	12	13	
长度	51.7794	54.3615	57.5661	61.6594	67.2819	77.6791	

当 $\lambda = 0.2944$ 时，桌脚坐标见表 8。

表 8 桌脚 D_i 的坐标

点	坐标	点	坐标
D_1	(6.7212, 1.5799, −28.8732)	D_8	(10.8359, 23.6981, −47.1556)
D_2	(13.7475, 4.7396, −35.8709)	D_9	(11.2113, 26.8578, −51.1417)
D_3	(13.3851, 7.8994, −36.5954)	D_{10}	(12.7525, 30.0176, −55.9157)
D_4	(12.8744, 11.0591, −37.7137)	D_{11}	(16.3896, 33.1773, −61.3712)
D_5	(12.2618, 14.2189, −39.2653)	D_{12}	(23.8055, 36.3371, −66.9079)
D_6	(11.6235, 17.3786, −41.3055)	D_{13}	(40.0000, 39.4968, −70.0000)
D_7	(11.0820, 20.5384, −43.9066)		

开槽长度见表 9。

表 9 开槽长度 d_i 单位：cm

i	1	2	3	4	5	6	7
长度	18.4656	18.2031	17.6757	16.8787	15.8053	14.4467	12.7933
i	8	9	10	11	12	13	
长度	10.8374	8.5794	6.0462	3.3409	0.8059	0.0000	

其展开图如图 15 所示。

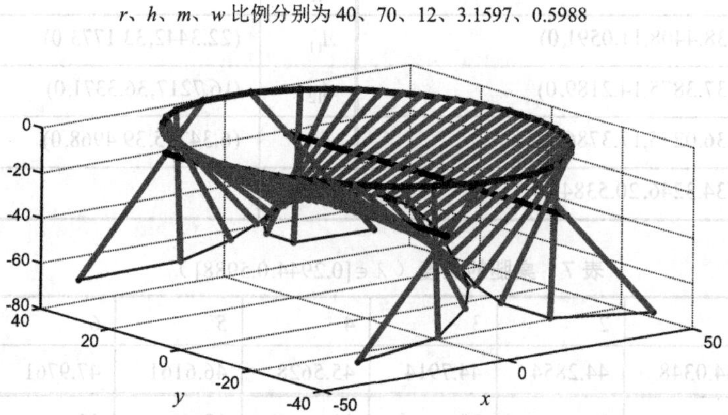

图 15 $\lambda=0.2944$ 时的折叠桌

当 $\lambda=0.49733$ 时，桌脚坐标见表 10。

表 10 桌脚 D_i 的坐标

点	坐标	点	坐标
D_1	(20.7418, 1.5799, −39.6155)	D_8	(19.0597, 23.6981, −50.0779)
D_2	(20.6149, 4.7396, −39.9532)	D_9	(19.5614, 26.8578, −53.4186)
D_3	(20.3727, 7.8994, −40.6367)	D_{10}	(20.8990, 30.0176, −57.2990)
D_4	(20.0403, 11.0591, −41.6820)	D_{11}	(23.6338, 33.1773, −61.6459)
D_5	(19.6595, 14.2189, −43.1136)	D_{12}	(28.7962, 36.3371, −66.1896)
D_6	(19.2952, 17.3786, −44.9637)	D_{13}	(40.0000, 39.4968, −70.0000)
D_7	(19.0459, 20.5384, −47.2712)		

开槽长度见表 11。

其展开图如图 16 所示。

表 11 开槽长度 d_i 单位：cm

i	1	2	3	4	5	6	7
长度	16.7970	16.5636	16.0964	15.3947	14.4578	13.2856	11.8795
i	8	9	10	11	12	13	
长度	10.2445	8.3920	6.3461	4.1557	1.9263	0.0000	

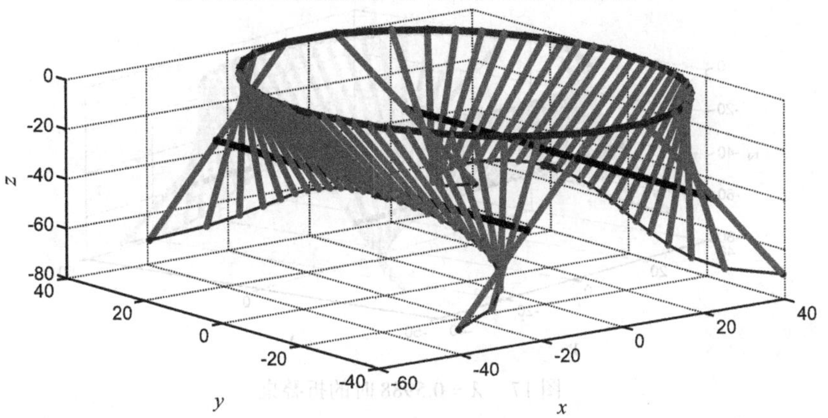

图 16 $\lambda = 0.49733$ 时的折叠桌

当 $\lambda = 0.5988$ 时，桌脚坐标见表 12。

表 12 桌脚 D_i 的坐标

点	坐标	点	坐标
D_1	(26.4879, 1.5799, −41.9205)	D_8	(25.2053, 23.6981, −51.3015)
D_2	(26.3897, 4.7396, −42.2320)	D_9	(25.5648, 26.8578, −54.2084)
D_3	(26.2027, 7.8994, −42.8605)	D_{10}	(26.5088, 30.0176, −57.5660)
D_4	(25.9475, 11.0591, −43.8165)	D_{11}	(28.4123, 33.1773, −65.5263)
D_5	(25.6574, 14.2189, −45.1161)	D_{12}	(31.9913, 36.3371, −65.5263)
D_6	(25.3825, 17.3786, −44.9637)	D_{13}	(40.0000, 39.4968, −70.0000)
D_7	(25.1964, 20.5384, −48.8332)		

开槽长度见表 13。

其展开图如图 17 所示。

表 13 开槽长度 d_i 单位：cm

i	1	2	3	4	5	6	7
长度	17.6620	17.4359	16.9833	16.3035	15.3958	14.2595	12.8942
i	8	9	10	11	12	13	
长度	11.3010	9.4828	7.4455	5.1988	2.7506	0.0000	

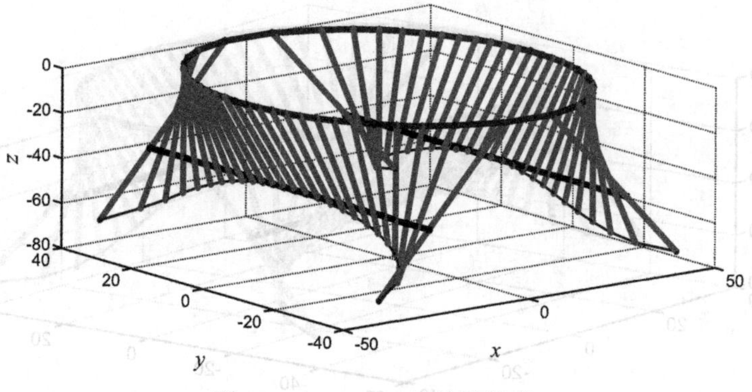

图 17 $\lambda=0.5988$ 时的折叠桌

5.3 问题三：折叠桌设计软件的数学模型及设计创意平板折叠桌

5.3.1 折叠桌设计软件的数学模型

为了使建立的模型具有普适性，要对桌面边缘的线性形状有所限制。限制客户选择的形状可以通过某种变换转化成圆，例如椭圆、内切于圆的对称多边形等。因此，折叠桌的设计还是需要满足问题二中的稳固性好、加工方便、用材最少的要求。在对客户选择的形状进行变换后，后续算法便与问题二一致。故此处只给出该算法的流程图，如图 18 所示。

当桌面为椭圆形时，设椭圆方程为

$$\frac{x_1^2}{a^2}+\frac{y_1^2}{b^2}=1$$

则有

$$x_1^2+\frac{y_1^2}{\frac{b}{a}}=a^2$$

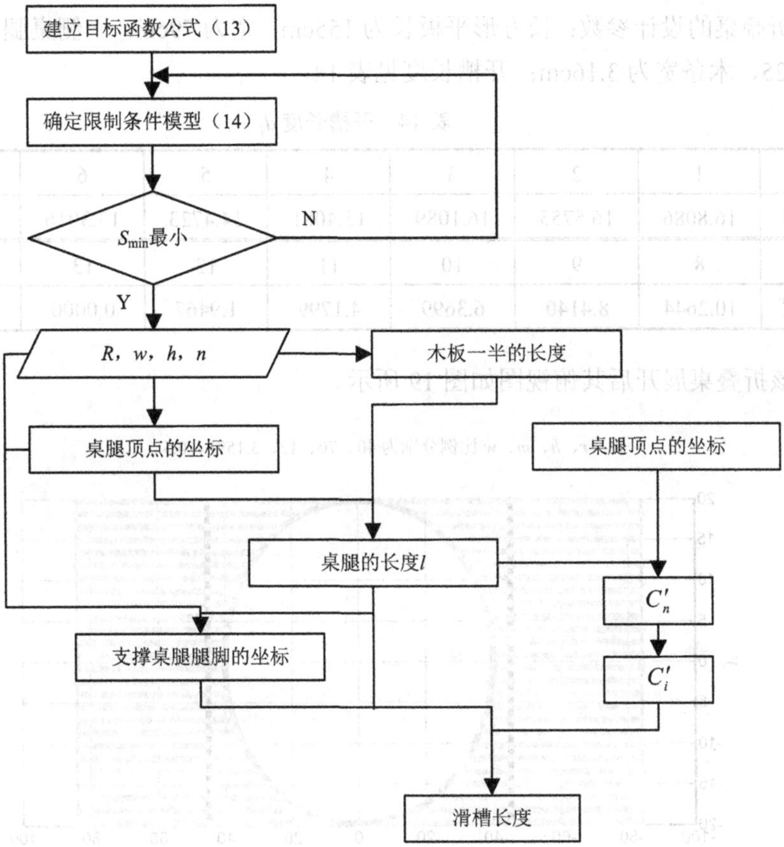

图 18　算法流程图

作如下变换：

$$\begin{cases} x_2 = x_1 \\ y_2 = \dfrac{y_1}{\dfrac{b}{a}} \end{cases}$$

那么，$x_2^2 + y_2^2 = a^2$。

变换成圆后，根据问题二的模型便可求解相应参数。

5.3.2　设计桌面为椭圆形的折叠桌

给定椭圆方程为$\dfrac{x^2}{40^2}+\dfrac{y^2}{80^2}=1$，桌高为 70cm，$\lambda$ 为 0.5。

根据 5.3.1 节中的模型，利用 LINGO 11.0 及 MATLAB R2011a 进行求解，得

到该折叠桌的设计参数：长方形平板长为 155cm，宽为 79cm；一侧桌腿的木条数目为 25，木条宽为 3.16cm；开槽长度见表 14。

表 14 开槽长度 d_i 单位：cm

i	1	2	3	4	5	6	7
长度	16.8086	16.5755	16.1089	15.4081	14.4723	13.3016	11.8973
i	8	9	10	11	12	13	
长度	10.2644	8.4140	6.3699	4.1799	1.9467	0.0000	

该折叠桌展开后其俯视图如图 19 所示。

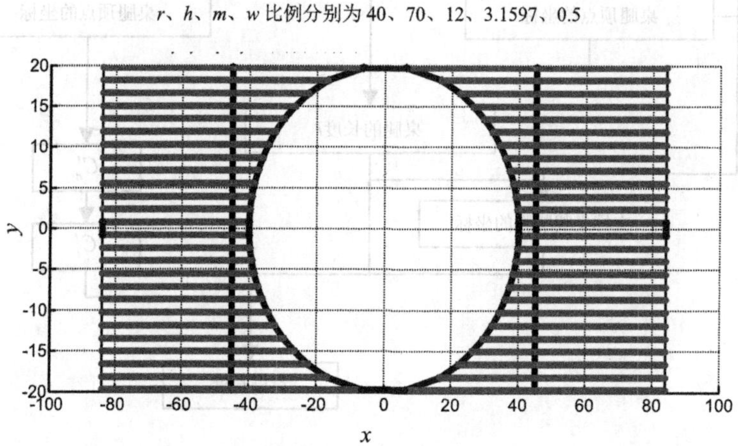

图 19 折叠桌的俯视图

其动态变化图如图 20 所示。

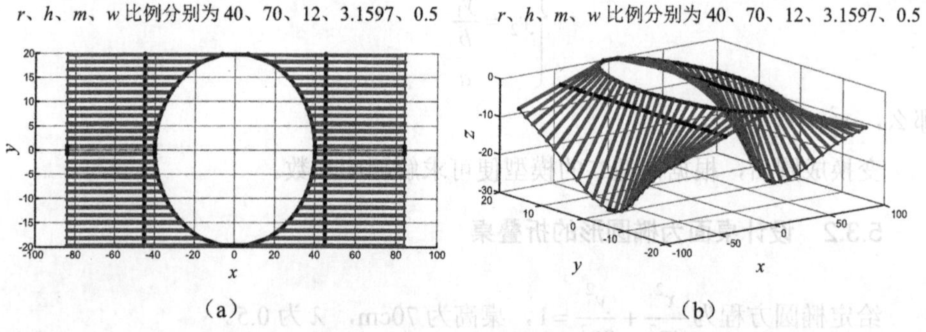

(a) (b)

图 20 折叠桌展开的动态图

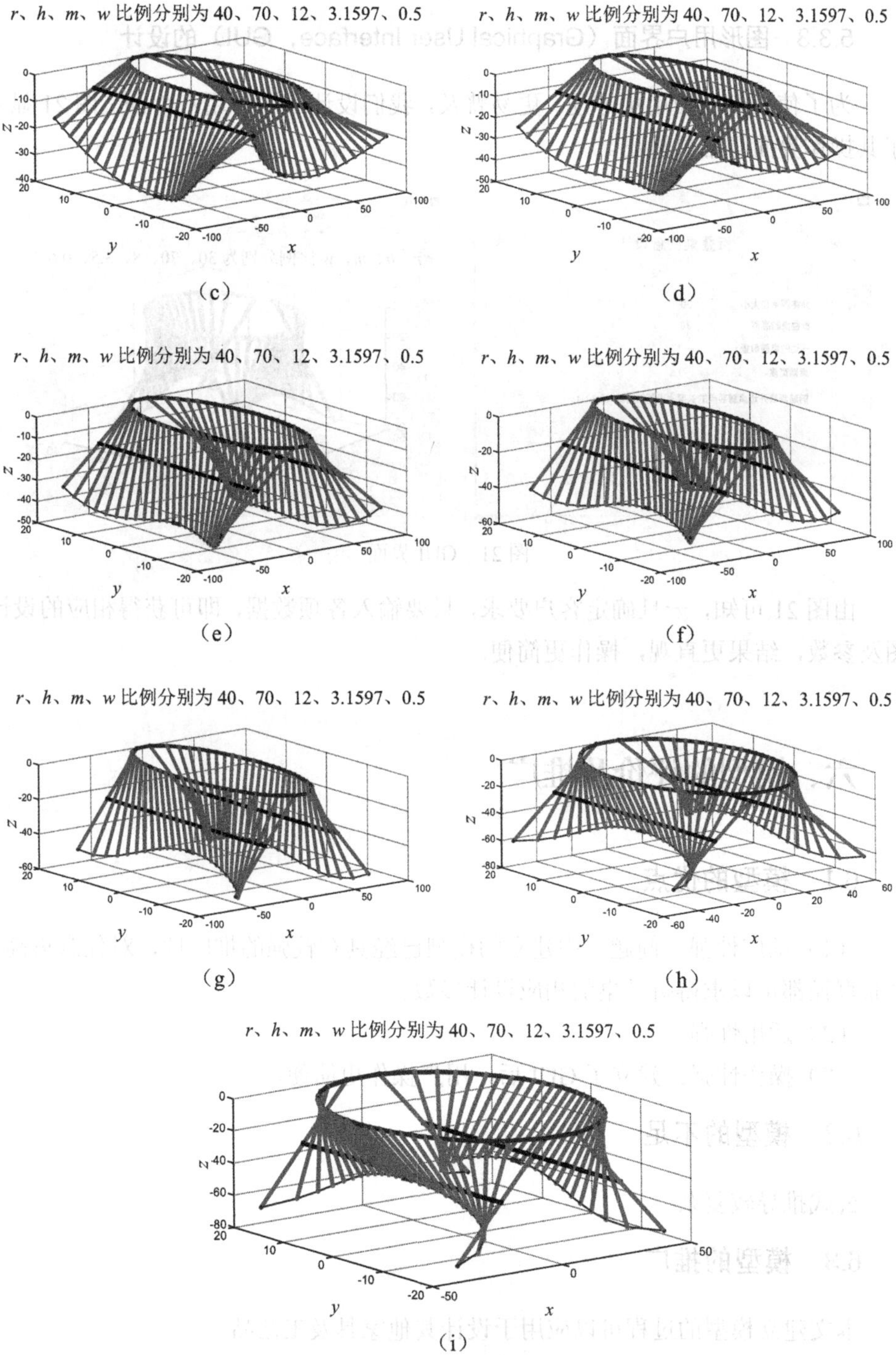
r、h、m、w 比例分别为 40、70、12、3.1597、0.5
（c）
r、h、m、w 比例分别为 40、70、12、3.1597、0.5
（d）
r、h、m、w 比例分别为 40、70、12、3.1597、0.5
（e）
r、h、m、w 比例分别为 40、70、12、3.1597、0.5
（f）
r、h、m、w 比例分别为 40、70、12、3.1597、0.5
（g）
r、h、m、w 比例分别为 40、70、12、3.1597、0.5
（h）
r、h、m、w 比例分别为 40、70、12、3.1597、0.5
（i）

图 20　折叠桌展开的动态图（续图）

5.3.3 图形用户界面（Graphical User Interface，GUI）的设计

为了使该模型使用更方便、更易普及，我们设计了图形用户界面。图 21 显示了其操作界面与结果输出。

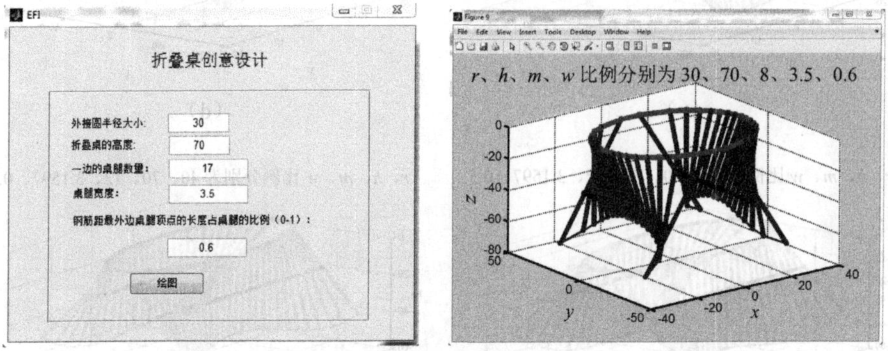

图 21 GUI 界面

由图 21 可知，一旦确定客户要求，只要输入各项数据，即可获得相应的设计图及参数，结果更直观，操作更简便。

六、模型的评价及推广

6.1 模型的优点

（1）推广性强：问题二中建立的模型已经具有较强的推广性，对任意桌高、桌面直径都可以求得折叠桌的相应设计参数。

（2）适用性强。

（3）操作性强：建立了 GUI 后，用户操作更简便。

6.2 模型的不足

公式推导较复杂。

6.3 模型的推广

本文建立模型的过程可以应用于设计其他家具及工艺品。

参考文献

[1] 谢金星，薛毅．优化建模与 LINDO/LINGO 软件[M]．北京：清华大学出版社，2005．

[2] 张汗灵．MATLAB 在图像处理中的应用[M]．北京：清华大学出版社，2008．

【论文评述】

该文架构清晰，结构完整，内容层层递进，整体水平相比上一年有较大幅度的提高。值得一提的是，论文写作主创刘馨竹后来在读研期间，3 年内在全国研究生数学建模竞赛中获得 2 个一等奖、1 个二等奖。

摘要精炼简洁，描述准确。范文将繁杂的问题用简练的语言概括出来，极具有代表性。国赛很多问题都是从简到难，对于如何避免重复表述或者着重加深不同点，该文作了较好的演示。

正文写作切题紧密、重点突出、结构清晰，较大篇幅地引用公式、图形和表格，使得文章更生动耐读。在问题一先建系确定参数 θ 和 h 之间的关系，问题二引入更多的参数，如半径、高、木条数和木条宽，进而得到关于钢筋位置的不等式。根据限定条件，用二次乘法求解出最优解。问题三引入形状参数，变换形状得到更多的解法。该文行文流畅，紧扣主题，特别是最后 GUI 设计，使得文章更具实用性、操作性更强。

模型建立方面，首先建系找出折叠桌模型公式，然后引入参数和限定条件求最优解。该模型引入参数，动态显示，且公式准确，逻辑性强，是一种典型的实用规划模型。

最后，该文之所以获一等奖，除了文笔流畅、模型俱佳、算法巧妙、程序完整之外，更重要的是思路新颖，经得起推敲和检验。

（朱世奔　罗万春）

2014 年 B 题　全国二等奖

基于自适应遗传算法的创意平板折叠桌的多目标优化模型

参赛队员：戴晨曦　刘炳文　杜　凯

指导教师：马　翠

摘　要

创意平板折叠桌是一种十分巧妙的工艺设计品，本文旨在通过对折叠桌的设计原理和折叠动态过程进行研究，优化设计加工参数。

问题一：首先将折叠桌桌脚木条理想化，从而将离散问题转化为连续问题进行分析。通过对折叠桌结构、设计原理及折叠的动态过程进行空间几何分析，确定了桌腿、桌面与钢筋之间的位置关系，建立了桌脚木条理想化条件下的桌腿木条长度、开槽长度以及桌脚边缘线轨迹计算模型，再将计算模型离散化即可得到题目给定尺寸的折叠桌的设计加工参数的计算模型；在此基础上，利用桌脚边缘线轨迹方程，建立了折叠桌折叠展开的动态变化模型，并用 MATLAB R2014a 对折叠桌的动态变化过程进行了仿真模拟，给出了桌脚边缘线随折叠桌展开高度变化的动态变化示意图。

问题二：首先通过分析折叠桌原理和结构，找出影响折叠桌稳固性、加工便捷性和用材量三个指标的四个设计加工参数：钢筋位置、折叠桌模板长度、折叠桌木板厚度和折叠桌木条数目，并建立了多目标综合优化模型。再通过拉丁超立方体抽样（LHS）和部分等级相关系数（PRCCs）灵敏度分析，确定出不同指标权重下关键参数对模型优化结果的影响程度。最后利用自适应遗传算法求解该多目标综合优化模型，并运用 MATLAB R2014a 对最优设计方案的折叠桌动态变化过程进行了模拟，得到了不同指标权重之比下的最优加工参数。当指标权重之比为 0.7:0.001:0.299 时，桌高为 70cm、桌面直径为 80cm 的最优设计加工参数：折叠桌展开成平板的长度 L 为 196.16cm，折叠桌厚度 T 为 0.11cm，桌脚木条数目 n 为 64，钢筋位置比例系数 p 为 0.42。

问题三：首先对任意给定的桌脚边缘线的设计，分析给定形状的侧视图，通过几何求解得出桌脚边缘线和开槽长度之间的约束条件。在问题二建立的多目标优化模型的基础上，建立椭圆桌面的折叠桌设计加工参数的优化模型，椭圆桌面优化模型可以拟合规则的凸多边形。而对于任意其他给定的不规则的桌面形状，利用插值法计算桌面边缘线上点的位置，从而得到折叠桌的相关设计参数，建立多目标优化模型，用自适应遗传算法，求解得出最优设计加工参数，并对桌面形状为四边形、六边形、曲边图形以及不规则形状的折叠桌动态变化过程进行数值模拟，分别给出了9张动态变化示意图。最后，本文利用MATLAB R2014a设计了简易的交互式折叠桌设计软件。

关键词：平板折叠桌　桌脚边缘线　多目标优化　遗传算法　PRCC

一、问题重述

某公司生产一种可折叠的桌子，桌面呈圆形，桌脚随着铰链的活动可以平摊成一张平板。桌脚由若干根木条组成，分成两组，每组各用一根钢筋将木条连接，钢筋两端分别固定在桌脚各组最外侧的两根木条上，沿木条的空槽可保证自由滑动。桌子外形为直纹曲面，造型美观。需建立数学模型讨论下列问题：

问题一：对给定长方形平板（尺寸为120cm × 50cm × 3cm，每根木条宽2.5cm，连接桌脚木条的钢筋固定在桌脚最外侧木条的中心位置，折叠后桌子的高度为53cm）建立模型描述折叠桌的动态变化过程，在此基础上给出此折叠桌的设计加工参数（例如桌脚木条开槽的长度等）和桌脚边缘线的数学描述。

问题二：折叠桌的设计应做到产品稳固性好、加工方便、用材最少。对于任意给定的折叠桌高度和圆形桌面直径的设计要求，讨论长方形平板材料和折叠桌的最优设计加工参数（例如平板尺寸、钢筋位置、开槽长度等）。针对高为70cm、桌面直径为80cm的情形，确定最优设计加工参数。

问题三：公司计划开发一种折叠桌设计软件，根据客户任意设定的折叠桌高度、桌面边缘线的形状大小和桌脚边缘线的大致形状，给出所需平板材料的形状尺寸和切实可行的最优设计加工参数，使得生产的折叠桌尽可能接近客户所期望的形状。你们团队的任务是给出这一软件设计的数学模型，并根据所建立的模型给出几个你们自己设计的创意平板折叠桌。要求给出相应的设计加工参数，画出至少8张动态变化过程中的示意图。

二、模型假设

（1）假设折叠桌展开后，桌面保持水平。
（2）假设折叠桌的桌脚木条为四根以上。
（3）假设折叠桌折叠成桌子时，外侧的桌脚木条都是与地面相接触的。
（4）折叠桌桌脚木条间的缝隙以及桌脚木条与桌面连接的缝隙忽略不计。
（5）假设折叠桌稳定性与折叠桌制作材料无关。

三、符号说明

（1）L：展开成平板状态的长度。
（2）W：展开成平板状态的宽度。
（3）T：展开成平板状态的厚度。
（4）H：折叠成桌子状态时桌面离外侧桌脚木条最下端的垂直高度。
（5）l_k：折叠桌桌脚的第k根木条长度，$k=1,2,3,\cdots$。
（6）θ：折叠桌桌脚最外侧的木条与桌面的夹角。
（7）x_k：折叠桌桌脚第k根木条l_k的开槽长度，$k=1,2,3,\cdots$。
（8）w_i：第i个桌子评价指标的权重，$i=1,2,3,\cdots$。
（9）f_i：第i个目标函数，$i=1,2,3,\cdots$。
（10）p：钢筋位置的比例系数。

四、问题分析

本问题旨在通过对创意折叠桌的设计原理进行分析，对折叠桌的长、宽、桌面边缘线、桌脚边缘线等设计加工参数以及折叠桌折叠动态过程进行研究。

问题一：要求运用数学模型将折叠桌折叠展开的动态变化这样一个直观抽象过程描述清楚，首先需要解决的问题就是分析和掌握折叠桌的工作原理，寻找出折叠桌各个关键的设计加工参数以及这些参数之间的关系和计算方法。从附件中折叠桌设计示意图和展示视频可知，这种创意折叠桌的特点是将不同长度的桌脚木条进行巧妙组合，借助链接钢筋和木条上的滑槽实现折叠桌的展开和折叠。掌握折叠桌的设计原理关键是要通过平面和空间几何相关知识，解决桌脚木条长度、数量、钢筋与木条的位置关系、桌脚木条与桌面的夹角如何确定，以及木条上滑槽如何设计等问题。不难发现，在折叠和展开的过程中，实际上变化最大的也就是桌脚木条的位置。因此，可以考虑通过描述每根桌脚木条位置变化的过程来描述折叠桌折叠展开的动态过程，进而可以考虑用桌脚边缘线随着折叠展开过程中高度或桌脚与桌面夹角的变化情况来对其变化过程进行描述。

问题二：研究任意给定高度和桌面直径的圆形折叠桌的设计加工参数，使得折叠桌的稳固性好、加工方便、用材最少，无非是要对影响折叠桌稳固性、加工和用材的指标因素进行分析，从而找出最优的设计方案。初步分析可知：折叠桌的稳固性应与整个折叠桌各桌脚的最外侧支撑木条受力是否平衡，桌脚木条通过钢筋、铰链与桌面形成的结构是否稳定，以及桌子本身的材料有关；而影响折叠桌加工的主要是桌脚木条的数量以及木条开槽的长度等因素；材料用量主要受到折叠桌展开成平板时的长度等因素影响。要实现稳固性、加工和用材三个方面整体最优，可先对这些指标逐个进行分析，判断影响各个指标的主要参数，最后根据不同的要求进行综合优化设计。显然，对于任意给定高度和圆形桌面直径的折叠桌，可变化的参数及其变化范围是有限的，通过分析这些参数的变化对不同指标的影响，可得到它们之间的关系，通过对参数的改进即可使设计方案达到最优。

问题三：设计满足客户需求的高度、桌面边缘线形状大小和桌脚边缘线大致形状的折叠桌，可沿用问题二中对高度和桌子各参数之间关系的分析结果。但通过桌面边缘线的形状大小来求解各参数比较复杂，故可尝试从规则形状椭圆的角度出发，拟合任意规则的凸多边形。对于客户给定的不规则形状，针对桌面边缘线的形状和大小，可考虑将给定的桌面边缘线设定为一个多边形，并且其顶点坐标给出，将桌面沿正中建立坐标系，顶点坐标的横坐标和纵坐标存在联系，尝试利用插值法得到桌面边缘线的坐标，从而设计相关参数。对于桌脚边缘线，可考虑客户给定的形状是从侧视图观察的，这样可以通过几何求解得出桌脚边缘线和开槽长度之间的联系和限制，尝试建立多目标优化模型，求解设计加工参数。

五、模型建立与求解

5.1 问题一：折叠桌设计原理、加工参数分析及动态变化过程描述

5.1.1 折叠桌设计原理及加工参数分析

折叠桌是一种极具创意的工艺设计，其桌脚由若干根木条组成，每组木条各

用一根钢筋串联，钢筋两端分别固定在桌脚各组最外侧的两根木条上，沿木条的空槽可保证自由滑动。从附件中折叠桌设计示意图和展示视频可知，这种创意折叠桌的特点是将不同长度的桌脚木条进行巧妙组合，借助链接钢筋和木条上的滑槽实现折叠桌的展开和折叠。

为便于分析，本文首先对折叠桌设计的相关参数作如下假设：

（1）假设折叠桌展开状态时平板的长度为L和宽度为W，其中桌面及桌脚厚度T忽略不计。

（2）假设折叠桌由一个圆形桌面和若干根折叠桌桌脚木条组成，其中桌脚木条宽度视为无穷小，桌脚之间的间隙忽略不计。

在上述假设基础上，建立如图1和图2所示的坐标系。

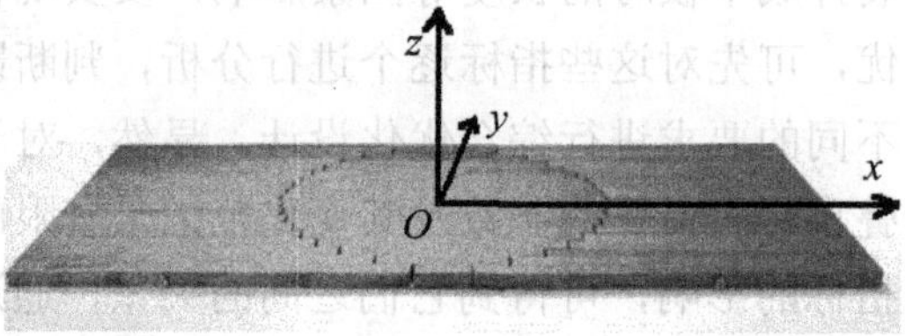

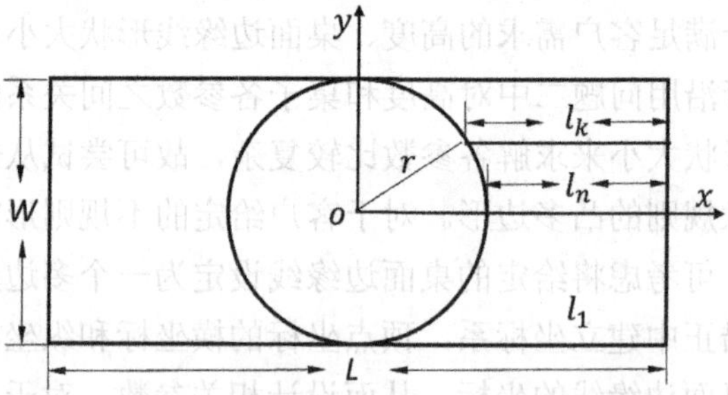

图1 平板折叠桌平摊状态的三维立体图和俯视图

图1中，平板折叠桌长度为L，宽度为W，折叠后桌子的高度为H；圆桌的直径为W，半径$r=\dfrac{W}{2}$；第k根木条l_k的开槽长度表示为x_k，其中l_1为桌脚最外侧木条，l_n为桌脚最内侧木条。

图2中，r_k表示第k根木条所在冠状切面与桌面的相交线，平板折叠桌的桌面厚度为T，折叠后桌子的高度为H，$O'A_k$为圆形桌面截面图的半径，M_k为外边界木条l_1上面所穿过钢筋的位置，$O''A'$为地面。

由此，我们即可将原本离散的问题看作连续的问题来分析桌脚木条长度、开槽长度及桌脚边缘线等设计加工参数。

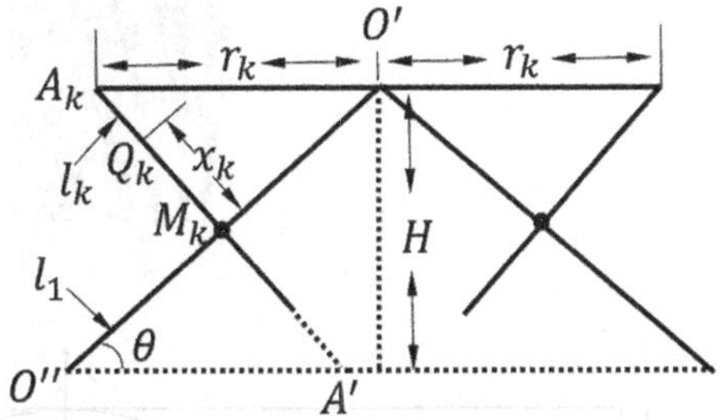

图 2　平板折叠桌折叠变形状态的三维立体图和正视图

1. 折叠桌桌脚木条及开槽长度分析

（1）桌脚木条长度的计算：从折叠桌设计原理易知，折叠桌每根木条及开槽长度不能设计成完全一样，而且开槽位置也各有差异。从上述假设及折叠桌展开的平板平面图分析可知，依据平板的尺寸可以很容易地计算出各木条的长度 l_k。

当考虑最外侧桌脚宽度时，最外侧一对桌脚并不是完全相连的，在圆形桌面的边缘有一定的间距，处理方法如下所述。

在图 3 中，桌脚厚度 $T=3\text{cm}$，由最外侧的桌脚木条宽度可得 $y_1=r-T$，可得

$$d=\sqrt{r^2-{y_1}^2} \tag{1}$$

由 $(d+r_k)^2+{y_k}^2=r^2$ 求出

$$r_k=\sqrt{r^2-y_k^2}-d \tag{2}$$

于是，当平板的长度 L 已知时，可得木条长度为

$$l_k=L-d-r_k \tag{3}$$

（2）桌脚木条开槽长度的计算：从折叠桌展开过程和原理分析可知，最外侧的四根木条是无须开槽的，而其他内侧桌脚木条的开槽长度应在折叠桌展开成平板和折叠成稳定的桌子两个状态时达到极限。为了得到开槽长度 x_k，则需运用图 1 和图 2 所示的示意图和坐标系进行分析。

从图 2 可知，当连接桌脚木条的钢筋固定在桌脚最外侧木条的中心位置时，有

$$l_1=\frac{L}{2}-d \tag{4}$$

$$\sin\theta=\frac{H}{l_1} \tag{5}$$

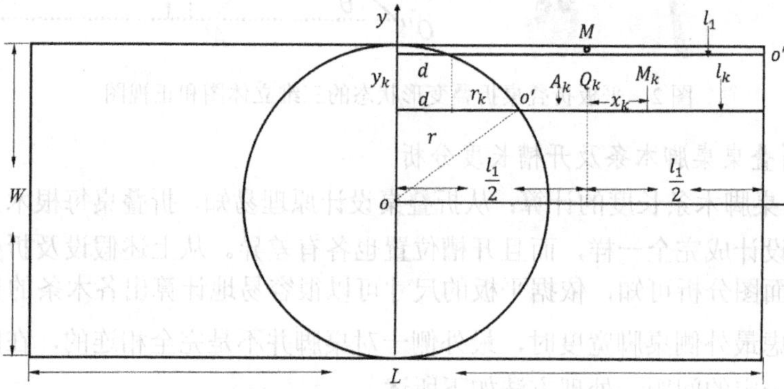

图 3　考虑桌脚宽度的影响时俯视图各点的几何关系

在$\triangle O'A_kM_k$中，由余弦公式可得

$$\cos\theta = \frac{O'A_k{}^2 + O'M_k{}^2 - A_kM_k^2}{2\cdot O'A_k\cdot O'M_k} \tag{6}$$

其中

$$O'A_k = r_k = \sqrt{r^2 - y_k{}^2} - d,\quad O'M_k = \frac{l_1}{2}$$

求得

$$A_kM_k = \sqrt{r_k^2 + \frac{l_1^2}{4} - l_1 r_k\cos\theta} \tag{7}$$

由分析可知，桌子在展开成平板时，l_k的开槽离圆桌面较近的一端达到了极限，此时开槽的顶端与桌子边缘的距离为A_kQ_k，则有

$$A_kM_k = x_k + A_kQ_k \tag{8}$$

在平板折叠桌的俯视图（图 4）中，有

$$A_kQ_k = \left(\frac{l_1}{2} + d\right) - (r_k + d) \tag{9}$$

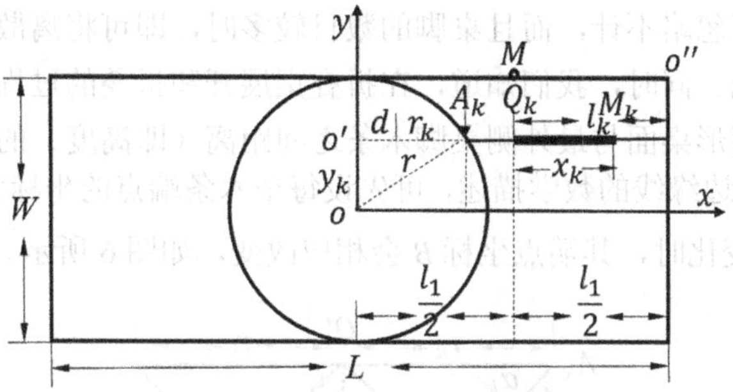

图 4 平板折叠桌俯视图

联立公式（1）～（9），可以求得任意一根木条的开槽长度 x_k 。当忽略最外侧木条的宽度，即忽略 d 时，可求得

$$x_k = r^2 - \frac{r}{2}\sqrt{L^2 - 4H^2} + \sqrt{r^2 - {y_k}^2} + \frac{L^2}{16} - \frac{L}{4} \tag{10}$$

（3）桌脚木条开槽长度与折叠桌高度关系分析：通过对桌脚木条开槽长度计算公式进行分析可知，开槽长度 x_k 随着桌子高度 H 变化的曲线如图 5 所示。

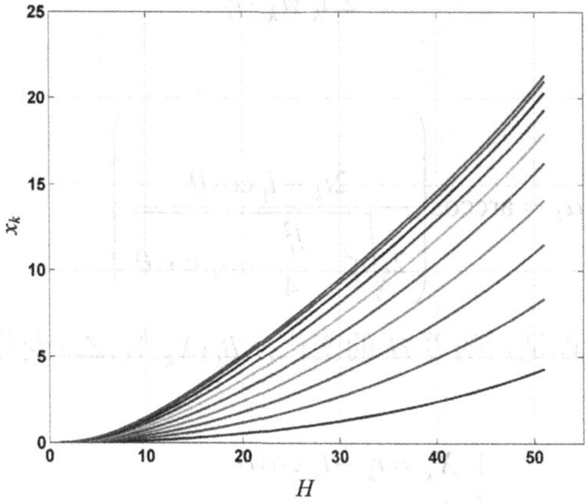

图 5 开槽长度 x_k 随着桌子高度 H 变化的曲线

由图 5 可以看出，开槽长度 x_k 随着桌子高度 H 是递增变化的，所以可以判断每根短木条能同时达到极限点，而且在一次折叠过程中不会出现钢筋在开槽里面往返运动的现象；理想状态下，当每根木条同时达到开槽的顶点时，每根短木条受力均匀，每根木条平均受力最小，开槽长度的设计最合理。

2. 桌脚边缘线轨迹分析

创意桌面的桌脚由若干根木条组成，桌脚边缘线是每根木条的外端点的连线。

当桌脚的厚度可忽略不计，而且桌脚的数目较多时，即可将离散的桌脚端点近似看成连续的曲线。同时，我们知道，在折叠桌展开和折叠的过程中，桌脚边缘线是随着折叠桌圆形桌面与最外侧桌脚木条之间距离（即高度）的变化而变化的。因此，对于桌脚边缘线的数学描述，可先设每个木条端点的坐标为$B_k(X_k,Y_k,Z_k)$，当桌面高度H变化时，其端点坐标B会相应改变，如图6所示。

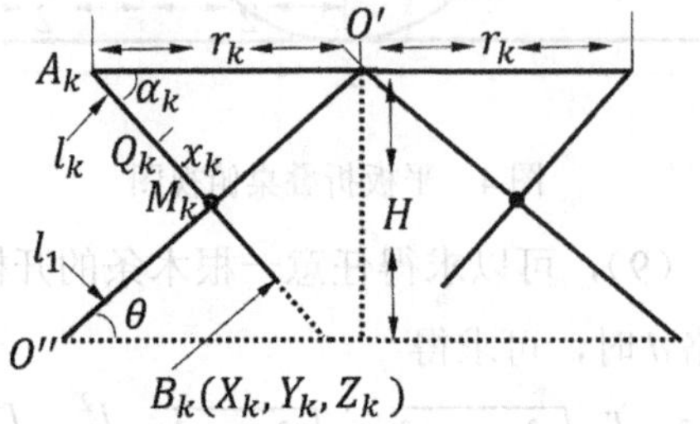

图6　木条端点坐标示意图

在$\triangle O'A_kM_k$中，由余弦定理可知

$$\cos\alpha_k = \frac{A_kM_k^2 + r_k^2 - O'M_k{}^2}{2A_kM_k \cdot r_k} \tag{11}$$

求得

$$\alpha_k = \arccos\left(\frac{2r_k - l_1\cos\theta}{2\sqrt{r_k^2 + \frac{l_1^2}{4} - l_1 r_k\cos\theta}}\right) \tag{12}$$

桌面动态变化过程是指随着H的变化，$B_k(X_k,Y_k,Z_k)$变化的情况，其变化轨迹为

$$\begin{cases} X_k = r_k - l_k\cos\alpha_k \\ Y_k = y_k \\ Z_k = -l_k\sin\alpha_k \end{cases} \tag{13}$$

其中

$$\alpha_k = \arccos\left(\frac{2r_k - l_1\cos\theta}{2\sqrt{r_k^2 + \frac{l_1^2}{4} - l_1 r_k\cos\theta}}\right)，\ \theta = \arcsin\left(\frac{H}{l_1}\right)$$

因此可以求出第 k 根木条的端点坐标 $B_k(X_k,Y_k,Z_k)$，所得方程即桌脚边缘线的轨迹方程，如式（13）所示。

由此，即可通过此桌脚边缘线的轨迹方程描述折叠桌折叠和展开的动态变化过程。

5.1.2 折叠桌折叠展开动态变化过程的数学描述

由于桌脚木条的离散性质，要想利用上述连续性分析的结论来求这个具体的离散问题，就必须将其离散化，离散化过程如下所述。

对于排列在一起的木条，可以用木条中心的坐标来表示木条的位置，则可得到离散化公式为

$$y_k = \frac{W}{2n}(2k-n+1),\ k\in[1,n],\ n\in \mathrm{N}^+,\ n>2 \tag{14}$$

联立式（1）～（9）和（14）可以得出离散的桌脚木条的长度及其开槽长度公式：

$$\begin{aligned} x_k = \frac{1}{4}\Bigg\{ & -2d-L+2\sqrt{W^2-4y_k^2}+\Bigg[L^2+4d^2\left(5-4\sqrt{1-\frac{4H^2}{(-2d+L)^2}}\right) \\ & -4L\sqrt{1-\frac{4H^2}{(-2d+L)^2}}\sqrt{W^2-4y_k^2}+4(W^2-4y_k^2) \\ & +d\left(L\left[-4+8\sqrt{1-\frac{4H^2}{(-2d+L)^2}}\right]+8\left[-2+\sqrt{1-\frac{4H^2}{(-2d+L)^2}}\right]\sqrt{W^2-4y_k^2}\right)\Bigg]^{\frac{1}{2}}\Bigg\} \end{aligned} \tag{15}$$

对于问题一给定的已知条件，即长方形平板 $L=120\text{cm}$，$W=50\text{cm}$，$T=3\text{cm}$，每根木条宽 2.5cm，连接桌脚木条的钢筋固定在桌脚最外侧木条的中心位置，由此可知，折叠后桌子的高度（考虑桌面厚度）为 $53\text{cm}-T=50\text{cm}$，变化范围为 $H\in[0,50]$，木条数目 $n=20$，根据上述离散化公式计算每根木条的开槽长度，见表 1。

表 1 问题一中木条的长度

序号	木条	木条长度/cm	开槽长度/cm
1	l_1（桌脚外侧木条）	52.19	0
2	l_2	46.83	4.36

续表

序号	木条	木条长度/cm	开槽长度/cm
3	l_3	43.46	7.66
4	l_4	41.00	10.37
5	l_5	39.12	12.59
6	l_6	37.67	14.39
7	l_7	36.58	15.80
8	l_8	35.79	16.84
9	l_9	35.28	17.53
10	l_{10}（中心木条）	35.03	17.87

根据桌脚端点的动态变化模型求解出折叠桌的最终状态，并运用 MATLAB R2014a 软件编程模拟，画出木条的桌脚边缘线，如图 7 所示。

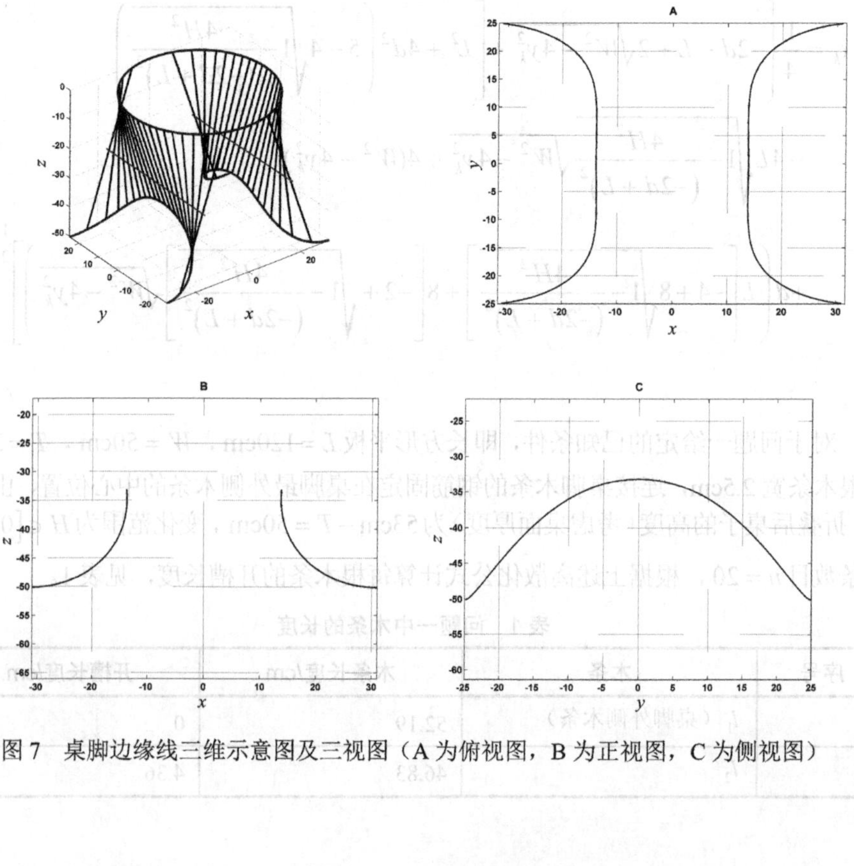

图 7　桌脚边缘线三维示意图及三视图（A 为俯视图，B 为正视图，C 为侧视图）

图 7 中桌角边缘线即每根木条端点的连线（下两条蓝色曲线），红线表示钢筋，黑线表示木条。同时，软件模拟桌子从平摊状态到正立稳定状态（高度为 0～50cm）的动态示意图如图 8 和图 9 所示。

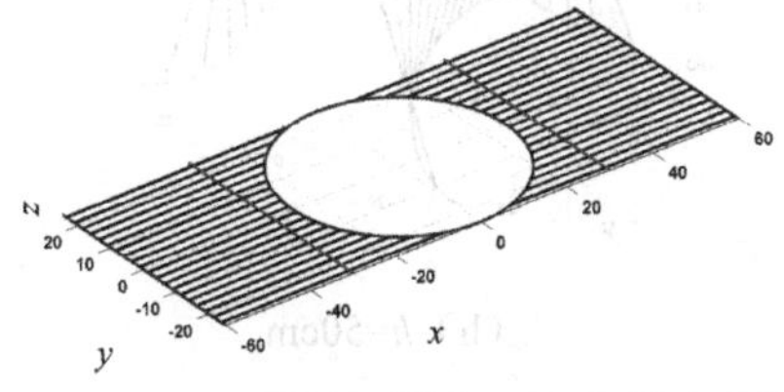

（a）h=0cm

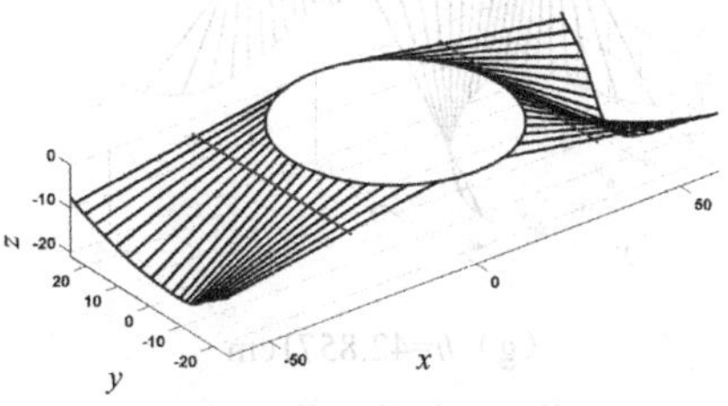

（b）h=7.1429cm

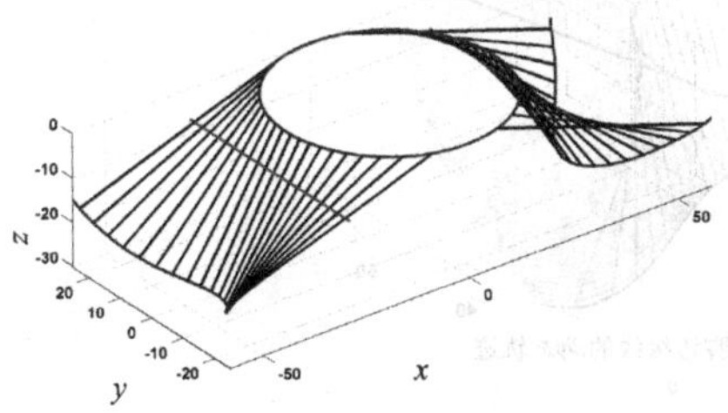

（c）h=14.2857cm

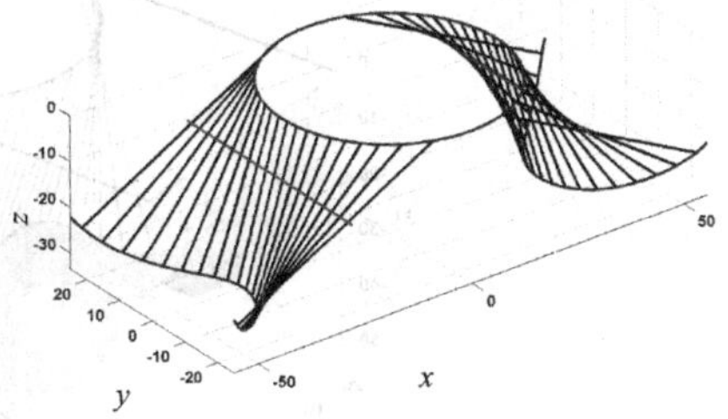

（d）h=21.4286cm

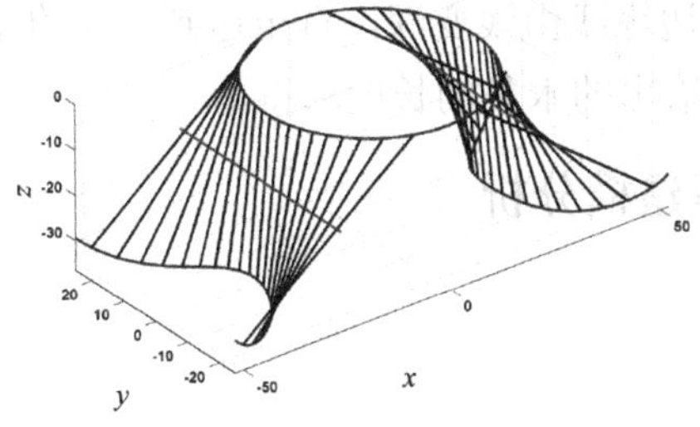

（e）h=28.5714cm

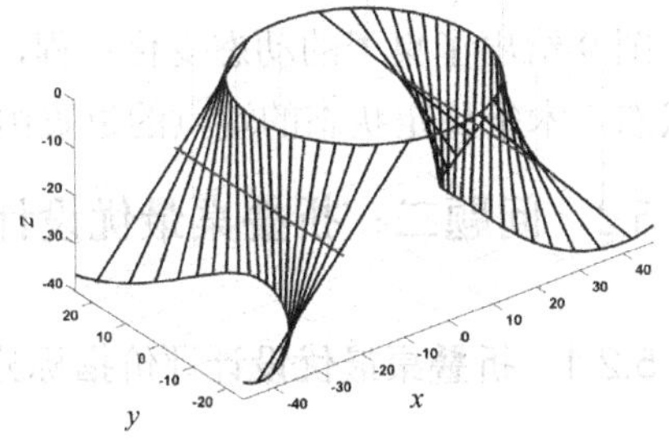

（f）h=35.7143cm

图 8　折叠桌从平板状态到折叠成桌子状态的动态示意图

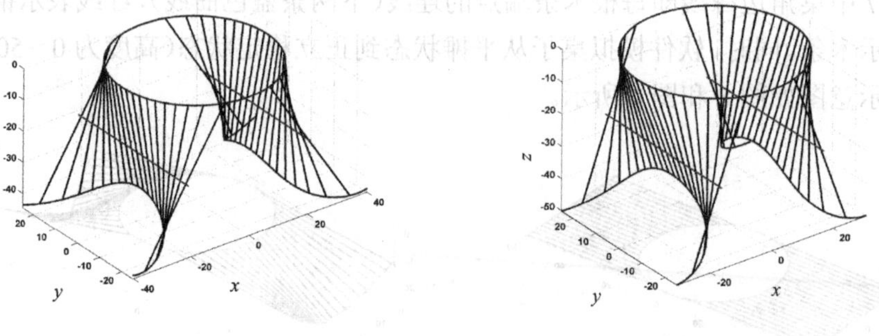

（g）h=42.8571cm　　（h）h=50cm

图 8　折叠桌从平板状态到折叠成桌子状态的动态示意图（续图）

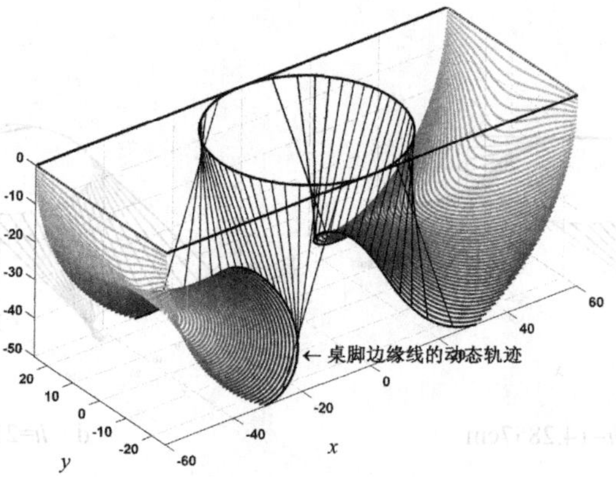

图 9　折叠桌从平板状态到折叠成桌子状态的动态示意图

图 9 给出了桌子的动态变化过程，桌脚边缘线由浅变深，直至达到正立的稳定状态，木条稳定状态的端点的位置由表 1 给出的木条的长度求得。

5.2　问题二：折叠桌最优设计方案建模分析

5.2.1　折叠桌最优设计评价指标分析

折叠桌设计的目标要求是：稳固性好、加工方便、用材最少。初步分析可知：折叠桌的稳固性应与整个折叠桌各桌脚的最外侧支撑木条受力是否平衡，桌脚木条通过钢筋、铰链与桌面形成的结构是否稳定以及桌子本身材料有关；而影响折叠桌加工的主要是桌脚木条的数量以及木条开槽的长度等因素；材料用量主要受到折叠桌展开成平板时的长度等因素影响。实现稳固性、加工和用材三个方面整体最优，可先对这些指标逐个进行分析，判断影响各个指标的主要参数，最后根据不同的要求进行综合优化设计。

（1）稳固性指标。由于木条杆受力十分复杂（除移动效应外，还有转动效应），故本文考虑从力矩角度对其进行深入分析。

如图 10 所示，选择 M_k 点为支点，以桌脚外侧木条 l_1 为作用对象进行受力分析。

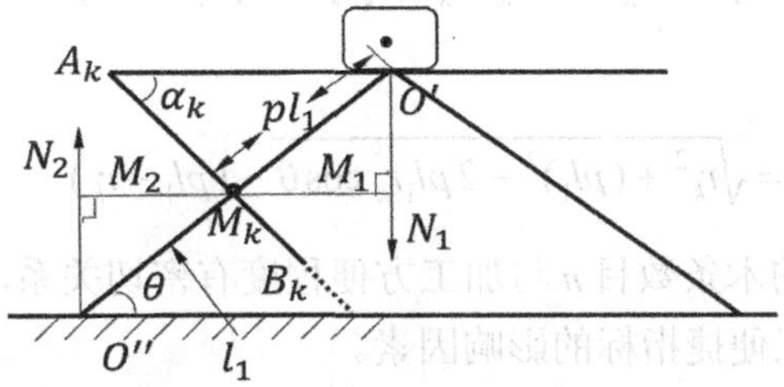

图 10 木条 l_1 的受力分析图

当折叠桌不放置任何物体时，处于受力平衡状态，净作用力是零，合力矩也为零，此时外侧支撑木条 l_1 处于静止状态；物体置于桌面上的瞬间，作用力在垂直方向上，作用力分别与其对应的力臂 M_1、M_2 相乘得到分力矩。合力矩的作用效果有两种情况：过大时会使木条 l_1 从支点处断裂；较小时会使得木条 l_1 具有一个沿着支点转动的趋势。故当作用力大小一定时，可以直接用其力臂 M_1 衡量桌子的稳固性。

对于钢筋位置 M_k 点的变化，可以用一个参数 p 来描述，p 可定义为钢筋位置的比例系数，也是加工参数之一。设 $O'M_k = p \cdot l_1$，$l_1 = \dfrac{L}{2}$，其中 $p \in \left(\dfrac{r}{l_1}, 1\right)$，如图 10 所示，可得桌面上重物对木条 l_1 的压力到钢筋支点的力臂为

$$M_1 = pl_1 \cos\theta \tag{16}$$

地面对木条 l_1 的支撑力到钢筋支点的力臂为

$$M_2 = (1-p)l_1 \cos\theta \tag{17}$$

木条杆受力的作用效果由合力矩决定，在作用力方向一定时，主要由力臂 M_1 和 M_2 的大小决定，所以作用力对稳固性的影响可表述为

$$\max\{M_1, M_2\} \tag{18}$$

由于木条的稳定性同时也受材质、宽度和厚度等因素影响，但在本文中，只考虑一种木材材质，所以忽略材质的影响；木条的厚度和宽度对稳固性的影响显而易见，当木条宽度越宽，厚度越厚时，木条稳固性越好，其中宽度表示为 $\dfrac{2 \cdot W}{n}$，厚度表示为 T。

综上所述，稳固性与外力力臂、木条宽度和厚度有关。

（2）加工便捷指标。加工便捷指标与所有木条开槽的长度之和有关，即开槽的长度总和越大，所需加工量越多，便捷性越差。当其他参数固定时，开槽长度可以转化为其他参数，因为

$$x_k = A_kM_k - (pl_1 - r_k)，\quad A_kM_k = \sqrt{{r_k}^2 + (pl_1)^2 - 2pl_1r_k\cos\theta}$$

所以

$$x_k = \sqrt{{r_k}^2 + (pl_1)^2 - 2pl_1r_k\cos\theta} - (pl_1 - r_k) \tag{19}$$

其次，折叠桌的木条数目 n 与加工方便程度有密切关系，所以折叠桌的木条数目 n 也应作为加工便捷指标的影响因素。

（3）材料用量指标。影响因素只有平板尺寸，由于平板的宽度已知，则只需讨论平板长度 L 的影响，而木板长度 L 又与折叠桌的高度有关，所以材料用量只与桌面的长度（或折叠桌高度）和厚度有关。

根据以上分析可定义折叠桌最优设计的三个评价指标如下：

稳固性指标：

$$I_1 = \frac{2W}{n}Tpl_1\cos\theta \tag{20}$$

加工便捷指标：

$$I_2 = \sum_{k=1}^{n} x_k \tag{21}$$

材料用量指标：

$$I_3 = LT \tag{22}$$

（4）折叠桌指标体系建立及标准化处理。对上述三个指标进行量纲标准化处理：对于 I_1，由于折叠桌圆形桌面直径已经给定，即折叠桌的宽度给定，由分析可知

$$I_1 \in \left[\frac{2W}{n_{\max}}L_{\min}T_{\min}, \frac{2W}{n_{\min}}L_{\max}T_{\max}\right]$$

所以，根据 min−max 数据标准化处理的方法，即

$$新数据 = \frac{原数据 - 最小值}{最大值 - 最小值}$$

可得 I_1 量纲标准化后的指标为

$$f_1 = \frac{\dfrac{LT}{n} - \dfrac{L_{\min}T_{\min}}{n_{\max}}}{\dfrac{L_{\max}T_{\max}}{n_{\min}} - \dfrac{L_{\min}T_{\min}}{n_{\max}}} \tag{23}$$

同理，由于$I_2 \in [0, \frac{L}{2}(1-p)I_2]$，$I_3 \in [L_{\min}T_{\min}, L_{\max}T_{\max}]$，可得$I_2$量纲标准化后的指标为

$$f_2 = \frac{2\sum_{k=1}^{n} x_k}{(1-p)L} \tag{24}$$

I_3量纲标准化后的指标为

$$f_3 = \frac{LT - L_{\min}T_{\min}}{L_{\max}T_{\max} - L_{\min}T_{\min}} \tag{25}$$

5.2.2 基于遗传算法的折叠桌设计方案多目标优化模型

（1）目标函数的建立。折叠桌设计的优劣取决于产品的稳固性、加工便捷性以及用材量的多少，而对于不同的人，个人主观偏好不一样，所以不同的指标在评判设计优劣的时候所占的比重不同。因此，本文综合考虑三方面的影响因素以及影响因素在评价时所占的权重得到最终的目标函数，将折叠桌的设计优化问题转换为对不同指标的优化问题，则有

$$Z = w_1 f_1 + w_2 f_2 + w_3 f_3$$

（2）约束条件分析。

1）由图 11 和 p 的定义可知，p 描述的是钢筋位置 M 点的变化，不论如何，M 始终处在l_1上面，可设$p = \frac{O'M}{l_1}$，则有$0 < p < 1$。

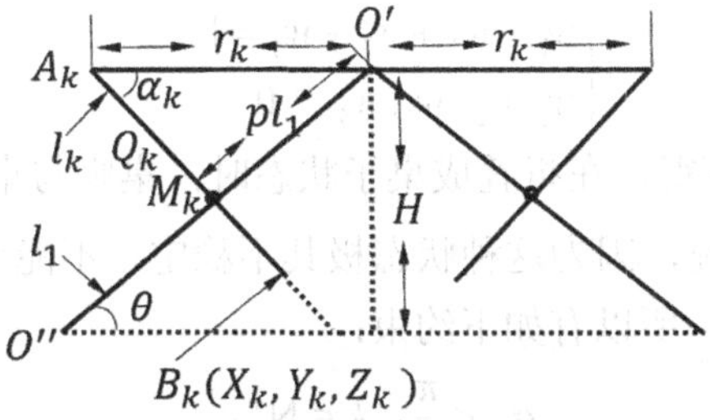

图 11　平板折叠桌直立状态正视图

2）由图 11 可知，$L > l_1$，又由于在折叠桌平摊的时候，要保证桌脚开槽的顶

点不会达到桌面的边缘，即 $pl_1 > r$，$r = \dfrac{W}{2}$，所以需满足 $pL > W$，同时，假定平板的长度大于宽度，则有如下约束：

$$\begin{cases} pL > W \\ W < L \end{cases}$$

3）由分析可知，在折叠桌从平摊状态逐渐达到正立的稳定状态时，必须保证两组相对的桌脚不会碰到一起，若不满足该条件，则可能出现如图 12 所示的情况，所以要保证横坐标 $X_k > 0$；而在此过程中，所有桌角端点的坐标值 Z_k 一直都比最外侧木条的桌脚端点坐标 Z_1 要大，即必须满足假设（3）：折叠桌完全展开后，外侧的木条都是与地面相接触的。因此有如下约束：

$$\begin{cases} X_k > 0 \\ Z_k > Z_1,\ k > 1 \end{cases}$$

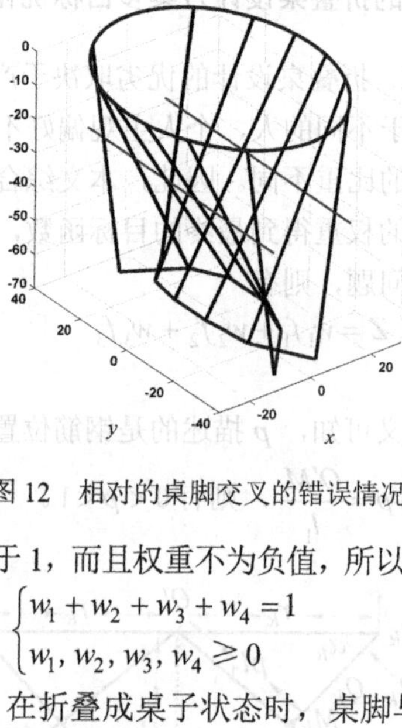

图 12 相对的桌脚交叉的错误情况

4）由于权重的总和等于 1，而且权重不为负值，所以对权重来说具有以下约束：

$$\begin{cases} w_1 + w_2 + w_3 + w_4 = 1 \\ w_1, w_2, w_3, w_4 \geqslant 0 \end{cases}$$

5）由受力分析可得，在折叠成桌子状态时，桌脚与桌面的夹角 α_k 绝不会出现全部大于 90°的情况，因为这种状态极其不稳定，不能达到受力平衡，只要受力，就会向平板变形，所以有如下约束：

$$\exists \alpha_k < \frac{\pi}{2},\ k \in \mathrm{N}^+$$

（3）模型建立。

综上所述，可得到确定最佳折叠桌设计加工参数的优化模型：

$$\min Z = w_1 f_1 + w_2 f_2 + w_3 f_3 \tag{26}$$

$$s.t.\begin{cases} 0 < p < 1 \\ pL > W \\ W < L \\ 2k + 2 = n,\ k \in \mathrm{Z}^+ \\ 0 < T < H \\ X_k > 0 \\ Z_k > Z_1,\ k > 1 \\ w_1 + w_2 + w_3 + w_4 = 1 \\ w_1, w_2, w_3, w_4 \geqslant 0 \\ \exists \alpha_k < \dfrac{\pi}{2},\ k \in \mathrm{N}^+ \end{cases} \tag{27}$$

在对折叠桌的最优化设计进行评价时，因为不同的人会有不同的主观偏好，所以需要确定每一个指标的权重系数，因而必须考虑当分配的权重系数变化时，评价的结果将会产生怎样的变化，即需要对各个指标进行灵敏度分析。

5.2.3 灵敏度分析

灵敏度分析经常用来研究原始数据不准确或发生变化时最优解的稳定性，通过灵敏度分析可以决定哪些参数对系统或模型有较大的影响，还可以用来确定评价指标发生变化时最优解的变化情况。

（1）偏等级相关系数（PRCC）灵敏度分析方法介绍。在模型中，p、L、T 和 n 为未知变量，需要求出最优的参数。在此之前，需要对各目标进行灵敏度分析，以探究未知变量和指标体系之间的关系，寻找对目标函数作用最大的参数。同样地，对于目标函数可以通过权重调节，改变不同参数对目标函数的影响程度，从而可以找出参数合适的变化区间。

偏等级相关系数（PRCC）是一个数学研究领域常用的灵敏度分析方法，将拉丁超立方体抽样（LHS）和部分等级相关系数（PRCCs）结合起来使用，主要分析模型结果影响的关键参数。LHS 是一种分层抽样技术，将随机参数分布分为 N 个等概率区间，然后取样。N 代表样本的大小，通常远大于参数变化的数量，以确保准确性，本文取 $N = 1000$。PRCC 计算使用等级转换的 LHS 矩阵和输出矩阵来描述不确定性对模型结果的影响[1-2]。

拉丁超立方体抽样是最新抽样技术，和蒙特卡罗方法相比，它迭代次数较少，准确性更高。

假设在 K 维向量空间抽取 m 个样本，拉丁超立方体抽样步骤如下：

1）将每一维分成互不重叠的 m 个区间，使每个区间有相同的概率（通常使用均匀分布，这样的区间长度相同）。

2）在每一维的每个区间中随机抽取一点。

3）再从每一维里随机抽取 2）中选取的点，将它们组成向量。

等级相关系数也称为“秩相关系数”，是反映等级相关程度的统计分析指标。与等级相关系数类似，PRCC 反映排列好数据与输出结果的偏相关性，这些数据用 LHS 抽样得出。

（2）确定灵敏度分析参数取值范围。在 PRCC 灵敏度分析中，需要确定每个参数的基线值、最大（小）值，见表 2。

表 2　灵敏度分析参数取值范围

参数	基线值	取值范围
p	0.5	(0,1)
L	192cm	$(W,4W)$
T	3cm	(0.1,10)
n	40	(4,100)

L 的取值范围由于美观性和实用性的要求，一般不会太大也不会太小，不妨取宽度 W 的 1～4 倍；而在一般情况下，桌子的厚度 T 不会超过 10cm；桌脚的数目不低于 4 根，多则不限，但桌脚木条数目太多则会使桌脚太细，于是应取一个上限值，约 100 根。

（3）灵敏度分析结果及分析。利用 PRCC 得到的灵敏度分析结果如图 13 所示。

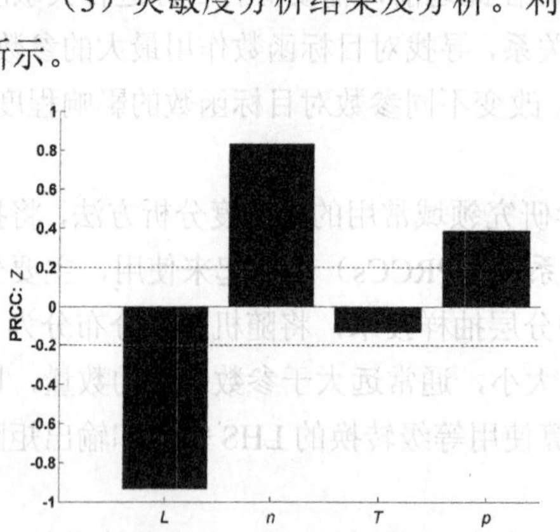

（a）

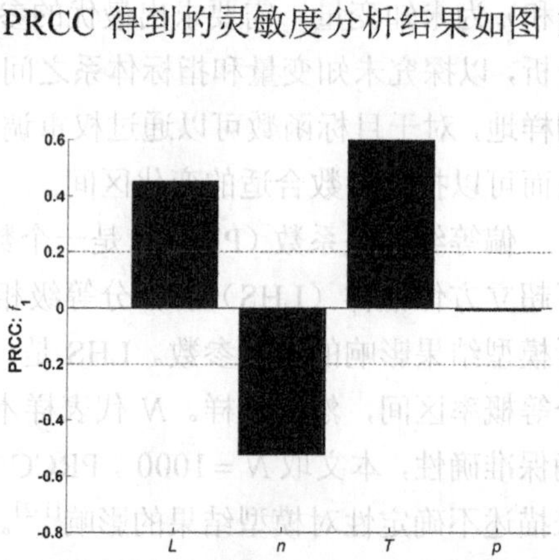

（b）

图 13　各指标的 PRCC 分析

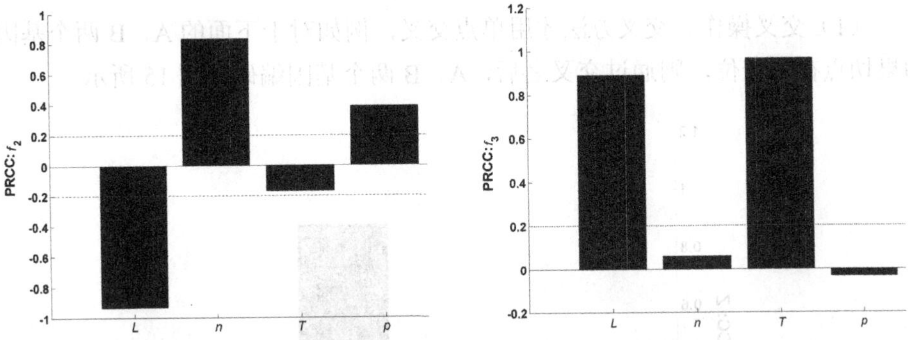

（c） （d）

图 13 各指标的 PRCC 分析（续图）

图 13 分别表示目标函数 Z 和指标 f_1、f_2、f_3 的偏等级相关系数分析。（a）中目标函数的三个指标权重相等，都为 1/3，得出 T 是影响总目标最优化的最重要因素，而 p 和 L 的影响次之，n 则不明显；（b）中则是 L 和 T 与 f_1 呈显著正相关，n 与 f_1 呈显著负相关；（c）中 f_2 与 n 呈强正相关，与 L 呈负相关；（d）中，L 和 T 则与输出呈强正相关。

不同的厂家对桌子的设计要求不同，即存在权重的差异性。对稳固性要求高，那么给 f_1 赋较大的权重；对加工便捷性要求高，则可给 f_2 赋较大权重；材料要求少，则给 f_3 赋较大权重。例如：在图 13（c）中，f_2 与 n 呈强正相关，由于桌脚木条数目 n 的大小直接影响美观性，脚木条数越多时，直纹曲面越光滑，造型越美观，厂家在设计时只需要给予 f_2 一个更大的权重就可以使得桌子更加美观。

在图 13（a）中，经观察发现，n 对总目标函数影响较大，主要是因为加工便捷性的权重 w_2 赋值过大，不妨设权重 $w_1 = 0.7$，$w_2 = 0.01$，$w_3 = 0.29$，得出总目标函数的 PRCC，如图 14 所示。

通过图 13 和图 14，可直观察觉权重对目标函数的影响较大。通过敏感性分析，可以调节权重以调节每个参数对目标函数的影响，从而可以设计出不同加工参数的折叠桌。

5.2.4 基于遗传算法的折叠桌设计方案多目标优化模型求解

查阅相关文献[3]可知四维变量的优化模型可以用遗传算法求解。

遗传算法是一种模拟进化算法，具备随机搜索和全局优化的能力，具有极高的鲁棒性和广泛适用性。

交叉和变异是算法执行中非常重要的两个部分，本文所选用的交叉变异算法如下：

（1）交叉操作。交叉方法才用单点交叉，例如对于下面的A、B两个基因：如果切点在第4位，则通过交叉之后，A、B两个基因编码如图15所示。

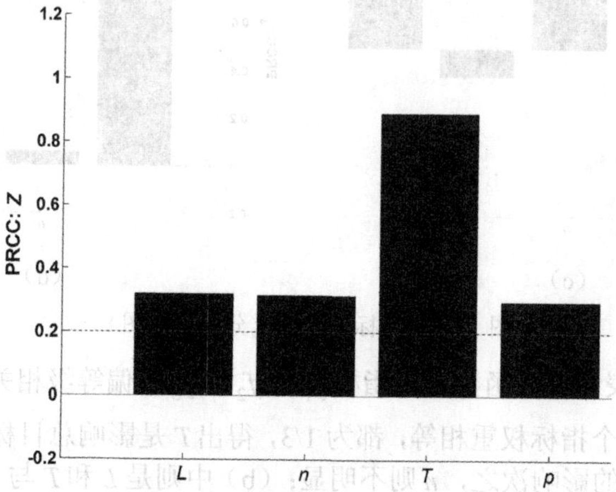

图14　不同权重的PRCC示意图

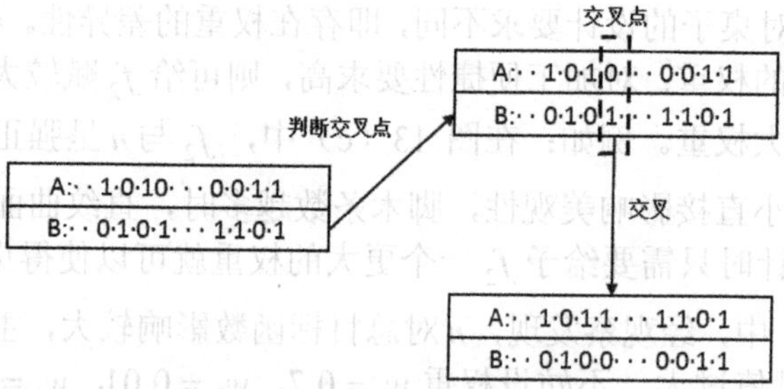

图15　交叉操作示意图

（2）变异操作。变异是根据变异概率反转子代编码某个位置的值，例如将0变成1，一般变异概率为很小的数，为0～0.05。

自适应遗传算法流程图如图16所示。

自适应遗传算法的基本步骤：

步骤1：随机产生初始种群数目，个体数目一定，每个个体表示为染色体的基因编码（转化为二进制数）。

步骤2：用轮盘赌策略确定个体的适应度，即目标函数值的相反数，并判断是否符合优化准则，若符合，输出最佳个体及其代表的最优解，并结束计算，否则转向步骤3。

步骤 3：依据适应度选择再生个体，适应度高的个体被选中的概率高，适应度低的个体可能被淘汰。

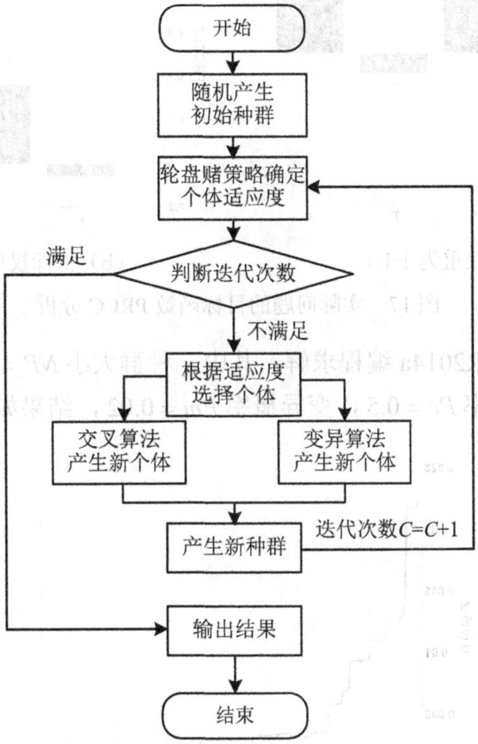

图 16　自适应遗传算法流程图

步骤 4：按照一定的交叉概率和交叉方法（1），生成新的个体。

步骤 5：按照一定的变异概率和变异方法（2），生成新的个体。

步骤 6：由交叉和变异产生新一代的种群，返回到步骤 2。

5.2.5　加工参数最优化求解结果

首先赋权重，分别绘制三个指标的权重为 1:1:1 和对稳定性要求为 0.7，加工便捷性权重为 0.001，材料用量权重为 0.299 的目标函数 PRCC 分析图如图 17 所示。

在图 17 中，可以看出在不同权重下，目标函数与指标之间相关性不同。(a) 图中目标函数与 n、L 相关性较强，而（b）图则稍弱；（a）图与 T 和 p 相关性较弱，而（b）图则较强。因此，在进行遗传算法求解时（a）图对 L 和 n 的要求较高，（b）图目标函数对 T 和 p 参数的变化反应较强烈。

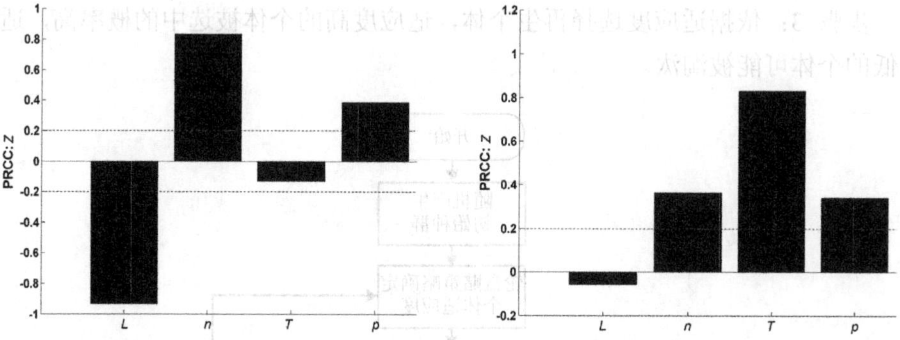

（a）指标权重为 1:1:1　　（b）指标权重为 700:1:299

图 17　实际问题的目标函数 PRCC 分析

利用 MATALB R2014a 编程求解，其中，种群大小 $NP = 200$，最大进化代数 $NG = 200$，杂交概率 $Pc = 0.5$，变异概率 $Pm = 0.02$，结果如图 18 所示。

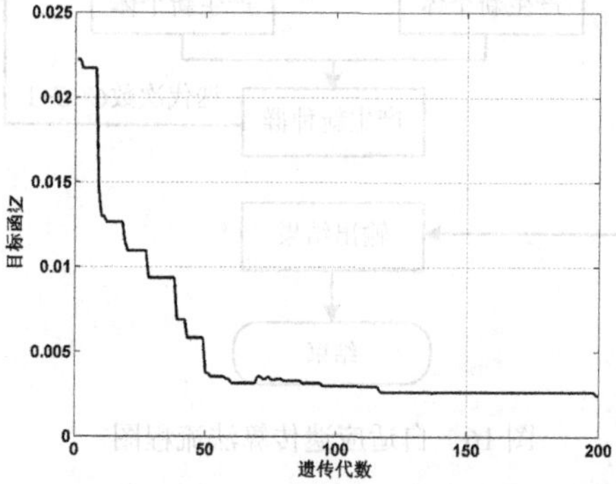

图 18　遗传算法求解结果（指标权重为 1:1:1）

当三个指标权重相等时，得出给定桌高为 70cm、桌面直径为 80cm 的最优设计，如图 19 所示。

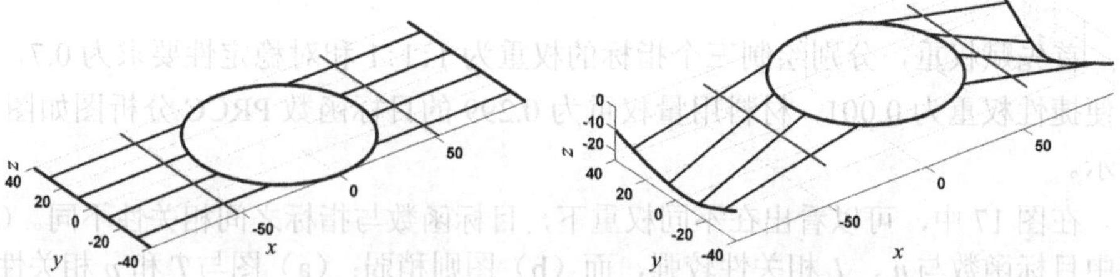

（a）$h = 0$　　（b）$h = 9.9499$cm

图 19　三个指标权重相等的折叠桌设计结果

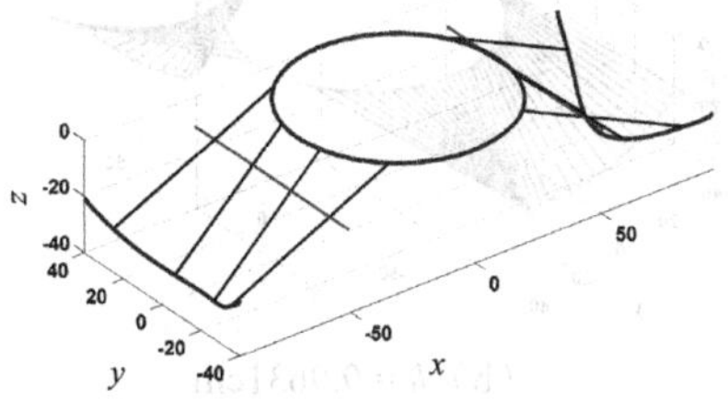

（c）$h = 19.8998$cm

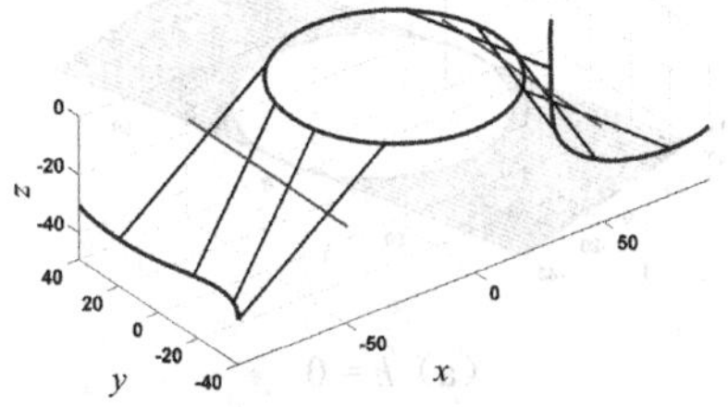

（d）$h = 29.8497$cm

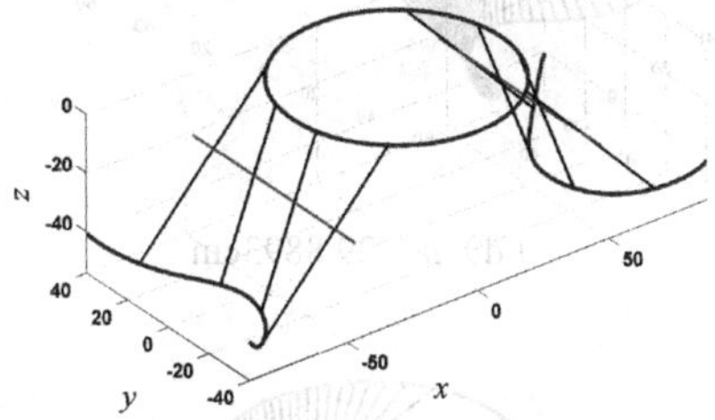

（e）$h = 39.7996$cm

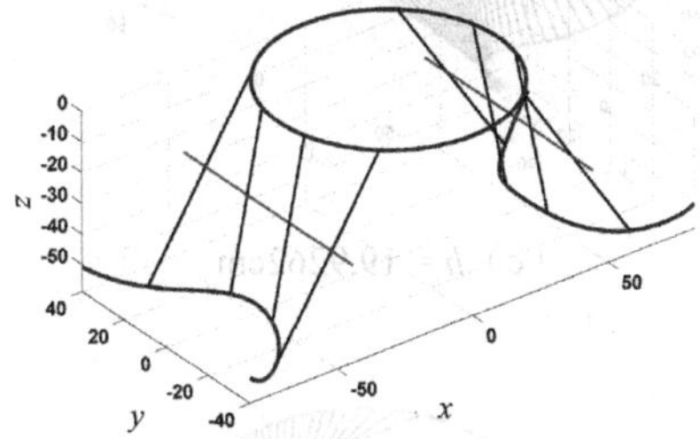

（f）$h = 49.7494$cm

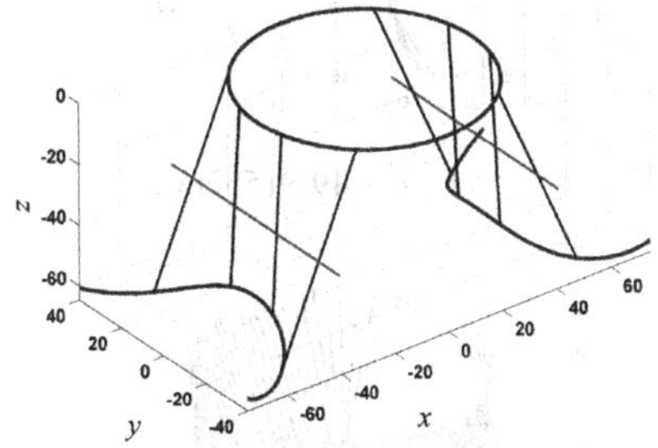

（g）$h = 59.6993$cm

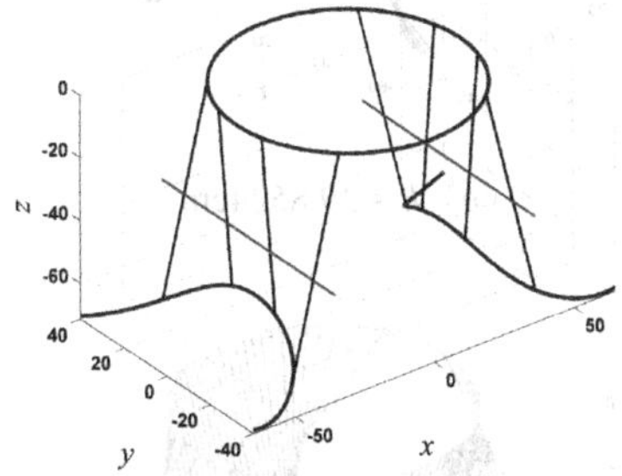

（h）$h = 69.6492$cm

图 19　三个指标权重相等的折叠桌设计结果（续图）

当稳定性指标、加工便捷性指标与材料用量指标权重之比为0.7 : 0.001 : 0.299时，得出给定桌高为 70cm、桌面直径为 80cm 的最优设计，如图 20 所示。

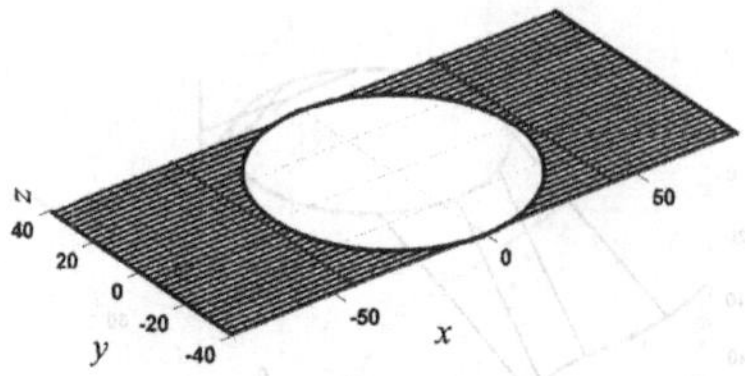

（a）$h=0$

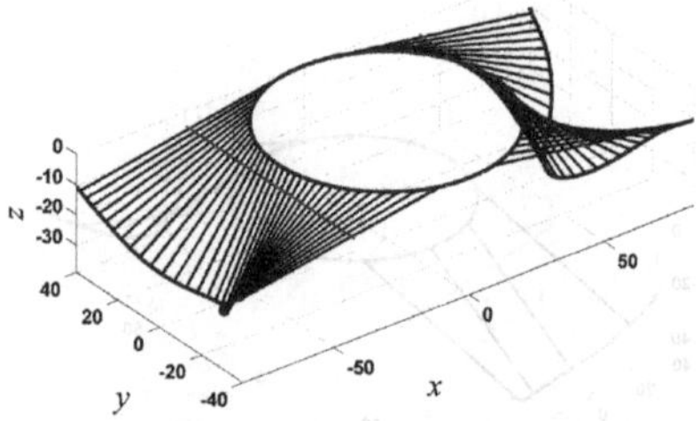

（b）$h=9.9631\text{cm}$

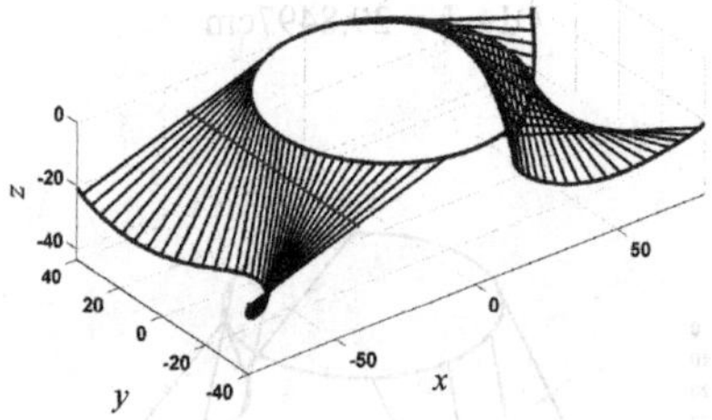

（c）$h=19.9262\text{cm}$

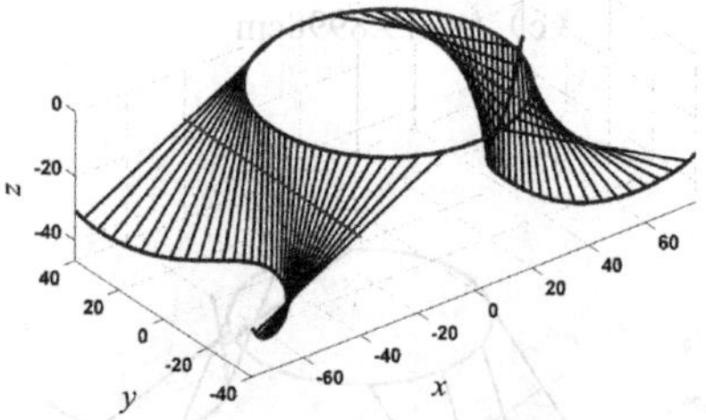

（d）$h=29.8893\text{cm}$

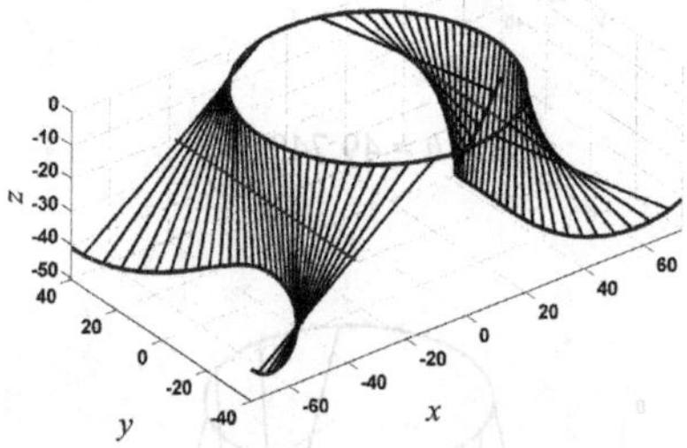

（e）$h=39.8524\text{cm}$

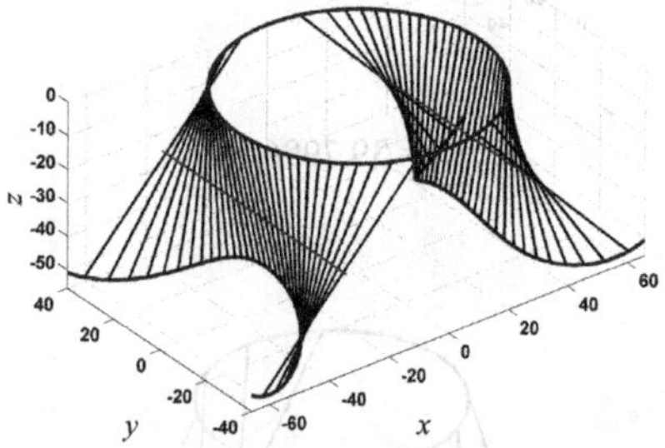

（f）$h=49.8155\text{cm}$

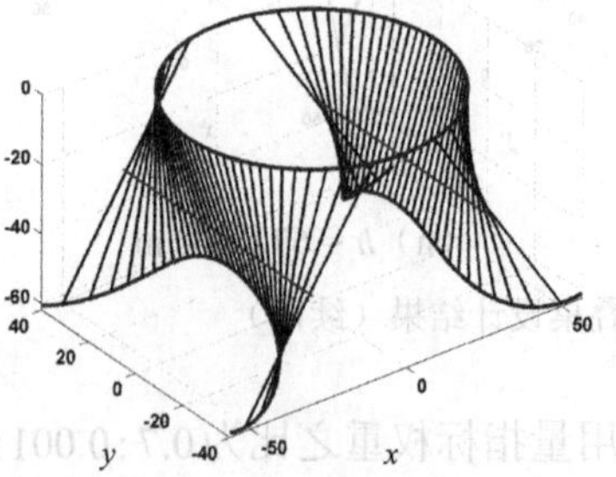

（g）$h=59.7786\text{cm}$

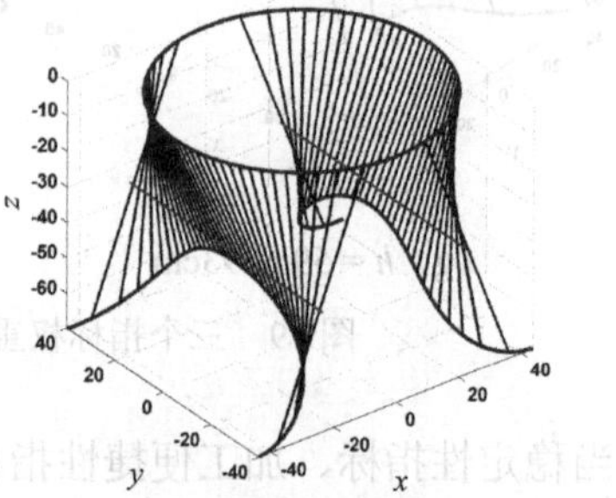

（h）$h=69.7417\text{cm}$

图 20　三个指标权重为 0.7:0.001:0.299 的折叠桌设计结果

最优化的加工参数见表 3（其木条长度和开槽长度见附表 1 和附表 2）。

表 3 不同权重的最优加工参数

指标权重	钢筋位置系数 p	折叠桌 平板长度 L /cm	折叠桌 平板厚度 T /cm	折叠桌 木条数目 n /条
(0.7,0.001,0.2999)	0.5132	167.67	0.2583	64
(0.33,0.33,0.33)	0.5347	193.29	0.3527	8

由表 3 可以看出，权重值对最优化结果的影响是十分明显的。这也说明，不同的厂家可以根据设计要求不同，对桌子设计加工参数进行权重的差异赋值，根据对稳定性、加工便捷性和材料用量的不同要求，可以给偏好的指标较大权重，以设计出满足自己期望的折叠桌。

5.3 问题三：不同需求的折叠桌设计方案

由于客户设定的折叠桌高度、桌面边缘线的形状大小和桌脚边缘线的大致形状是任意的，因此必须先分析折叠桌的可能出现的不同类型形状，然后利用已知的部分参数求出所需平板材料的形状尺寸和切实可行的最优设计加工参数，使得生产的折叠桌尽可能接近客户所期望的形状。

由前面折叠桌原理分析可知，该创意折叠桌桌面形状可以是多边形、不规则图形等多种类型，但这些设计起来都比较复杂的桌面大多数可以用椭圆来近似刻画，因此我们首先讨论椭圆桌面的折叠桌设计。

5.3.1 椭圆形桌面折叠桌设计

假设已知折叠桌高度 H、桌面边缘线的形状大小（包括椭圆的轴长 a 和 b）和桌脚边缘线的大致形状，设计折叠桌必须得到其余参数，例如：折叠桌长度 L、折叠桌厚度 T、折叠桌的桌脚木条数目 n、钢筋的位置 M 点（用 p 来描述），而这些参数均可通过多目标优化模型寻找出最优的数值。

1．开槽长度计算

在椭圆桌面折叠桌的俯视图上建立直角坐标系，如图 21 所示。其中，平板折叠桌长度为 L、宽度为 W，折叠后桌子的高度为 H；椭圆桌的实轴为 $2b$，虚轴为 $2a$。第 k 根木条 l_k 的开槽长度表示为 x_k，其中 l_1 为桌脚最外侧木条、l_n 为桌脚最内侧木条。

折叠成桌子状态的正视图如图 22 所示。其中，l_k 表示第 k 根木条，开槽长度为 x_k；r_k 表示第 k 根木条所在冠状切面与桌面的相交线，平板折叠桌厚度为 T，

折叠后桌子的高度为H，则有

$$\sin\theta = \frac{2H}{L} \tag{28}$$

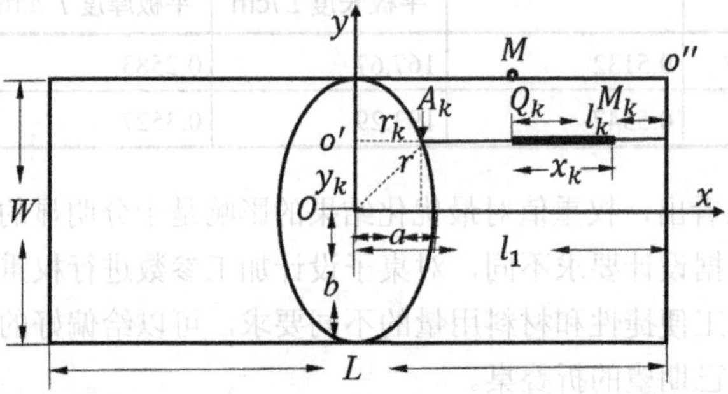

图21 椭圆桌面折叠桌平摊状态的三维立体图和俯视图

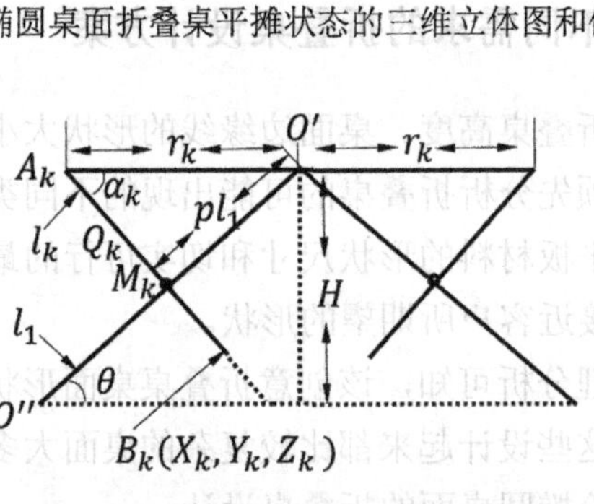

图22 椭圆桌正立稳定状态的正视图

在$\triangle O'A_kM_k$中，由余弦公式可得

$$\cos\theta = \frac{O'A_k^{\ 2} + O'M_k^{\ 2} - A_kM_k^2}{2O'A_k \cdot O'M_k} \tag{29}$$

其中，$O'A_k = r_k = \frac{b}{a}\sqrt{b^2 - y_k^{\ 2}}$，$O'M_k = pl_1$，$A_kM_k = x_k + A_kQ_k = x_k + \frac{l_1}{2} - r_k$，联立上述公式可求得$x_k$。

2. 理论桌脚边缘线

对于桌脚边缘线的数学描述，可先设每个木条端点的坐标为$B_k(X_k, Y_k, Z_k)$，当桌面高度H变化时，其端点坐标B_k都相应改变。

由问题一的理论推导可知，第k根木条的端点坐标$B_k(X_k, Y_k, Z_k)$，则桌脚边缘线的轨迹方程为

$$\begin{cases} X_k = r_k - l_k \cos\alpha_k \\ Y_k = y_k \\ Z_k = -l_k \sin\alpha_k \end{cases}$$

其中，$r_k = \frac{b}{a}\sqrt{b^2 - {y_k}^2}$。

3．桌脚边缘线修补

客户给出的桌脚边缘线的大致形状可以通过基本初等函数来拟合，设客户需求的桌脚边缘线的高度为h_k，h_k对应第k根木条。为了满足客户对桌脚边缘线形状的需求，首先桌脚边缘线的高度不能高于M_k的高度（A_kM_k为第k根木条的开槽部分），则有

$$h_k + A_kM_k < H \tag{30}$$

如果h_k高于B_k，则木条需要修短；如果h_k低于B_k，则木条需要补长。故第k根木条需要补长的长度为

$$\Delta l_k = \frac{H - h_k}{\sin\alpha_k} - l_k \tag{31}$$

因此，只要改变木条的长短，即可满足客户对桌脚边缘线的要求。

4．折叠桌长度L、厚度T、桌脚木条数目n与钢筋的位置比列系数p

从客户的角度出发，一张桌子不仅仅需要实用性，也需要美观。因此在问题二的基础上，增加美观的指标。考虑到此指标与木条数目有关，木条数目越多，越接近客户所需的桌脚边缘线的形状，目标函数如下：

$$f_4 = \frac{n - n_{\min}}{n_{\max} - n_{\min}} \tag{32}$$

在问题二的基础上建立新的模型，如下：

$$\min Z = w_1 f_1 + w_2 f_2 + w_3 f_3 + w_4 f_4$$

$$s.t \begin{cases} 0 < p < 1 \\ pL > 2a \\ W < L \\ 2k + 2 = n,\ k \in Z^+ \\ 0 < T < H \\ X_k > 0 \\ Z_k < Z_1,\ i > 1 \\ w_1 + w_2 + w_3 + w_4 = 1,\ w_i > 0,\ i = 1,2,3,4 \\ h_k + A_kM_k < H \end{cases}$$

5. 椭圆型桌面折叠桌设计实例

假设客户需要的桌子满足以下条件：

（1）桌面高度 $H = 70\text{cm}$，椭圆的实轴 $a = 60\text{cm}$ 和虚轴 $b = 40\text{cm}$，对四个指标权重赋值为(0.4 0.25 0.25 0.1)。

（2）桌脚边缘线的大致形状如图23所示。

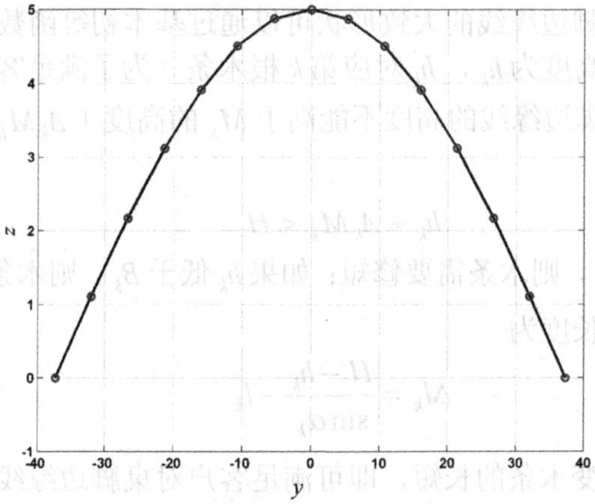

图23 桌脚边缘线的侧视图

图23是桌脚边缘线的侧视图，为基本初等函数 $Z = 5\cos\dfrac{Y\pi}{W}$，顾客对桌角边缘线的任意需求基本都可以满足（除少数极端情况）。本文仅用 $Z = 5\cos\dfrac{Y\pi}{W}$ 来阐述模型的求解过程。图23中圆点表示木条端点位置。

目标函数的PRCC分析图如图24所示。

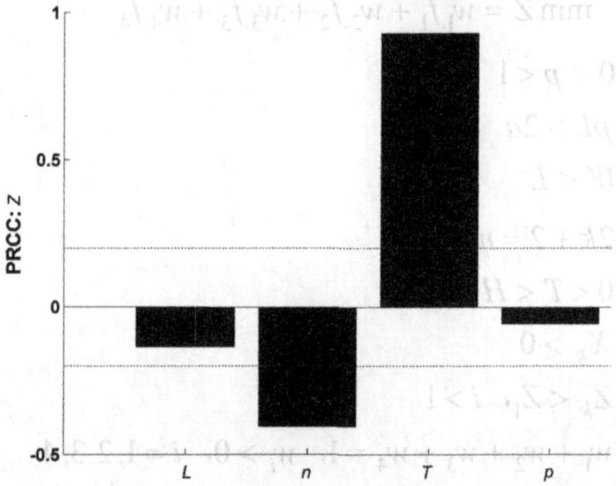

图24 对椭圆桌设计的目标函数PRCC分析

由图 24 可以看出在此权重下，目标函数与 n 呈较强的负相关，与 T 呈很强的正相关，和 p 与 L 的影响关系不大。因此，在进行遗传算法求解时注重 T 的变化。

用遗传算法求解得出最优化设计方案，如图 25 所示。

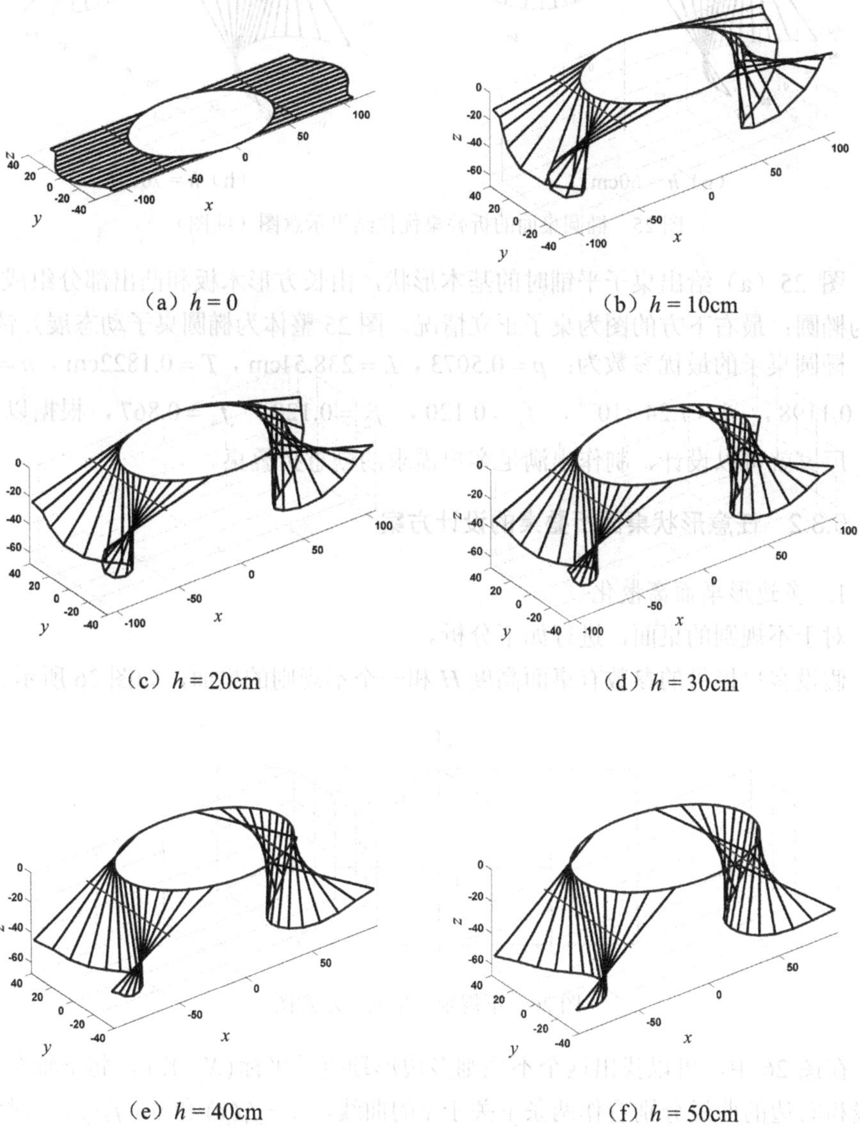

（a）$h=0$　　（b）$h=10\text{cm}$

（c）$h=20\text{cm}$　　（d）$h=30\text{cm}$

（e）$h=40\text{cm}$　　（f）$h=50\text{cm}$

图 25　椭圆桌面的折叠桌优化结果示意图

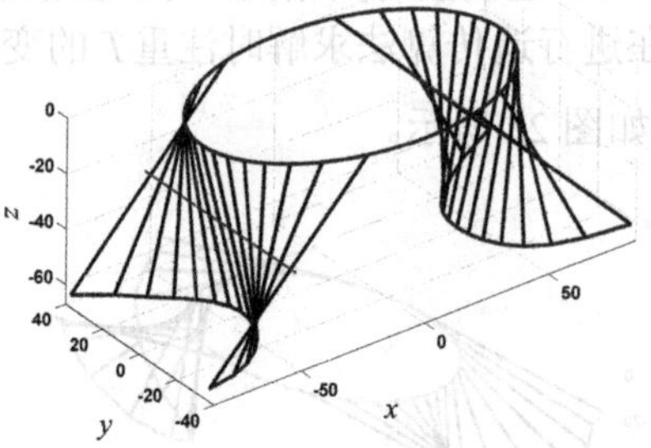

（g）$h=60\text{cm}$

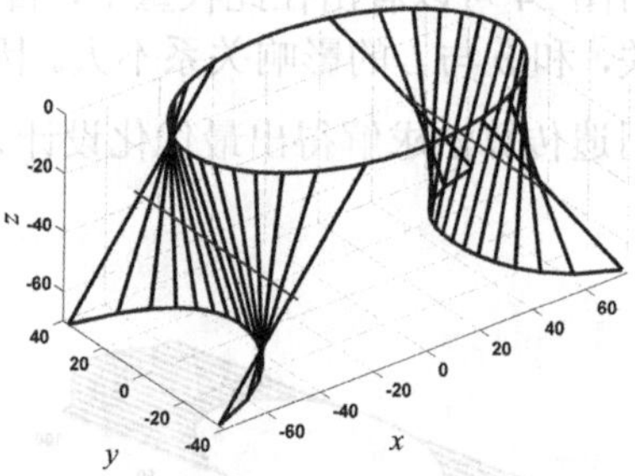

（h）$h=70\text{cm}$

图 25　椭圆桌面的折叠桌优化结果示意图（续图）

图 25（a）给出桌子平铺时的基本形状，由长方形木板和凸出部分组成，桌面为椭圆；最右下方的图为桌子正立情况。图 25 整体为椭圆桌子动态展开情况。

椭圆桌子的最优参数为：$p=0.5073$，$L=238.51\text{cm}$，$T=0.1822\text{cm}$，$n=30$，$Z=0.1198$，$f_1=7.24\times10^{-4}$，$f_2=0.120$，$f_2=0.120$，$f_4=0.867$，根据以上参数，厂家就可以设计、制作出满足客户需求的创意折叠桌。

5.3.2　任意形状桌面折叠桌的设计方案

1. 多边形桌面离散化

对于不规则的桌面，进行如下分析。

假设客户提供的参数有桌面高度 H 和一个不规则的桌面，如图 26 所示。

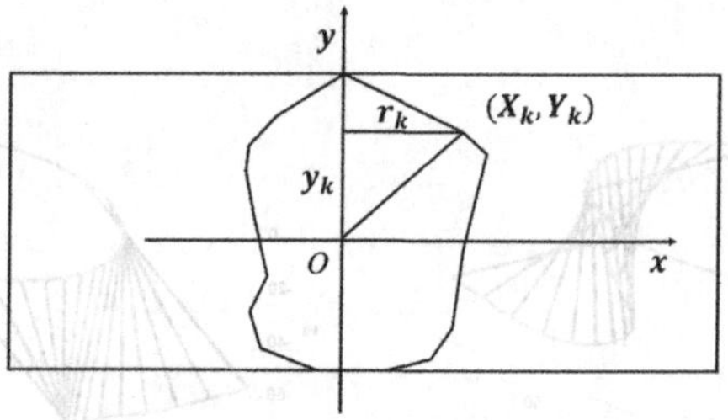

图 26　不规则的桌面的示意图

在图 26 中，可以找出这个不规则多边形顶点的坐标 (X_k,Y_k)，将 y 轴左边的曲线和右边的曲线分别看作两条 y 关于 x 的曲线，$x=f_1(y)$ 和 $x=f_2(y)$。对这两条曲线求解，可以通过插值求出。因此，对于右边曲线上任意一点，都有 $r_k=f_1(y_k)$，同理对右边曲线也有相同的性质。

不同需求的客户对桌子的形状需求都不相同，有的要求桌面边缘光滑，有的要求桌面边缘线为凸多边形，因此，在选择插值方法的时候，可以选择较为光滑的三次样条插值和多边形的线性插值。

求解出桌面边缘线的坐标，即可求出每个桌脚对应的r_k：

$$r_k = f_1(y_k) \tag{33}$$

将上式代入问题二的模型中，即可建立本问的多目标优化模型。

2. 优化模型求解与结果

对于多边形，因为要保证钢筋可以穿过每一根木条，所以有如下约束条件：

$$pL > \max|r_k|, k = 1,2,3,\cdots,n$$

在问题二的基础上，建立模型如下：

$$\min Z = w_1 f_1 + w_2 f_2 + w_3 f_3 + w_4 f_4$$

$$s.t\begin{cases} 0 < p < 1 \\ pL > \max|r_k| \\ W < L \\ 2k + 2 = n,\ k \in Z^+ \\ 0 < T < H \\ X_k > 0 \\ Z_k < Z_1,\ i > 1 \\ w_1 + w_2 + w_3 + w_4 = 1,\ w_i > 0,\ i = 1,2,3,4 \\ h_k + A_k M_k < H \end{cases}$$

3. 模型求解结果

模型求解时，同样先进行灵敏度分析，得出目标函数的 PRCC 分析图，如图 27 所示。

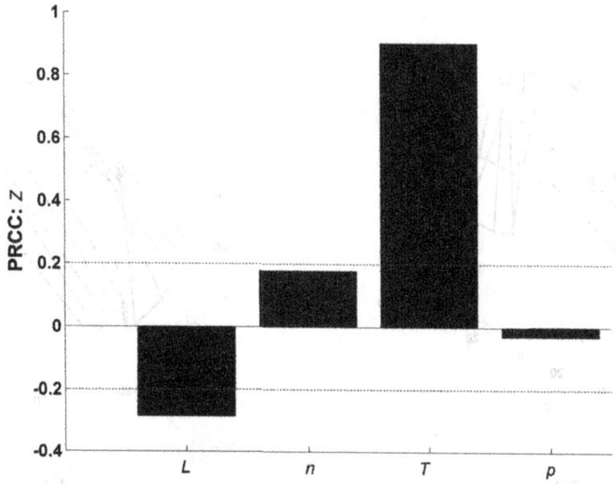

图 27 对多边形桌面设计的目标函数 PRCC 分析

由图 27 可以看出，在四个指标的权重为(0.592 0.008 0.1 0.2)时，目标函数与 L 呈负相关，与 T 呈很强的正相关，与 p 与 n 的影响关系不大。因此，在进行遗传算法求解时也要注重 T 的变化。

用遗传算法求解得不规则多边形桌面的最优化设计方案及动态分析图，如图 28 所示。

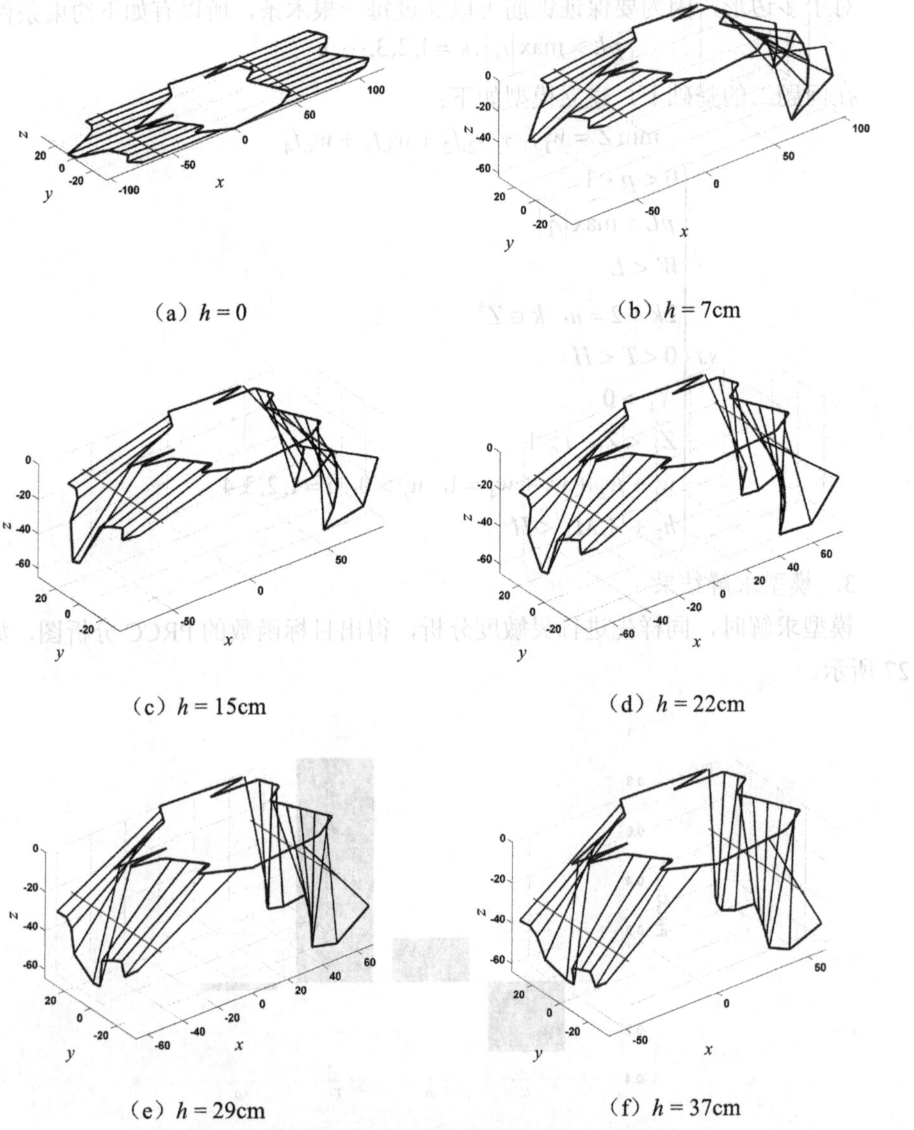

（a）$h=0$　（b）$h=7\text{cm}$

（c）$h=15\text{cm}$　（d）$h=22\text{cm}$

（e）$h=29\text{cm}$　（f）$h=37\text{cm}$

图 28　多边形桌面的折叠桌优化结果示意图

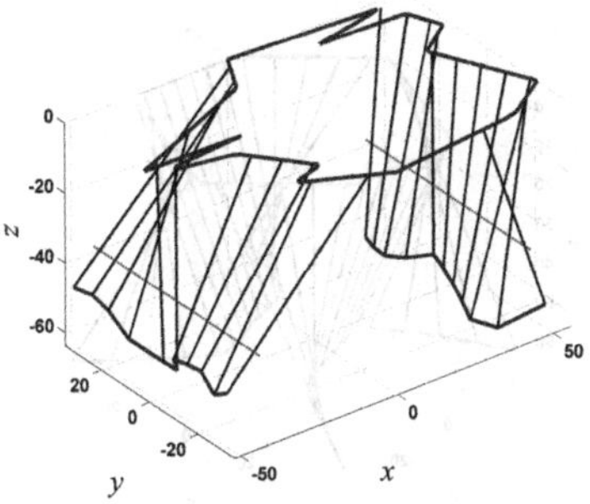

（g）$h = 44\text{cm}$

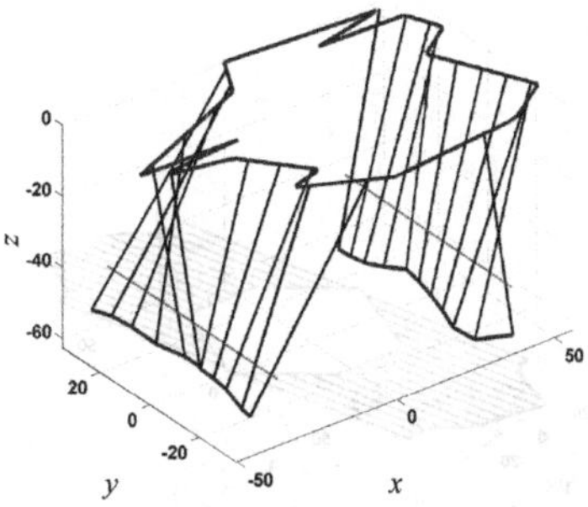

（h）$h = 51\text{cm}$

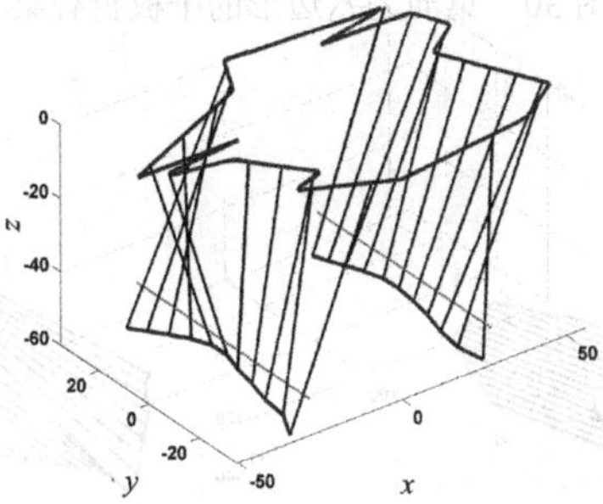

（i）$h = 59\text{cm}$

图 28　多边形桌面的折叠桌优化结果示意图（续图）

该多边形桌子的最优参数为：$p = 0.8563$，$L = 134.24\text{cm}$，$T = 1.44\text{cm}$，$n = 22$。

5.3.3　几种创意平板折叠桌动态变化过程的示意图

运用上述模型，即可设计出各种需求的创意平板折叠桌。运用该模型设计的桌面为四边形、桌面为六边形和桌面为半圆滑多边形的平板折叠桌如图 29 至图 31 所示。

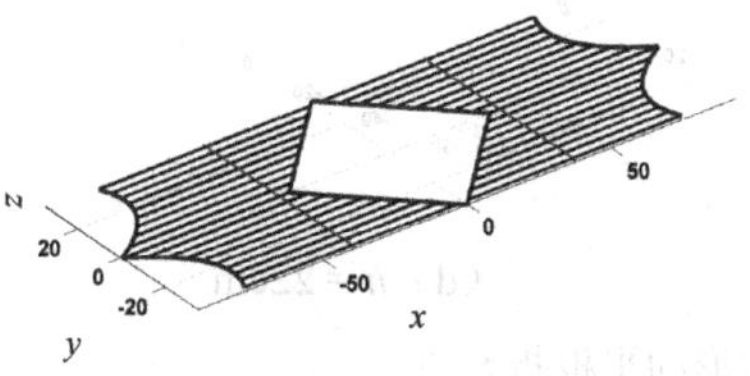

（a）$h = 0$

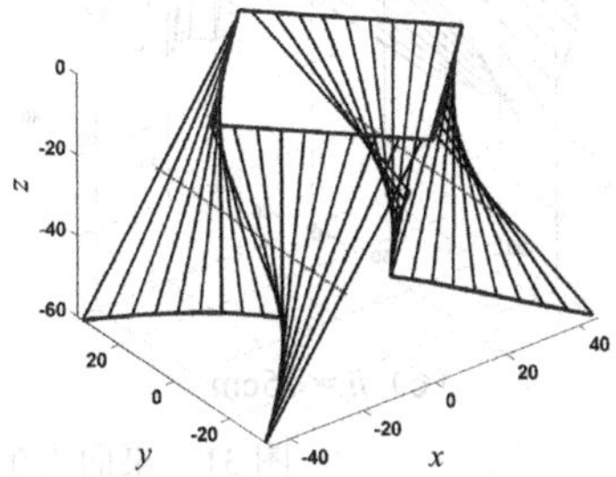

（b）$h = 53\text{cm}$

图 29　桌面为四边形的平板折叠桌

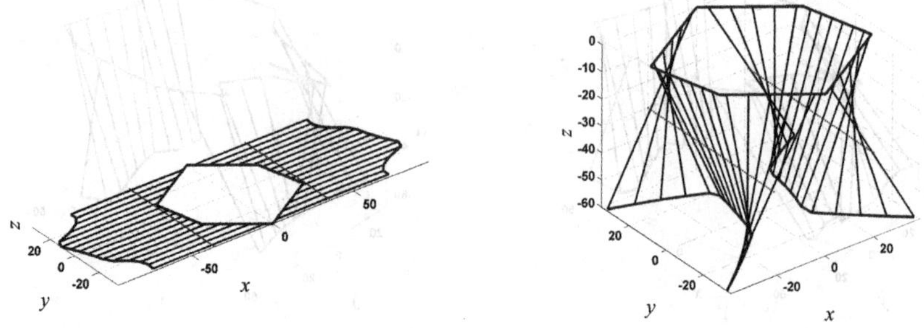

（a）$h = 0\text{cm}$ （b）$h = 56\text{cm}$

图 30 桌面为六边形的平板折叠桌

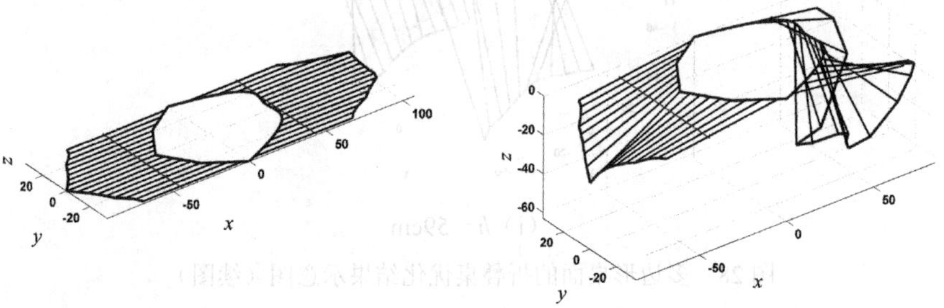

（a）$h = 0$ （b）$h = 7\text{cm}$

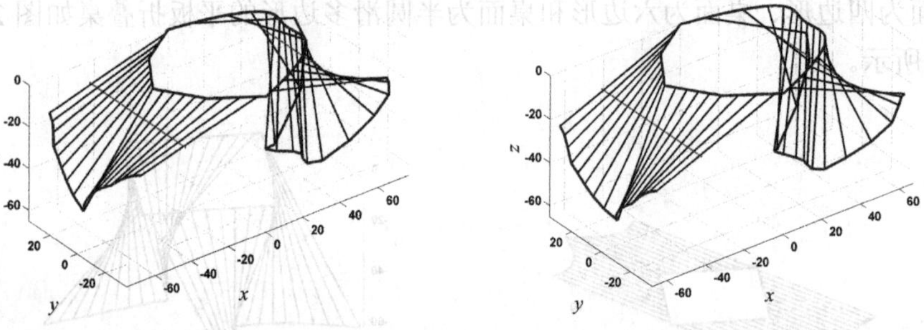

（c）$h = 15\text{cm}$ （d）$h = 22\text{cm}$

图 31 桌面为半圆滑多边形的平板折叠桌

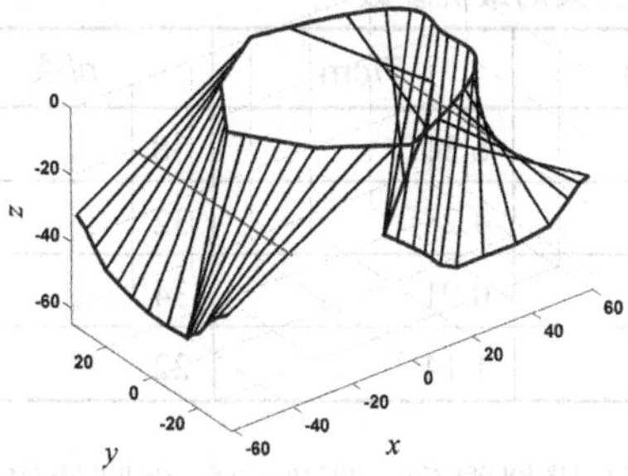

（e）$h = 30$cm

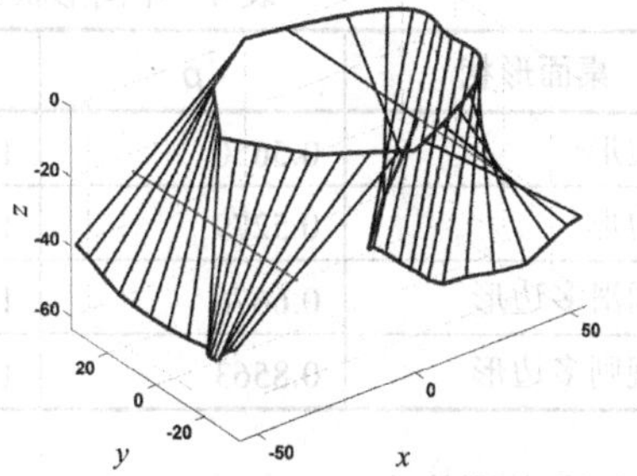

（f）$h = 37$cm

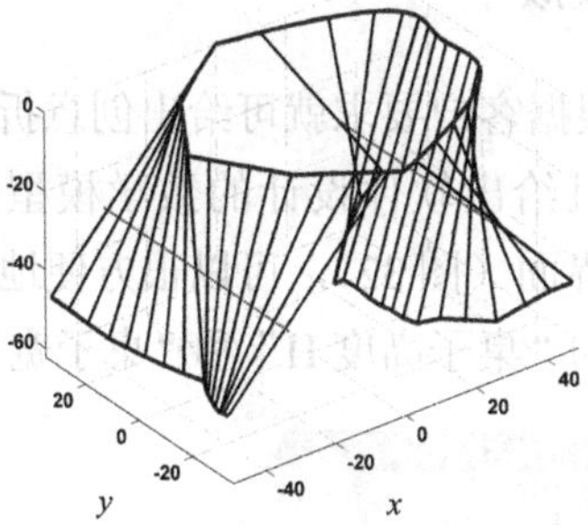

（g）$h = 44$cm

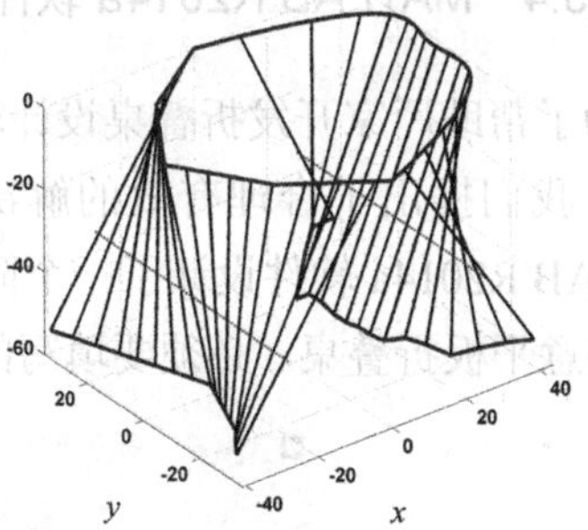

（h）$h = 52$cm

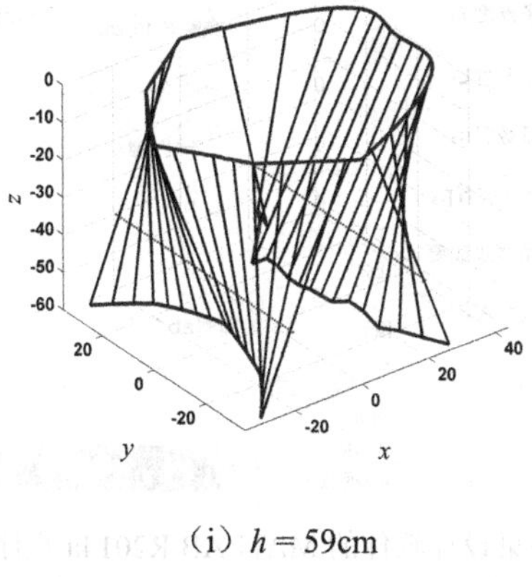

（i）$h = 59$cm

图 31　桌面为半圆滑多边形的平板折叠桌（续图）

几种不同形状桌面的折叠桌的最优参数见表 4。

表 4　不同形状桌面的折叠桌的最优参数

桌面形状	p	L/cm	T/cm	n/条
四边形	0.5650	136.16	6.50	38
六边形	0.5279	136.16	4.28	32
半圆滑多边形	0.6676	132.33	0.91	34
不规则多边形	0.8563	134.25	1.14	22

上述桌面均在 $W=70$cm、$H=60$ 的条件下模拟得到，所选取的桌脚边缘线的侧视图的函数均为 $Z=5\cos\dfrac{Y\pi}{W}$，四个指标的权重为(0.592 0.008 0.1 0.2)。

5.3.4　MATLAB R2014a 软件 GUI 仿真模拟

为了帮助厂家开发折叠桌设计软件，实现根据客户要求就可给出创意折叠桌的设计，我们提出了合理有效的解决方案，并且给出软件设计的数学模型，利用 MATLAB R2014a 软件设计了一个简易的 GUI 界面（图 32），可以很方便地设计出各种创意平板折叠桌。必须要填写的两个参数为“桌子高度 H”和“桌子宽度 W”。

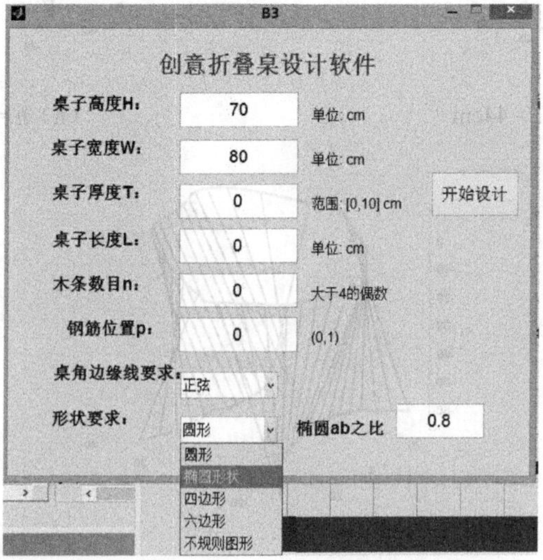

图 32　创意折叠桌设计软件的 MATLAB R2014a 程序 GUI 界面展示

主要的原理是根据客户任意设定的折叠桌高度、桌面边缘线的形状大小和桌脚边缘线的大致形状，利用本文建立的数学模型求出形状设计加工所需平板材料的形状尺寸和切实可行的最优设计加工参数，以设计出满足客户所期望的创意折叠桌。创意折叠桌设计软件的结果输出展示如图 33 所示。

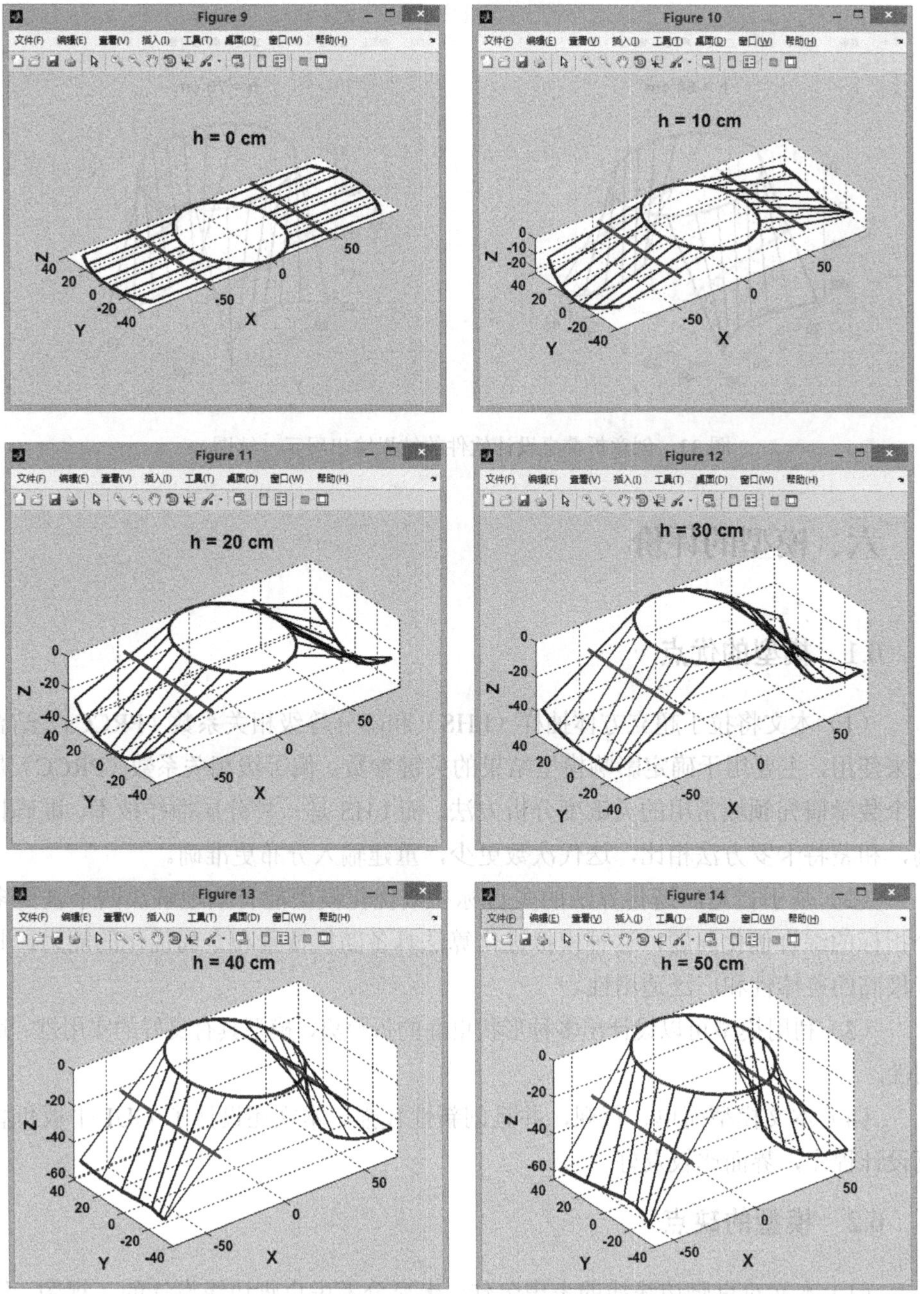

图 33　创意折叠桌设计软件的结果输出展示

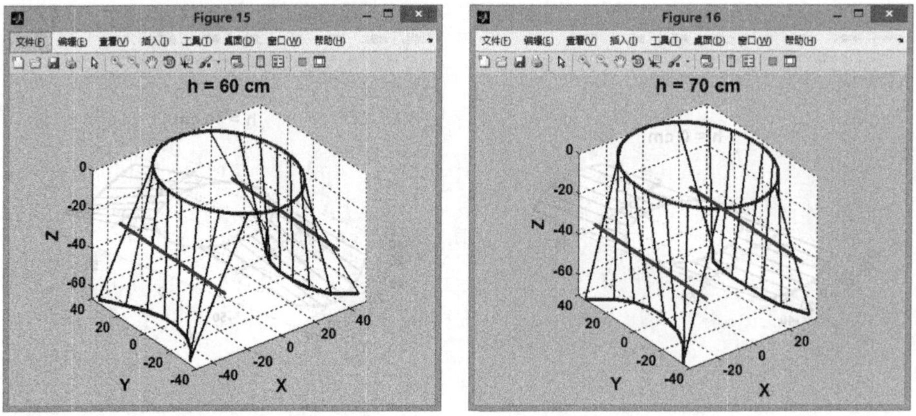

图 33 创意折叠桌设计软件的结果输出展示（续图）

六、模型的评价

6.1 模型的优点

（1）本文将拉丁超立方体抽样（LHS）和部分等级相关系数（PRCCs）结合起来使用，主要用于确定影响模型结果的关键参数。偏等级相关系数（PRCC）是一个数学研究领域常用的灵敏度分析方法，而 LHS 是一种分层抽样技术，准确性高，和蒙特卡罗方法相比，迭代次数更少，重建输入分布更准确。

（2）基于自适应遗传算法的多目标参数优化模型能有效地解决四个甚至多个指标的综合优化问题，这种模拟进化算法具备随机搜索和全局优化的能力，具有极高的鲁棒性和广泛适用性。

（3）利用模型可以设计出多种形状桌面的折叠桌，模型具有良好的实用性、适用性。

（4）本文模型简单、直观，并且创新性较强。本文还设计了 GUI 平板折叠桌设计程序，界面比较友好。

6.2 模型的缺点

（1）本文对桌脚边缘线的考虑欠佳，未充分考虑桌脚边缘设计的三视图，仅从最直观的侧视图进行了描述。

（2）本文在稳定性指标建立方面比较薄弱，只单一地考虑外侧木条的受力，未做到精确分析。

七、模型的推广

本文建立的多目标综合优化模型在实际问题中应用广泛，结合 PRCC 分析，很好地解决了平板折叠桌的设计问题，这种方法还可以运用在其他多目标综合优化问题当中，如旅行商问题、机械加工问题等。

参考文献

[1] MARINO S, HOGUE I B, RAY C J, et al. A methodology for performing global uncertainty ans sensitivity analysis in systems biology[J]. Journal of Theoretical Biology, 2008, 254(1): 178-196.

[2] BLOWER S M, DOWLATABADI H. Sensitivity and uncertainty analysis of complex-models of disease transmission--an HIV model, as an example[J]. International Statistical Review, 1994, 62: 229-243.

[3] 樊艮，王剑平. 一种基于遗传算法的多目标优化算法研究[J]. 硅谷，2012（1）：103-104.

【论文评述】

文章的标题“基于自适应遗传算法的创意平板折叠桌的多目标优化模型”，隐含问题与方法，贴切准确，可较好地反映建模思想。

本文将拉丁超立方体抽样（LHS）和部分等级相关系数（PRCCs）结合起来使用，主要用于确定影响模型结果的关键参数。偏等级相关系数（PRCC）是一个数学研究领域常用的灵敏度分析方法，而 LHS 是一种分层抽样技术，准确性高，和蒙特卡罗方法相比，迭代次数更少，重建输入分布更准确。基于自适应遗传算法的多目标参数优化模型能有效地解决四个甚至多个指标的综合优化问题，这种模拟进化算法具备随机搜索和全局优化的能力，具有极高的鲁棒性和广泛适用性。利用模型可以设计出多种形状桌面的折叠桌，模型具有良好的实用性、适用性。模型简单、直观，并且创新性较强。本文还设计了 GUI 平板折叠桌设计程序，界面比较友好。

文章建立的多目标综合优化模型在实际问题中应用广泛，结合 PRCC 分析，很好地解决了平板折叠桌的设计问题，这种方法还可以运用在其他多目标综合优化问题当中，如旅行商问题、机械加工问题等。

文章按照总分结构交代，字数恰当，简洁、典型，思路流程图体现建模思想，各种拟合图片使得文章图文并茂。

（魏调霞）

2015 年 B 题

“互联网+”时代的出租车资源配置

出租车是市民出行的重要交通工具之一，“打车难”是人们关注的一个社会热点问题。随着“互联网+”时代的到来，有多家公司依托移动互联网建立了打车软件服务平台，实现了乘客与出租车司机之间的信息互通，同时推出了多种出租车的补贴方案。

请你们搜集相关数据，建立数学模型研究如下问题：

（1）试建立合理的指标，并分析不同时空出租车资源的“供求匹配”程度。

（2）分析各公司的出租车补贴方案是否对“解决打车难问题”有帮助？

（3）如果要创建一个新的打车软件服务平台，你们将设计什么样的补贴方案？请论证其合理性。

2015 年 B 题　全国二等奖

基于层次分析法的“互联网+”时代出租车资源配置及补贴方案的设计

参赛队员：黄浩钊　周大鹏　滕培煜

指导教师：陈代强

摘　要

最近几年，出租车打车软件平台随着“互联网+”的到来开始流行，实现了乘客与司机间的信息互通，很大程度上解决了“打车难”的问题。同时各种打车软件也推出不同的补贴方案来争夺市场。本文主要研究出租车资源配置问题以及最优打车软件补贴方案，并利用网上所收集的数据对方案进行了处理及分析，得出以下一些内容。

问题一：我们借鉴综合评价模型建立出租车供求匹配程度评价模型。通过查阅相关文献及对题意的理解，确定 8 个评价指标。利用层次分析法确定 8 个指标的权重，并以归一化方法对各指标进行无量纲化处理，实现评价指标的可比较性，建立线性加权的综合评价模型。根据此模型获得综合评分模型，因在模型的各项评分指标中，时间对指标影响较大，进而我们可以得到任意地点不同时刻的出租车供求匹配程度。我们选择重庆市某区 7:00、11:00、15:00 和 19:00 计算“供求匹配”程度，得出其“供求匹配”程度分别为：$\partial_1 = 14.12$，$\partial_2 = 16.36$，$\partial_3 = 12.65$，$\partial_4 = 17.17$。此为不区分是否使用打车软件的情况的∂值。

问题二：对两家热门打车软件公司进行综合评定，从而判断其补贴方案对解决打车难问题是否有帮助。补贴方案主要在改变出租车每日平均载客人数、出租车每日平均载客批次、出租车拒载率及乘客待车时间方面起明显作用，其余指标变化不大，在此不予考虑。我们随机选取 686 辆出租车的每日平均载客人数等相关数据，所选中的所有车辆均使用快的打车软件，同时对不同时间点的乘客待车时间进行取值，并与乘客待车系数ψ和乘客满意度ω拟合得到ψ和ω分别关于时间的变化曲线，最终求出使用该打车软件后与问题一相同时间点的四个∂值：$\partial_1 = 22.14$，$\partial_2 = 24.91$，$\partial_3 = 19.46$，$\partial_4 = 26.73$。同理对滴滴打车软件进行∂值评定，结果为：$\partial_1 = 21.56$，$\partial_2 = 24.30$，$\partial_3 = 18.87$，$\partial_4 = 26.05$。与问题一的结果比较，可看出两个软件的补贴方案均对∂值起积极作用，即有利于缓解交通难问题。

问题三：我们在广泛查阅资料数据后并根据自己的理解，以每次打车软件补贴改变后司机和乘客满意度的变化为准，引入生存曲线，将司机和乘客的补贴方案具体分为三段：①当$s \geqslant 3$km时，客户补贴为 4 元，司机补贴为 1 元；②当3km$< s <$4.4km时，客户补贴为随机 5～7 元，司机补贴为随机 1～2 元；③当$s \geqslant 4.4$km时，客户补贴为 6 元现金补贴及积分与适当优惠券，而司机补贴为$(0.64s \sim 0.816)$元。同时我们为了验证模型的合理性，随机调查了 23 位司机和 37 位顾客的评价数据与现有方案客户与司机满意率进行比较分析。得知采用新的补贴方案的乘客满意率为 92.80%，远远大于采用现有补贴方案的乘客满意率 69.41%；新方案司机满意率为 89.95%，大于现有补贴方案的司机满意率 63.13%。比较该补偿方案的有效性和适用性，可知该方案能更好地满足群众需求。

本文建立出租车资源“供求匹配”程度的评价模型，能够有效地评价不同时空的“供求匹配”程度，并对市场上打车软件服务平台的补贴方案进行分析对比，设计合理科学的新出租车补贴方案。

关键词：出租车资源配置　补贴方案　层次分析法　生存曲线

一、问题重述

出租车是市民出行的重要交通工具之一，“打车难”是人们关注的一个社会热点问题。随着“互联网+”时代的到来，有多家公司依托移动互联网建立了打车软件服务平台，实现了乘客与出租车司机之间的信息互通，同时推出了多种出租车的补贴方案。

请你们搜集相关数据，建立数学模型研究如下问题：

问题一：试建立合理的指标，并分析不同时空出租车资源的“供求匹配”程度。

问题二：分析各公司的出租车补贴方案是否对“解决打车难问题”有帮助。

问题三：如果要创建一个新的打车软件服务平台，你们将设计什么样的补贴方案？请论证其合理性。

二、问题分析

2.1 问题一的分析

出租车服务系统为典型的服务系统，出租车量与乘客需求量是供与求的关系。

若出租车配置过少，则不能满足人们出行的需求，无法较好发挥出租车系统的服务作用；若出租车配置过多，虽然顾客出行便利，但过高的空驾率会造成系统的高成本、资源的浪费和城市交通的拥堵。

我们对题目中所求的指标进行分析，初步建立指标评价方案，确定出租车利用度、乘客待车系数、乘客满意度、驾驶员接客系数、出租车服务速率、出租车来客速率、出租车千人拥有量、乘客流量 8 项作为反映出租车供求匹配程度的判定指标，因不同指标对供求匹配程度影响的重要程度不相同，应用层次分析法对各个指标进行加权处理，量化出各个指标的具体百分制分值，并结合相关部门收集到的一系列数据，综合评定租车资源的“供求匹配”程度。

2.2 问题二的分析

此问题为问题一的特殊情况，通过打车软件服务平台实施补贴措施，实现驾驶员与乘客之间的互动，减少乘客等车时间、司机在路上白跑花的时间和成本，同时减少个别出租车司机肆意拼客、拒载等违规现象。综合多方面因素，分析该问题主要以改变乘客平均等待时间、出租车平均空驾率、里程利用率、乘客满意度、驾驶员满意度、乘客流量及驾驶员拒载率为指标，根据具体数据得出“供求匹配”程度，进而可与问题一结果进行比较。

2.3 问题三的分析

针对问题三，我们需要创建一个新的打车软件平台，并设计科学的补贴方案。我们考虑到乘客目的地对司机接单的影响，同时也顾及到如何刺激顾客使用打车软件。首先我们通过对顾客里程进行分析，将补贴方案分为三部分，即 $s \leqslant 3\text{km}$、$3\text{km}<s<4.4\text{km}$ 以及 $s \geqslant 4.4\text{km}$。根据实际情况与历次调整补贴方案后乘客满意率和司机满意率的情况，以及生存曲线分段预测最佳补贴方案。并根据此方案设计程序，建立新的打车软件服务平台。最后对得到的方案进行拟合，评价所设计补贴方案的合理性，有效刺激顾客和司机使用打车软件。

三、基本假设

（1）出租车每天行驶的平均速度、出行的平均里程、出租车每趟载客数不变。

（2）居民出行总量与居民累计收入有关。

（3）同一地点出现不同乘客待车采取先到先服务原则。

（4）假定司机不绕道行驶，单次租车距离服从正态分布 $N(\mu_1,\sigma_{21})$。

（5）不考虑意外事故造成的时间问题。
（6）所有出租车每天都出车。
（7）短期内人们选择某一出行方式的比例相对保持稳定。
（8）所有数据均真实有效。

四、符号说明

（1）λ：来客速率。
（2）μ：出租车服务速率。
（3）ξ：出租车利用度。
（4）ϕ：驾驶员接客系数。
（5）ψ：乘客待车系数。
（6）ω：乘客满意度。
（7）δ：出租车千人拥有量。
（8）π：乘客流量。
（9）∂：出租车供求匹配程度。
（10）$\boldsymbol{A}$：各个指标权重的对比矩阵。
（11）$\lambda_{\max}$：对于矩阵$\boldsymbol{A}$的最大特征根。
（12）$\boldsymbol{W}$：矩阵$\boldsymbol{A}$归一化后的特征向量，记为权向量。

五、模型的建立与求解

5.1 问题一的模型建立与分析

5.1.1 数据处理

由于题目未提供原始数据，我们从重庆市交管部门获得了全市出租车信息（图1），并随机从中筛选出2118辆出租车信息，其中使用各类打车软件的出租车有1449辆。其中有18辆出租车信息不完全或有明显错误，我们认为这可能是统计时发生的错误，因此我们在求不同时空出租车资源的“供求匹配程度”时，去掉了这几项数据。再分别对各项数据进行加权处理，并采用层次分析法分析处理数据。

小型车		非小型车	
计时区间	收费标准	计时区间	收费标准
15 分钟（含）以下	免费	15 分钟（含）以下	免费
15 分钟以上	10 元/小时	15 分钟以上	20 元/小时
24 小时以内	最高不超过 30 元/天（淡季）或 50 元/天（旺季）	24 小时以内	最高不超过 70 元/天
24 小时后	34 元/天（淡季）或 50 元/天（旺季）	24 小时后	70 元/天
注：• 小型车指客车 9 座（含）以下、货车 2.5 吨（含）以下的车辆，其他为非小型车。 • 淡季指每年 3、4、5、6、9、11、12 月，执行 30 元/辆/天。 • 旺季指每年 1、2、7、8、10 月，执行 50 元/辆/天。			

★该停车场位于机场东大门，提供往返航站楼摆渡车接送服务：每天 05:30－24:00 时段为 15 分钟/班；每天 00:00－5:30 时段为 30 分钟/班，车程约为 10～15 分钟。

图 1　重庆主城九区出租车收费标准

重庆主城九区出租车详细信息见表 1。

表 1　重庆主城九区出租车详细信息

车牌号	平均日客流量	每日载客里程数/km	平均速度/（km/h）	每日平均载客批次	拒载率/%
渝 AT314 *	108	560.16	45.50	70	16.17
渝 BT111 *	157	545.92	41.38	79	17.68
渝 AT522 *	124	576.10	42.32	88	21.69
……	……	……	……	……	……
渝 AT578 *	152	585.20	38.49	73	22.97
渝 BT650 *	155	635.98	45.82	90	17.28

5.1.2　模型建立

题目要求建立出租车资源的“供求匹配”程度的评价模型，通过查阅文献以及日常常识提示，我们拟采用 8 个指标进行评定。所选指标如下：出租车利用度、乘客待车系数、乘客满意度、驾驶员接客系数、出租车服务速率、出租车来客速率、出租车千人拥有量、乘客流量。以上指标除驾驶员拒载率外均为褒型指标，即越小越好。采用归一化方法对各指标进行无量纲化处理，实现评价指标的可比较性，以对出租车资源的“供求匹配”程度进行综合评价。其中，乘客流量π和出租车千人拥有量δ两项指标可从相关部门获取，为简化计算，我们取乘客流量计算值为“实际乘客流量/100”。其余指标计算方式如下所示。

1. 来客速率 λ

每辆出租车服务速率 λ 为单位时间内乘客数量，服从负指数分布，即

$$f(\Delta t)=\begin{cases}\lambda e^{-\lambda\Delta t} & t>0\\ 0 & t\leqslant 0\end{cases} \tag{1}$$

定义每辆出租车每日平均载客人数为 n，则

$$\lambda=\frac{n}{t} \tag{2}$$

2. 出租车服务速率 μ

出租车服务速率 μ 为每辆车单位时间内完成的交易次数，服从负指数分布，即

$$f(\Delta t)=\begin{cases}\mu e^{-\mu\Delta t} & t>0\\ 0 & t\leqslant 0\end{cases} \tag{3}$$

定义出租车每日载客里程数为 L，出租车平均速度为 v，每辆出租车每日平均载客批次为 n'，则

$$\mu=\frac{n'v}{L} \tag{4}$$

3. 乘客待车系数 ψ

乘客乘车系数 ψ 为某时刻乘客待车时间的倒数，ψ 服从负指数分布，则

$$\psi=\frac{1}{t} \tag{5}$$

ψ 值与城市的规模、设施规划及道路交通情况有关，即与城市的规模成反比，与城市设施规划成正比，与道路交通状况成正比。

4. 出租车利用度 ξ

乘客为出行方便，希望提高空载率；出租车公司方为获得最大净收益，希望降低空载率。因此可用空载率衡量出租车的供求匹配程度，设定空载率函数为

$$K=1-\frac{L}{Tv} \tag{6}$$

式中，L 为出租车日总载客里程，T 为平均营运时间，v 为出租车平均营运车速，N 为全市出租车数量。

经查阅相关文献，得出出租车空载率为 25%～45%能够满足乘客的需求，同时在此范围内可较大程度降低出租车公司方的成本，提高净收益，且在空载率为 35%时可最大限度地满足供求两方的利益。因此，为加权比较判定，定义新指标

为出租车利用度ξ，其计算方式为

$$\xi=\left|\frac{K}{0.35}-1\right| \tag{7}$$

ξ值与出租车利用率呈正相关，可用以合理评定供求关系。

5. 乘客满意度ω

乘客满意度与等待时间有关，等待时间越短，满意度越高，等待时间越长，满意度越低。乘客满意度可刻画为

$$\omega=\mathrm{e}^{-\bar{t}} \tag{8}$$

满意度的取值区间为[0,1]。在此函数中，当$\bar{t}\to 0$时，$\omega\to 1$，当$\bar{t}\to\infty$时，$\omega\to 0$，反映平均等待时间与满意度为负指数关系。

6. 驾驶员接客系数ϕ

为实现所有指标加权量化，定义驾驶员接客系数ϕ，其值与驾驶员拒载率κ之和为100%，即

$$\phi=1-\kappa \tag{9}$$

5.1.3 模型求解

运用层次分析法计算各个指标的权重，采用1～9尺度对8项评定指标分别进行两两因素成对比较。[出租车利用度、乘客待车系数、乘客满意度、驾驶员接客系数、出租车服务速率、出租车来客速率、出租车千人拥有量、乘客流量]，即$[\xi,\psi,\omega,\phi,\mu,\lambda,\delta,\pi]$形成对比矩阵$\boldsymbol{A}$。

$$\boldsymbol{A}=\begin{bmatrix} 1 & 2 & 3 & 4 & 5 & 6 & 7 & 8 \\ 1/2 & 1 & 2 & 3 & 4 & 5 & 6 & 7 \\ 1/3 & 1/2 & 1 & 2 & 3 & 4 & 5 & 6 \\ 1/4 & 1/3 & 1/2 & 1 & 2 & 3 & 4 & 5 \\ 1/5 & 1/4 & 1/3 & 1/2 & 1 & 2 & 3 & 4 \\ 1/6 & 1/5 & 1/4 & 1/3 & 1/2 & 1 & 2 & 3 \\ 1/7 & 1/6 & 1/5 & 1/4 & 1/3 & 1/2 & 1 & 2 \\ 1/8 & 1/7 & 1/6 & 1/5 & 1/4 & 1/3 & 1/2 & 1 \end{bmatrix} \tag{10}$$

此向量为8阶正反矩阵，将列向量归一化，按行求和并归一化后，最大特征值$\lambda_{\max}=8.28828$，计算出$\boldsymbol{A}$的特征向量为

$$\boldsymbol{W}_1=(0.33132,0.23066,0.15724,0.10590,0.07094,0.04768,0.03269,0.02356)$$

计算一致性指标：

$$CI = \frac{\lambda_{\max} - n}{n-1} = \frac{8.2883-8}{8-1} = 0.04118 \tag{11}$$

随机一致性指标 RI 见表2。

表2 随机一致性指标 RI 表

n	1	2	3	4	5	6	7	8	9	10	11
RI	0	0	0.58	0.90	1.12	1.24	1.32	1.41	1.45	1.49	1.51

对应的随机一致性指标 $RI = 1.41$，则一致性比率

$$CR = \frac{CI}{RI} = 0.02921 < 0.1 \tag{12}$$

因 $CR < 0.1$，故认为 A 的不一致性在可容许范围之内，可将特征向量作为权向量，即权向量为(0.33132,0.23066,0.15724,0.10590,0.07094,0.04768,0.03269, 0.02356)

对应的出租车利用度、乘客待车系数、乘客满意度、驾驶员接客系数、出租车服务速率、出租车来客速率、出租车千人拥有量、乘客流量（各“供求匹配”程度判定指标）可分别赋权值为：0.33132,0.23066,0.15724,0.10590,0.07094,0.04768,0.03269,0.02356。

综合评定时，可采取区间评定，各评定结果区间取值为为：优[20, ∞)，良[15,20)，中[10,15)，较差[5,10)，差[0,5)。

为进一步精确评定“供求匹配”程度，可作更具体限制进行评定，见表3。

表3 供求匹配评分表

指标	优	良	中	较差	差
ξ	>0.32	0.24～0.32	0.16～0.24	0.08～0.16	0～0.08
ψ	>0.4	0.3～0.4	0.2～0.3	0.1～0.2	0～0.1
ω	>0.4	0.3～0.4	0.2～0.3	0.1～0.2	0～0.1
ϕ	0.8-1.0	0.6～0.8	0.4～0.6	0.2～0.4	0～0.2
μ	>5.6	4.2～5.6	2.8～4.2	1.4～2.8	0～1.4
λ	>0.68	5.1～6.8	3.4～5.1	1.7～3.4	0～1.7
δ	>2.0	1.5～2.0	1.0～1.5	0.5～1.0	0～0.5
π	>0.4	0.3～0.4	0.2～0.3	0.1～0.2	0～0.1

5.1.4 模型运用

问题一中需要运用所建立的判定指标来分析不同时空出租车资源的“供求匹

配”程度，我们以重庆市某区的不同时段为例。

从相关部门得到该区的有关数据。

我们可以得出乘客流量π =0.41，出租车千人拥有量δ =2.3。

因夜间客流量极少，故该区出租车每日平均营运时间取值$T=18\text{h}$，每辆出租车每日平均载客人数$n=127.50$，则来客速率

$$\lambda=\frac{n}{T}=7.08 \tag{13}$$

出租车每日载客里程数 L=563.29km，出租车平均速度$v=43.02\text{km/h}$，每辆出租车每日平均载客批次$n'=77.75$，则出租车服务速率

$$\mu=\frac{n'v}{L}=5.94 \tag{14}$$

出租车利用度

$$\xi=\left|\frac{k}{0.35}-1\right|=\left|\frac{1-\frac{L}{Tv}}{0.35}-1\right|=0.33 \tag{15}$$

驾驶员平均拒载率κ =20.24%，则接客系数

$$\phi=1-\kappa=0.80 \tag{16}$$

某时刻乘客待车时间为$\bar{t}$，则乘客待车系数

$$\psi=\frac{1}{\bar{t}} \tag{17}$$

乘客满意度ω计算得：

$$\omega=\mathrm{e}^{-\bar{t}} \tag{18}$$

因一天内乘客等待时间随时间变化变动较大，故应在不同时间点进行取值，并与乘客待车系数ψ和乘客满意度ω拟合得到ψ和ω分别关于时间的变化曲线。经收集得到该区乘客等待时间$\bar{t}$，见表4（因夜间客流量极少，故忽略不计）。

表4 乘客等待时间统计表

时间段	6:00—7:00	7:00—8:00	8:00—9:00	9:00—10:00	10:00—11:00	11:00—12:00	12:00—13:00	13:00—14:00	14:00—15:00
乘客待车时间$\bar{t}$/min	0.00	4.82	4.04	2.67	1.92	3.84	3.31	2.06	1.99
时间段	15:00—16:00	16:00—17:00	17:00—18:00	18:00—19:00	19:00—20:00	20:00—21:00	21:00—22:00	22:00—23:00	23:00—24:00
乘客待车时间$\bar{t}$/min	1.64	2.86	4.95	4.41	3.37	2.28	2.00	2.32	2.61

根据表 4 的数据，结合乘客待车系 $\psi = \dfrac{1}{t}$ 和乘客满意度 $\omega = e^{-\bar{t}}$，利用 MATLAB 软件对数据进行拟合，得到如图 2 和图 3 所示的拟合结果。

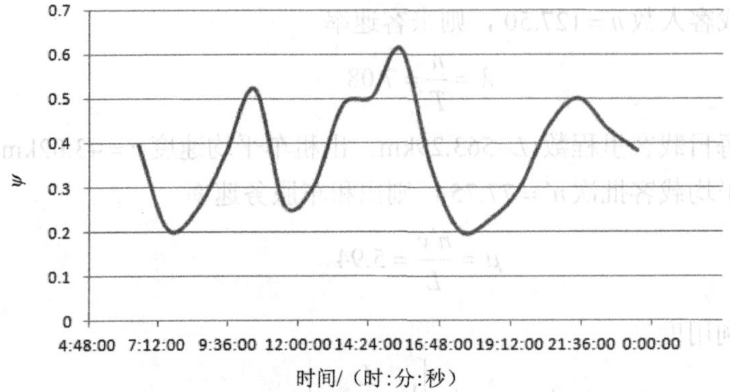

图 2　一天内乘客待车系数与时间的关系

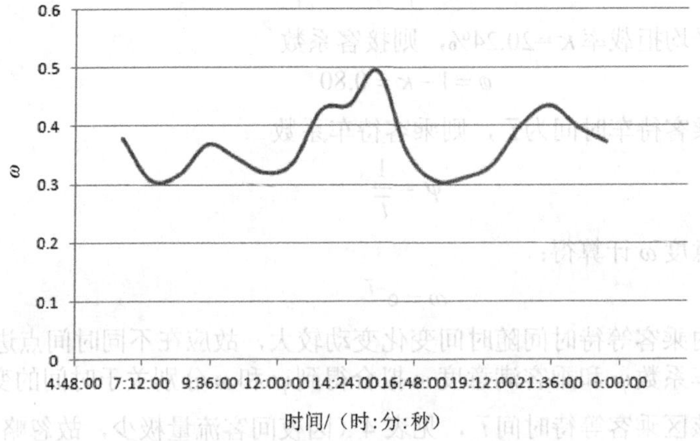

图 3　一天内乘客满意度与时间的关系

由拟合结果可以得到一天内任意时刻（夜间除外）的乘客待车系数 ψ 和乘客满意度 ω 的相应数值，结合计算得出的出租车利用度、乘客待车系数、乘客满意度、驾驶员接客系数、出租车服务速率、出租车来客速率的具体数值，可得到该时间的租车资源的“供求匹配”程度，以 7:00、11:00、15:00 和 19:00 为代表计算“供求匹配”程度。

四个时间点的 ψ 值分别为 ψ_1=0.23，ψ_2=0.32，ψ_3=0.0.57，ψ_4=0.25；ω 值分别为 ω_1=0.31，ω_2=0.33，ω_3=0.48，ω_4=0.32。

结合上述可得，$\xi=0.33$，$\phi=0.80$，$\mu=5.94$，$\lambda=7.08$，$\delta=2.3$，$\pi=0.41$，且 $\xi,\psi,\omega,\phi,\mu,\lambda,\delta,\pi$ 的权值分别为 0.33132,0.23066,0.15724,0.10590,0.07094, 0.04768, 0.03269,0.02356。

我们用 ε_1、ε_2、ε_3、ε_4、ε_5、ε_6、ε_7、ε_8 分别表示。

用 φ 表示“供求匹配”程度，四个时间点的 φ 为

$$\varphi_1=\xi\varepsilon_1+\psi_1\varepsilon_2+\omega_1\varepsilon_3+\phi\varepsilon_4+\mu\varepsilon_5+\lambda\varepsilon_6+\delta\varepsilon_7+\pi\varepsilon_8$$

$$=0.33\times0.33132+0.23\times0.23066+0.32\times0.15724+0.80\times0.10590+5.94\times0.07094$$
$$+7.08\times0.04768+2.3\times0.03269+0.41\times0.02356$$
$$=1.1412288$$

$$\varphi_2=\xi\varepsilon_1+\psi_2\varepsilon_2+\omega_2\varepsilon_3+\phi\varepsilon_4+\mu\varepsilon_5+\lambda\varepsilon_6+\delta\varepsilon_7+\pi\varepsilon_8$$

$$=0.33132\times0.33+0.23066\times0.32+0.15724\times0.33+0.10590\times0.8+0.07094\times5.94$$
$$+0.04768\times7.08+0.03269\times2.3+0.02356\times0.41$$
$$=1.1635606$$

$$\varphi_3=\xi\varepsilon_1+\psi_3\varepsilon_2+\omega_3\varepsilon_3+\phi\varepsilon_4+\mu\varepsilon_5+\lambda\varepsilon_6+\delta\varepsilon_7+\pi\varepsilon_8$$

$$=0.33132\times0.33+0.23066\times0.057+0.15724\times0.48+0.10590\times0.80+0.07094\times5.94$$
$$+0.04768\times7.08+0.03269\times2.3+0.02356\times0.41$$
$$=1.12648302$$

$$\varphi_4=\xi\varepsilon_1+\psi_4\varepsilon_2+\omega_4\varepsilon_3+\phi\varepsilon_4+\mu\varepsilon_5+\lambda\varepsilon_6+\delta\varepsilon_7+\pi\varepsilon_8$$

$$=0.33132\times0.33+0.23066\times0.25+0.15724\times0.48+0.10590\times0.80+0.07094\times5.95$$
$$+0.04768\times7.08+0.03269\times2.3+0.02356\times0.41$$
$$=1.1717098$$

为方便比较，我们重新定义 ∂ 来表示“供求匹配”程度，其计算方式为

$$\partial=100\varphi-100$$
$$\partial_1=100\varphi_1-100=14.12$$
$$\partial_2=100\varphi_2-100=16.36$$
$$\partial_3=100\varphi_3-100=12.65$$
$$\partial_4=100\varphi_4-100=17.17$$

可见，四个时间点的出租车供求匹配程度在评定区间中均属于“良”。

5.2 问题二的模型建立与求解

目前打车软件的补贴方案除了鼓励人们更多地采用打车软件以扩充市场，更多的主要是为了鼓励出租车司机能够更快找到更多乘客，并且不会因受到路况、意外等外界因素影响而拒绝载客，因此，补贴方案主要在改变出租车每日平均载

客人数、出租车每日平均载客批次、出租车拒载率及乘客待车时间方面起明显作用，其余指标变化不大，在此不予考虑。图4为目前打车软件的市场份额情况。

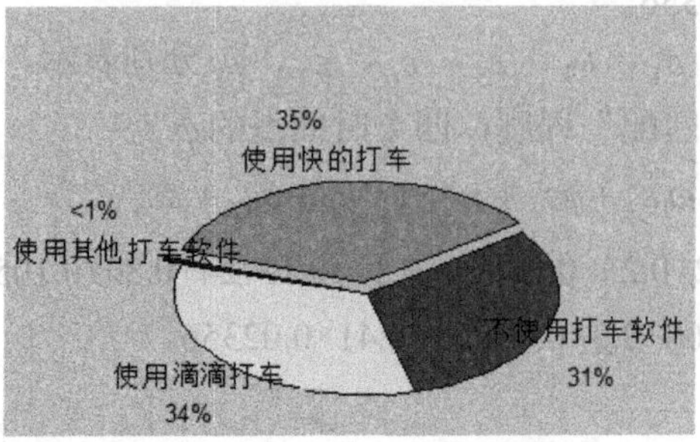

图4　各种打车方式所占市场份额

下面对目前垄断打车软件的两家公司进行综合评定以判断其补贴方案对解决打车难问题是否有帮助。

采用快的打车软件后，收集到的有关数据见表5至表7。

表5　每辆出租车每日平均载客人数 n

编号	652	653	654	655	656	657	658
n	154	153	153	149	150	146	147
编号	1372	1373	1374	1375	1376	1377	1378
n	151	150	148	155	156	148	152

由表5得到 n 均值为151.96。

表6　每辆出租车每日平均载客批次 n'

编号	652	653	654	655	656	657	658
n'	75	90	76	89	85	82	90
编号	1372	1373	1374	1375	1376	1377	1378
n'	91	80	86	83	79	84	80

由表6得到 n' 均值为85.92。

表7　出租车拒载率 κ

编号	652	653	654	655	656	657	658
κ	14.87%	17.73%	19.17%	16.12%	26.51%	17.83%	14.86%
编号	1372	1373	1374	1375	1376	1377	1378
κ	14.35%	23.53%	17.71%	13.87%	14.78%	28.49%	17.77%

由表 7 得到κ均值为 16.61%。

采用上述方法，对不同时间点的乘客待车时间进行取值，并与乘客待车系数ψ和乘客满意度ω拟合得到ψ和ω分别关于时间的变化曲线，如图 5 和图 6 所示。

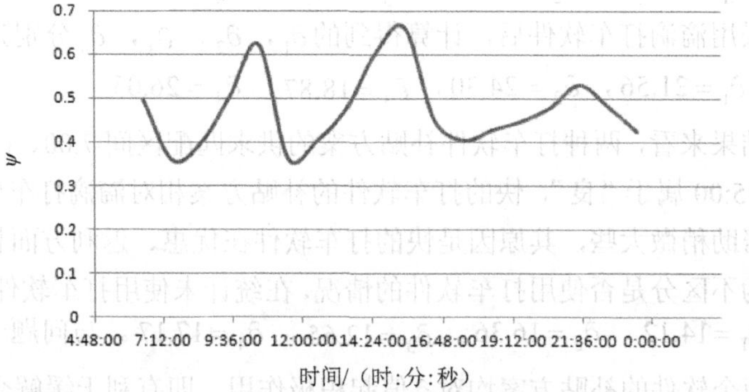

图 5　一天内乘客待车系数与时间的关系

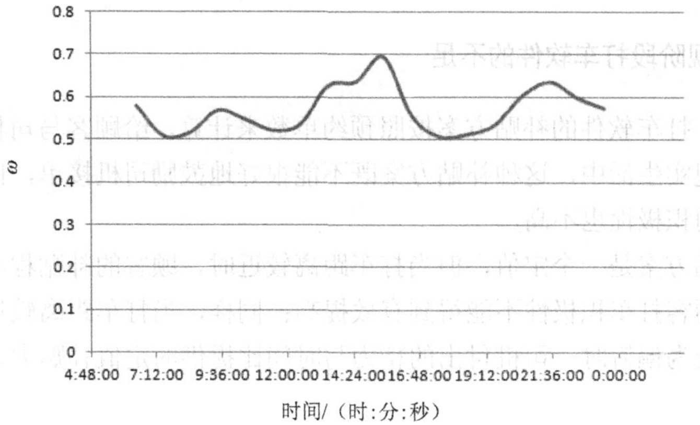

图 6　一天内乘客满意度与时间的关系

乘客流量π=0.41。

出租车千人拥有量δ=2.3。

来客速率为

$$\lambda=\frac{n}{T}=8.44 \tag{19}$$

出租车服务速率为

$$\mu=\frac{n'v}{L}=6.56 \tag{20}$$

出租车利用度$\xi=0.33$。

接客系数为

$$\phi = 1 - \kappa = 0.83 \tag{21}$$

同时以 7:00:00、11:00:00、15:00:00 和 19:00:00 为代表，代入计算得到

$$\partial_1 = 22.14, \quad \partial_2 = 24.91, \quad \partial_3 = 19.46, \quad \partial_4 = 26.73$$

同理，采用滴滴打车软件后，计算得到的∂_1，∂_2，∂_3，∂_4分别为

$$\partial_1 = 21.56, \quad \partial_2 = 24.30, \quad \partial_3 = 18.87, \quad \partial_4 = 26.05$$

从计算结果来看，两种打车软件补贴方案的供求匹配区间 7:00、11:00、19:00 属于“优”，15:00 属于“良”，快的打车软件的补贴方案相对滴滴打车软件对缓解交通拥堵的帮助稍微大些，其原因是快的打车软件在优惠、返利方面相对多些。

问题一为不区分是否使用打车软件的情况，在统计未使用打车软件的同时，∂值分别为：$\partial_1 = 14.12$，$\partial_2 = 16.36$，$\partial_3 = 12.65$，$\partial_4 = 17.17$。与问题一的结果比较，可看出两个软件的补贴方案均对∂值起积极作用，即有利于缓解交通拥堵。

5.3 问题三模型建立与求解

5.3.1 现阶段打车软件的不足

现阶段，打车软件的补贴方案按照预约单数来计算，给顾客与司机的补贴均为定值。在现实生活中，这种补贴方案既不能很好地鼓励司机接单，同时客户采用打车软件的积极性也不高。

虽然补贴方案是一个定值，但当打车距离较近时，顾客的补贴程度小于顾客付出程度，顾客打车积极性不能得到有效提高；同样，当打车距离较远，或者前往的目的地较为偏僻时，司机付出的精力与时间比提供的定值补贴大，容易造成拒载现象。

基于现阶段打车软件的不足，我们设计了以下补贴方案。

5.3.2 补贴方案模型的建立

为了同时调动客户与司机的积极性，我们认为补贴方案应该为一组分段函数。综合了实时国内燃料价格、城市人均收入和各方面因素，我们建立以下模型。

该模型设计的补贴方案，需要使司机全天能得到的期望净收入不小于司机对客户到达目的地有选择性时获得的净收入，这样才能对司机起到激励作用。

当司机将顾客载至较偏远地区或者道路较为拥挤的地区后，司机返程途中遇到新的客人的概率为P，此时司机需要的补贴应大于司机付出的成本，故简化得到

$$\Phi \geqslant \zeta-(1-p)\theta \tag{22}$$

式中，Φ 指的是司机获得的补贴，ζ 指的是司机的总成本，θ 指的是司机载客所收取的车费。ζ 的大小取决于当地人均 GDP、实时国内油价以及误工费等。同时司机返程途中遇到客人的概率 P 与前一名客户的目的地有关。由于不同时段不同地点出发的司机返程途中遇到客人的概率 P 具有不确定性，我们由交管部门设定的出租车长途补贴方案可得 P=90%，故

$$\frac{\Phi}{s} \geqslant \frac{\zeta}{s}-\frac{0.1\theta}{s} \tag{23}$$

式中，s 指的是出租车将顾客送到目的地的距离，则 $\frac{\Phi}{s}$ 为单位里程补贴数。根据重庆市主城九区人均 GDP 为 73154.29 元/年，以及国内实时汽油价格为 5.79 元/升与天然气价格为 2.32/m^3，结合政府部门数据我们可以大致推断出运行成本为 1.28 元/km。现在重庆出租车起步价为 10 元，超出后每千米 2 元。故分以下几种情况讨论：

（1）当 $s \leqslant 3$km 时，车费为 10 元，此时 $\frac{\Phi}{s} \geqslant \frac{\zeta}{s}-\frac{0.1\theta}{s}$ 不成立，所以司机不需要得到补贴就能够赚到钱，此时给予司机一定的基础补贴便可激发司机的积极性。而从顾客方面来看，短程出行起步价平均值较高，不利于鼓励顾客采取出租车出行。我们搜集了 180 组打车软件更改顾客补贴后顾客满意度以及出租车空乘率等数据，通过 SPSS 处理得到各类打车软件更改补贴后客户满意度的变化，如图 7 所示。

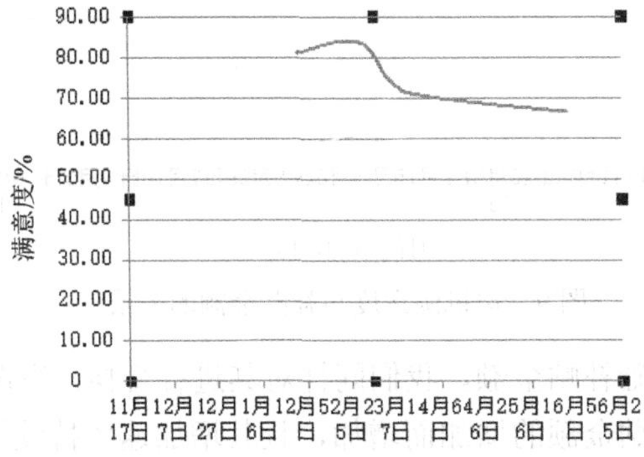

图 7 各类打车软件更改补贴后客户满意度的变化

我们可以发现，当补贴升高时，客户满意度随之升高；补贴下降时，客户满意度随之降低，为了求出最优补贴方案，同时为保证新的软件服务平台的发展，我们将图 7 进行变换，如图 8 所示，形成单调递增的曲线，同时根据生存曲线原

理，选取当 k=1 时的补贴为基础补贴，此时顾客满意度为 76.3%。对照顾客满意度与补贴程度，我们可以发现补贴给客户的价格在 3～5 元时顾客基本满意，故我们将 4 元定为客户的基本补贴。

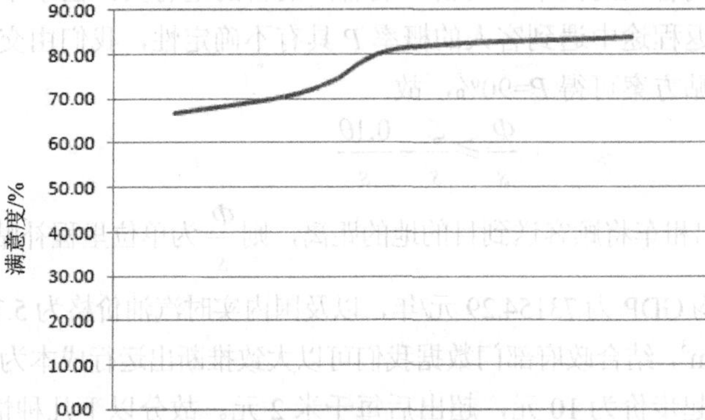

图 8 变换图

同理，司机的满意度也与补贴金额有关，如图 9 所示。

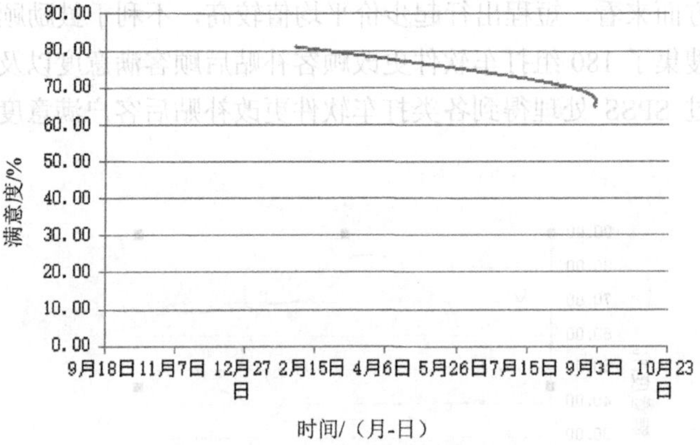

图 9 司机满意度与补贴金额的关系

为求出司机的基础补贴金额，我们同样对其进行变换，得图 10，因此可以发现司机的满意度随补贴金额的增加而增加，且其增加速率持续增加，所以我们认为司机的基础奖励与满意度无必然联系，但是我们可以适当地给予司机一些基础奖励，鼓励司机采用我方提供的服务平台，综合各方面因素，我们认为司机的基础奖励应为每单 1 元。

所以根据上述内容我们认为，在 $s \leqslant 3$km 时，打车软件平台应提供给司机 1 元基础奖励，给予客户 4 元奖励，方可达到最佳效果。

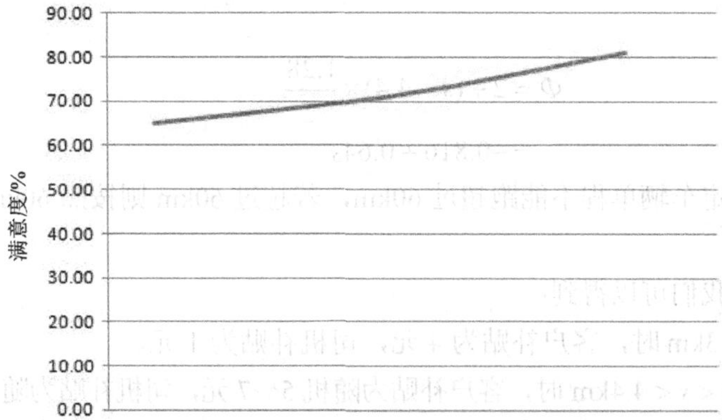

图 10　变换图

（2）当 $s \geqslant 3\text{km}$ 时车费为 $[10+2(s-3)]$ 元，此时若要使 $\frac{\Phi}{s} \geqslant \frac{\zeta}{s} - \frac{0.1\theta}{s}$ 成立，则

$$\zeta \geqslant 0.1 \times [10+2(s-3)]$$

我们可以得出 $s \geqslant 4.4\text{km}$ 时才能满足 $\frac{\Phi}{s} \geqslant \frac{\zeta}{s} - \frac{0.1\theta}{s}$，所以当 $3\text{km} < s < 4.4\text{km}$ 时，司机的补贴不是十分重要，可以通过基础补贴进行刺激，而乘客的补贴能够更好地刺激出租车的利用，根据所得结论我们认为当 $3\text{km} < s < 4.4\text{km}$ 时应给予司机 1～2 元随机奖励，同时也可以给予乘客 5～7 元随机奖励，以提高他们对服务平台的满意度。

（3）当 $s \geqslant 4.4\text{km}$ 时车费为 $[10+2(s-3)]$ 元，此时司机需要通过补贴来防止可能损失的发生，而客户的补贴重要性则逐渐降低，但根据经济学原理及心理学原理，超过 4.4km 的客户的补贴不能低于之前的补贴，否则容易引起客户反感。但如果对客户持续地进行现金反馈，容易造成打车公司运营成本增高。通过查阅资料我们发现当客户打车距离超过 4.4km 以后，可以通过返还积分或者代金券等方式，增强客户对打车软件的依赖性。而司机在接此类顾客时会承担一定的空车返回的风险，所以需要提高对司机的补贴。

根据上述结论我们认为可给予乘客 6 元现金补贴及积分，同时也可以采用联合各类店家发放优惠券等措施，变相刺激乘客应用软件平台。对于司机来说，选择长途客人或者是到达目的地比较拥挤的地方的客人，有可能损失时间与拉客机会，所以当超过 4.4km 路程时，应按照里程数对司机进行适当的补贴。根据交管部门设定，同时结合本地人均 GDP 与实时国内燃料价格，我们认为当超出 4.4km 时，每行驶 1km 可按照交管部门允许的风险车费的一半进行补偿，

即补偿金额

$$\Phi = 2 + (s - 4.4) \times \frac{1.28}{2}$$
$$= -0.816 + 0.64s$$

同时需限定车辆单程不能跑超过 60km，若超过 60km 则按照 60km 补贴数进行补贴。

综上所述我们可以得到：

1）当 $s \leqslant 3\text{km}$ 时，客户补贴为 4 元，司机补贴为 1 元。

2）当 $3\text{km} < s < 4.4\text{km}$ 时，客户补贴为随机 5～7 元，司机补贴为随机 1～2 元。

3）当 $s \geqslant 4.4\text{km}$ 时，客户补贴为 6 元现金补贴及积分与适当优惠券，而司机补贴则遵循 $\Phi = 2 + (s - 4.4) \times \frac{1.28}{2} = -0.816 + 0.64s$（补贴路程不大于 60km）。

编写程序，如图 11 所示。

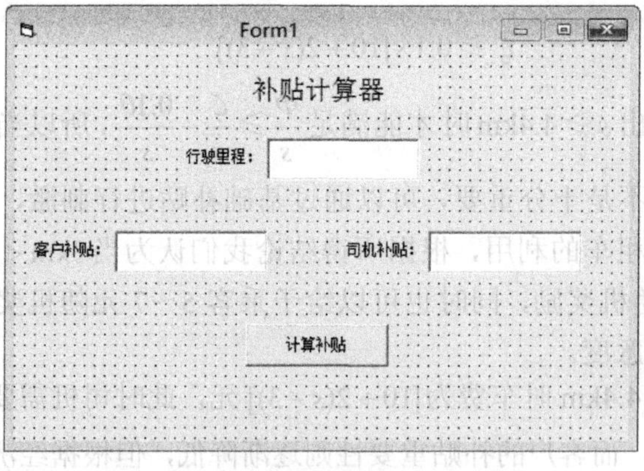

图 11　打车软件服务平台计价软件

5.3.3　模型合理性的检验

为了验证我们设计的打车软件的合理性，我们进行随机调查，共搜集 23 位出租车司机以及刚刚下车的 37 名乘客，根据其反馈数据，我们得知采用新的补贴方案的乘客满意度为 92.80%，远远大于采用现有补贴方案的乘客满意度 69.41%；新方案司机满意度为 89.95%，大于现有补贴方案的司机满意度 63.13%（图 12）。故我们认为所设计的打车软件具有合理性，能够更好地满足群众的打车需求。

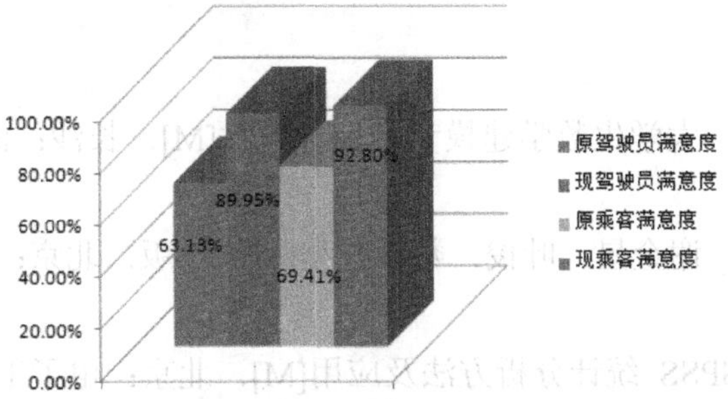

图 12　新打车软件测评满意度

六、模型评价与推广

6.1　模型的优点

（1）采用 SPSS 专业软件对模型进行求解，使运算更为简便快捷，效率更高。

（2）本文建立的层次分析法避免了主观赋权造成的影响，使结果具有可靠性、科学性。

（3）模型方法灵活，简单易懂，可读性、推广性较强。

6.2　模型的缺点

（1）没有综合考虑出租车和人口的流动性对模型建立的影响。

（2）该模型由于数据与时间的限制，最终结果存在一定误差，而实际上指标的制定应该更加复杂，调查范围也需更广泛，才能得出一个确定指标。

（3）在计算出租车利用率时，本应采用当地的实际空载率进行计算，但由于条件和时间限制，最后使用文献的参考数值，对最终结果产生了一定的影响。

6.3　模型的推广

本文建立了出租车资源供求匹配模型并根据数据设计出了优化补贴方案，能够有效地提高司机和乘客的满意度，更好地解决了"打车难"的问题。当然，影响出租车资源配置情况的评价指标还有其他不确定因素，这里只选择具有重要作用的代表性影响因素进行分析。同时，该模型不仅适用于出租车的资源配置，也适用于交通体系中其他运输系统的决策和评估，具有一定的代表性。

参考文献

[1] 叶其孝．大学生数学建模竞赛辅导教材[M]．长沙：湖南教育出版社，2008.
[2] 姜启源，谢金星，叶俊．数学模型[M]．3版．北京：高等教育出版社，2003.
[3] 薛薇．SPSS 统计分析方法及应用[M]．北京：电子工业出版社，2004.
[4] 张圣勤．MATLAB 7.0 实用教程[M]．北京：机械工业出版社，2006.
[5] 胡军红．城市出租汽车交通发展策略研究[D]．南京：东南大学，2005.
[6] 姜爱林．论出租车行业的管理体制、运营模式与改革方向[J]．攀登，2009，28（2）：77-80.
[7] 张爽．城市出租车拥有量的确定方法研究[D]．西安：西南交通大学，2009.
[8] 刘长虹，黄虎，陈力华．客运量预测方法的探讨[J]．上海工程技术大学学报，2004（3）：236-237，255.
[9] 张颖，陈赞．非对称信息条件下出租车定价机制研究[J]．消费经济，2005，21（4）：51-58.
[10] 程赐胜，刘中，马振东．城市出租车管理模式的改革建议[J]．综合运输，2005（3）：35-37.
[11] 黄建中．1980 年代以来我国特大城市居民出行特征分析[J]．城市规划学刊，2005（3）：71-75.
[12] 陈宁宁，徐伟嘉，宁洪涛．城市交通管理中的出租车规划[J]．数学的实践与认识，2006，36（7）：115-116.
[13] 王俊，陈学武．用经济学理论分析出租汽车服务定价机制[J]．交通运输工程与信息学报，2004，4：99-104.
[14] 边扬，王炜，陆建，等．城市出租车出行方式分担率预测方法研究[J]．交通运输系统工程与信息，2006，6（4）：95-100.
[15] 周峻．出租车管理系统中的规划协作研究[D]．武汉：湖北大学，2002.
[16] 陈明艺．国外出租车市场管制研究综述及其启示[J]．外国经济与管理，2006，28（8）：41-48.

【论文评述】

2015 年全国大学生数学建模竞赛 B 题聚焦于目前城市“出行难”“打车难”

的社会难题，主要研究内容是“互联网+”时代的出租车资源配置及补贴方案的设计。本文的三名组员充分利用网上所收集的重庆主城九区出租车运营数据，围绕出租车资源的“供求匹配”程度提取相关评价指标，建立了出租车供求匹配程度评价模型，并进一步设计了新的补贴方案。文章条理清晰，层次分明，写作规范。表明该队学员具有较强的论文写作能力。

三名队员首先对收集到的出租车运营数据进行预处理，剔除不合理数据，然后结合问题的实际情况定义了出租车利用度、乘客待车系数、乘客满意度、驾驶员接客系数、出租车服务速率、出租车来客速率、出租车千人拥有量、乘客流量 8 项指标作为衡量出租车供求匹配程度的判定指标，并进一步应用层次分析法确定了各指标对供求匹配程度的影响程度的大小，从而建立了出租车供求匹配程度的综合评价模型。在此基础上选取重庆地区 4 个典型时间段运用该模型仿真计算相应的供求匹配程度。在此模型的基础上，针对打车软件服务平台实施的补贴措施，计算相应指标的变化，从而进一步计算最终的出租车供求匹配程度的变化。最后，在综合考虑顾客里程、国内燃料价格、城市人均收入等各方面因素的基础上提出了一种分段函数形式的新的补贴方案，并通过仿真实验论证了所提出补贴方案的合理性和有效性。

总体来说，该论文思路清晰，写作规范，结合实际出租车运营数据将复杂的实际问题转化为简单的数学模型，模型建立既贴合实际，又符合题意，层层递进，结构清晰，且有充足的数值试验来论证所建立数学模型和所设计方案的合理性。不足之处在于，由于数据收集和整理不够完善，运用层次分析法具有一定的主观性，定性成分较多，从而确定的权重系数信服力较弱。此外，层次分析法无法为最后一问中提出的新的补贴方案提供有力支撑。需要对数据进行进一步收集整理，运用熵权法、模糊综合评价模型来改进数学模型，建立更加科学、有效的出租车供求匹配程度评价模型。

（陈代强）

2016年B题

小区开放对道路通行的影响

2016年2月21日，国务院发布《关于进一步加强城市规划建设管理工作的若干意见》，其中第十六条关于推广街区制，原则上不再建设封闭住宅小区，已建成的住宅小区和单位大院要逐步开放等意见，引起了广泛的关注和讨论。

除了开放小区可能引发的安保等问题外，议论的焦点之一是：开放小区能否达到优化路网结构，提高道路通行能力，改善交通状况的目的，以及改善效果如何。一种观点认为封闭式小区破坏了城市路网结构，堵塞了城市“毛细血管”，容易造成交通阻塞。小区开放后，路网密度提高，道路面积增加，通行能力自然会有提升。也有人认为这与小区面积、位置、外部及内部道路状况等诸多因素有关，不能一概而论。还有人认为小区开放后，虽然可通行道路增多了，相应地，小区周边主路上进出小区的交叉路口的车辆也会增多，也可能会影响主路的通行速度。

城市规划和交通管理部门希望你们建立数学模型，就小区开放对周边道路通行的影响进行研究，为科学决策提供定量依据，为此请你们尝试解决以下问题：

问题一：请选取合适的评价指标体系，用以评价小区开放对周边道路通行的影响。

问题二：请建立关于车辆通行的数学模型，用以研究小区开放对周边道路通行的影响。

问题三：小区开放产生的效果可能会与小区结构及周边道路结构、车流量有关。请选取或构建不同类型的小区，应用你们建立的模型，定量比较各类型小区开放前后对道路通行的影响。

问题四：根据你们的研究结果，从交通通行的角度，向城市规划和交通管理部门提出你们关于小区开放的合理化建议。

2016 年 B 题　全国一等奖

小区开放对周边道路交通影响综合评价模型

参赛队员：陈　剑　吴　康　高承国
指导教师：马　翠

摘　要

针对小区开放对周边道路通行影响程度的问题，本文从道路通行水平、交叉口服务水平和运输基础设施水平 3 个方面选择了车流量、行车效率、车流密度、延误时间、排队长度、行车时间、运输网络连通度和运输网络饱和程度 8 个指标建立评价指标体系，以道路的拥挤度为综合评价指标，建立了基于改进层次分析法的综合评价模型，并通过计算机仿真模拟对单一主干道支路型、环路型等典型小区开放对道路通行的影响程度进行评价，分析了小区开放影响道路通畅程度影响因素，并提出了小区开放的合理化建议。

问题一： 本文建立以道路的拥挤度为目标层综合评价指标，以道路通行水平、交叉口服务水平和运输基础设施水平为第二准则层，以车流量、行车效率、车流密度、延误时间、排队长度、行车时间、运输网络连通度和运输网络饱和程度 8 个指标为指标层的三层评价指标体系。基于改进的层次分析法建立小区开放的道路影响程度综合评价模型，确定了指标层车流量、行车效率、车流密度、延误时间、排队长度、行车时间、运输网络连通度和运输网络饱和程度 8 个指标的权重分别为 0.0098、0.0689、0.0260、0.0771、0.1486、0.0326、0.1593、0.4778，道路通行水平、交叉口服务水平和运输基础设施水平第二准则层权重分别为 0.1047、0.2583、0.637。并结合实际问题，确立了拥挤度分级（表 6），并以此评价小区开放前后对周边道路通行的影响。

问题二： 本文假设车辆到达某个位置是随机、互不干扰的，单位时间到达某个位置的车辆可以视为服从泊松分布。选取行车效率、运输网络饱和程度、延误时间三个分配指标，建立车辆分配模型，通过计算机仿真方法模拟车辆通行路径和各段道路的车辆通行数目，并根据车辆分配模型制订了车辆的分配方案。再运用问题一建立的综合评价模型评价小区开放对周边道路的影响。

问题三：在问题二车辆通行仿真模拟模型的基础上，根据控制变量的原则，假定出周边道路数目，通过改变小区内支路数目及其连接方式构建了单一主干道支路型及环路型、双主干道型、三主干道型和四主干道型四类典型小区。运用MATLAB 7.0编程实现上述4种典型小区的参数仿真模拟，并结合问题一中的综合评价模型进行定量分析，知小区开放前4种小区周边道路的拥挤度分别为0.6329、0.3956、0.6162、0.5586，开放后的拥挤度分别为0.2809、0.5974、0.4607、0.4619、0.3080。

问题四：在问题三仿真模拟4种类型小区开放前后的道路影响程度定量分析的基础上，结合实际交通通行情况，以提高道路交通通行水平为原则，对小区类型、高峰情况、内部结构及支路条数等4个与小区开放有关的影响因素进行分析，并对小区的开放与否作出判断。从小区类型来看，分两类情况：一类，开放支路和四主干道；另一类，不开放环路以及开放双主干道和条件开放三主干道。从高峰情况来看，建议在早、中、晚高峰期时段内开放小区。从支路条数来看，建议双主干道开放一条支路；从行人阻抗来看，通过构造行人修正系数与支路行驶关系图，建议将人行道与机动车道分开。

关键词：综合评价　层次分析　归一化　道路拥挤度

一、问题重述

除了开放小区可能引发的安保等问题外，议论的焦点之一是：开放小区能否达到优化路网结构、提高道路通行能力、改善交通状况的目的，以及改善效果如何。一种观点认为封闭式小区破坏了城市路网结构，堵塞了城市“毛细血管”，容易造成交通阻塞。小区开放后，路网密度提高，道路面积增加，通行能力自然会有提升。也有人认为这与小区面积、位置、外部及内部道路状况等诸多因素有关，不能一概而论。还有人认为小区开放后，虽然可通行道路增多了，相应地，小区周边主路上进出小区的交叉路口的车辆也会增多，也可能会影响主路的通行速度。

现就小区开放对周边道路通行的影响进行研究，为科学决策提供定量依据。解决以下问题：

问题一：选取合适的评价指标体系，用以评价小区开放对周边道路通行的影响。

问题二：建立关于车辆通行的数学模型，用以研究小区开放对周边道路通行的影响。

问题三：小区开放产生的效果可能会与小区结构及周边道路结构、车流量有关。请选取或构建不同类型的小区，应用所建立的模型，定量比较各类型小区开放前后对道路通行的影响。

问题四：根据研究结果，从交通通行的角度向城市规划和交通管理部门提出关于小区开放的合理化建议。

二、模型假设

（1）不发生交通事故等其他影响交通正常运行的突发事件。

（2）只有红绿灯使得车辆停车。

（3）车辆均是匀速行驶的，减速、加速时间不计。

（4）车辆在小区周边道路行驶时，不考虑行人和非机动车辆的影响。

三、符号说明

（1）$n=\begin{cases}1, & \text{关闭小区支路的情况} \\ 2, & \text{开放小区支路的情况}\end{cases}$。

（2）f_n：车流量，$(n=1,2)$。

（3）P_n：行车效率，$(n=1,2)$。

（4）ρ_n：车流密度，$(n=1,2)$。

（5）O_n：延误时间，$(n=1,2)$。

（6）S_n：排队长度，$(n=1,2)$。

（7）D_n：运输网络连通度，$(n=1,2)$。

（8）Q：非机动车通路自行车通行量。

（9）q：道路实测自行车交通量。

（10）E：运输网络饱和程度。

（11）Y：道路拥挤度。

（12）C：车身长度。

（13）l：车道长度。

四、问题分析

问题一：选取合适的评价指标体系评价小区开放对周边道路通行的影响，即选取合适的评价指标体系评价小区关闭、开放时对道路拥挤程度的影响。结合实际问题，衡量道路拥挤程度，可以考虑从道路通行水平、交叉口服务水平和运输基础设施水平三方面进行分析。分析道路通行水平时，可以考虑选取车流量、行车效率、车流密度三个指标进行衡量；交叉口服务水平可以通过延误时间、排队长度、行车时间三个指标进行反映；运输基础设施水平则可以通过运输网络连通度、运输网络饱和程度两个指标来反映。建立了上述指标体系后，由于缺少实际数据，可考虑采用改进的层次分析法建立小区开放对周边道路通行影响的道路拥挤度评价模型。

问题二：要建立车辆通行的数学模型以研究小区开放对周边道路通行的影响。考虑到车辆到达某个位置是随机的，具有不确定性，因此可将车辆到达某个位置视为服从泊松分布的排队系统。而车辆通行的实质是车辆道路选择的问题，可以选择一个具体时段，根据到达目的地的整体优劣性和道路变化的敏感性高低，设置道路选择条件，从行车效率、运输网络饱和程度、延误时间三个指标考虑，建立各个车辆的道路选择模型，得出车辆通行路径及各段道路的车辆通行数目，然后再利用问题一模型评价小区开放对周边道路的影响。

问题三：考虑小区开放产生的效果与小区结构及周边道路结构、车流量有关。进一步分析知，小区结构主要由小区内支路数目及其连接方式体现，周边道路结构由小区地理位置附近道路数目和车流量决定。根据控制变量的原则，可模拟给出周边道路数目，通过改变小区内支路数目及其连接方式，利用问题一、问题二所建立的模型进行定量比较，从而评价小区开放前后的道路通行状况。

问题四：根据上述问题的研究成果，首先从小区类型、高峰情况、行人阻抗以及支路条数4个方面来对小区的开放提供建议。其中小区类型、高峰情况、支路条数可以用问题三中构建的小区类型作为实例进行分析，以尽量优化交通通行、减小通行压力为目的，对小区开放提供建议。行人阻抗方面考虑结合问题一中的BPR函数进行分析，以减少小区支路的行驶时间为目的，从行人和非机动车方面对小区的开放提供建议。

五、模型建立与求解

5.1 评价小区开放对道路通行影响的指标体系的建立

建立小区开放对道路通行影响的评价模型，关键是如何选取合适的评价指标体系来评价小区关闭、开放对道路通畅程度的影响。通过查阅相关文献和对实际问题的分析，本文认为可以用道路通畅程度作为衡量小区开放对道路影响的综合指标（即评价模型的目标层）。然后本文在道路通行水平、交叉口服务水平和运输基础设施水平（即评价模型的准则层）的基础上，选取了 8 个指标作为评价模型的指标层。具体指标体系如图 1 所示。

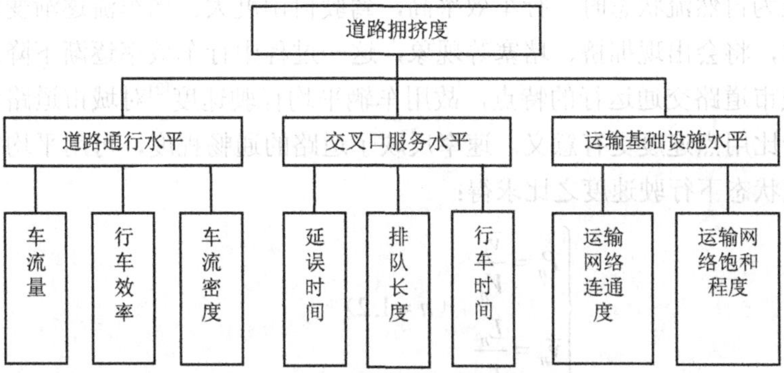

图 1　指标体系层次图

如图 1 所示，目标层为道路拥挤度 Y，准则层包括道路通行水平所占权重 b_1、交叉口服务水平所占权重 b_2、运输基础设施水平所占权重 b_3，指标层包括车流量所占权重 c_1、行车效率所占权重 c_2、车流密度所占权重 c_3、延误时间所占权重 c_4、排队长度所占权重 c_5、行车时间所占权重 c_6、运输网络连通度所占权重 c_7、运输网络饱和程度所占权重 c_8。

5.1.1　道路通行水平

道路通行水平是指道路设施所能疏导交通流的能力水平，即在一定时段和正常的道路、交通、管制以及运行质量要求下，道路设施通过交通流质点的能力水平。在指标层的选取上，参照文献[1]中方法，本文通过车流量、行车效率、车流密度三个指标对道路通行水平进行分析讨论。

1. 车流量

车流量即单位时间内通过某路段的车辆，若某路段的车流量超出了该路段的交通负荷，说明该路段的道路通行处于繁忙状态。车流量可反映出小区周围交通运行状况，车流量计算公式如下：

$$f_n = \frac{v_n}{C_n + C} \tag{1}$$

式中：$n = \begin{cases} 1, & \text{关闭小区支路的情况} \\ 2, & \text{开放小区支路的情况} \end{cases}$；$f_n$ 为车流量，$n = 1,2$；v_n 为行车速度，$n = 1,2$；C_n 为车距，$n = 1,2$；C 为车身长度。

利用式（1）分别得出关闭、开放小区支路时的车流量，用于评价道路通行水平，进而间接评价小区开放对周边道路通行的影响。

2. 行车效率

当车流为自然流状态时，行车效率高，驾驶自由度大；当车流逐渐变化至强制流状态时，将会出现拥挤、堵塞等现象，这一过程中行车效率逐渐下降。间断交通流是城市道路交通运行的特点，故用车辆平均行驶速度[2]对城市道路交通状况进行评价比用点速度更有意义。速率反映了道路的通畅程度，可用平均行驶速度与自由流状态下行驶速度之比求得：

$$\begin{cases} P_n = \dfrac{\overline{v}_n}{V_n} \\ \overline{v}_n = \dfrac{L_n}{t_n} \end{cases} \quad (n=1,2) \tag{2}$$

式中：$n=\begin{cases}1, & \text{关闭小区支路的情况} \\ 2, & \text{开放小区支路的情况}\end{cases}$；$P_n$ 为行车效率，$n=1,2$；$\overline{v}_n$ 为平均行车速度，$n=1,2$；V_n 为最大行车速度，$n=1,2$；L_n 为通车总里程，$n=1,2$；t_n 为总行车时间，$n=1,2$。

利用式（2）分别得出关闭、开放小区支路时的行车效率，用于评价道路通行水平，进而间接评价小区开放对周边道路通行的影响。

3. 车流密度

车流密度表示车辆分布的集中程度。车流密度越高，道路设施所能疏导交通流的能力水平会相应降低，在某一瞬时内一条车道的单位长度上分布的车辆数为

$$\rho_n = \frac{l}{N_n} \tag{3}$$

式中：$n=\begin{cases}1, & \text{关闭小区支路的情况} \\ 2, & \text{开放小区支路的情况}\end{cases}$；$\rho_n$ 为车流密度，$n=1,2$；l 为车道长度；N_n 为车辆分布数量，$n=1,2$。

利用式（3）分别得出关闭、开放小区支路时的车流密度，用于评价道路通行水平，进而间接评价小区开放对周边道路通行的影响。

5.1.2 交叉口服务水平

交叉路口交通状况的好坏关系着道路交通状况的好坏，交叉路口是城市道路交通网络的重要枢纽。交通延误发生的主要场所是交叉口，国内外常用平均延误时间

作为评价信号交叉口的交通服务水平。文献[3]对常用的交通系统评价指标进行了较为系统和全面的总结，对交叉口交通状况的基本评价指标也进行了详细讨论。结合该文献，本文采用延误时间、排队长度、行车时间三个指标来反映交叉口服务水平。

1. 延误时间

交叉口各个方向的车流量很大，所以红绿灯信号周期的长短间接反映了交叉路口延误时间。交叉路口延误时间不仅反映司机的不适感、燃料消耗和驾驶耗时，而且直接反映出道路通行的通畅程度。交叉路口延误时间计算如下[4]：

$$\begin{cases} O_n = \dfrac{0.5T\left(1-\dfrac{t_{\mathrm{g}}}{T_0}\right)}{1-\left[\min(1,x_n)\times\dfrac{t_{\mathrm{g}}}{T_0}\right]}, (n=1,2) \\ x_n = \dfrac{f_n}{K_n} \end{cases} \tag{4}$$

式中：$n=\begin{cases}1, & \text{关闭小区支路的情况}\\ 2, & \text{开放小区支路的情况}\end{cases}$；$t_{\mathrm{g}}$ 为绿灯时长；T_0 为信号灯周期时长；O_n 为延误时间，$n=1,2$；x_n 为车道的饱和度，$n=1,2$；K_n 为交叉口最大车流量，$n=1,2$。

利用式（4）分别得出关闭、开放小区支路时的延误时间，用于评价交叉口服务水平，进而间接评价小区开放对周边道路通行的影响。

2. 排队长度

交叉路口交通运行效果的好坏可用于交通系统运行效果的评价。车辆在通过交叉路口时，等待信号灯分配通行权，从而造成车辆排队。车辆排队的长度更直观，也更易测量，可直接反映小区周围交通的拥堵状况。

$$S_n = \frac{v_n t_{\mathrm{r}}}{C_n}\times C, (n=1,2) \tag{5}$$

式中：$n=\begin{cases}1, & \text{关闭小区支路的情况}\\ 2, & \text{开放小区支路的情况}\end{cases}$；$C_n$ 为车距，$n=1,2$；v_n 为行车速度，$n=1,2$；S_n 为排队长度，$n=1,2$；t_{r} 为红灯时长。

利用式（5）分别得出关闭、开放小区支路时的排队长度，用于评价交叉口服务水平，进而间接评价小区开放对周边道路通行的影响。

3. 行车时间

行车时间是行驶过一段路程所花费的时间，而这段路程可根据需要设定起点和终点。行车时间在小区周围交通运行状况的评价中是非常有用的。因为这段行车时间中包含了车辆等待红绿灯的时间。利用BPR函数[5]可得

$$\begin{cases} T_1 = \alpha_1 + \beta f_1 \\ \beta = 0.15 X_1 \alpha_1 \end{cases} \tag{6}$$

式中：α_1为主干道通畅时的行驶时间；T_1为关闭小区支路时的行驶时间；f_1为主干道路段的车流量；β为主干道路段上的延误参数；X_1为主干道路段的饱和度。

考虑到小区道路是单行道公路。开放小区支路时，道路通行状况受到自行车、对向车辆和行人横流的干扰。自行车干扰系数、行人干扰修正系数建议值[4]如下：

$$\eta_1 = \begin{cases} 0.8 & \text{自行车交通量未超过通行能力} \\ 0.8 - \dfrac{\dfrac{q}{Q} + 0.5 - w_2}{w_1} & \text{自行车交通量超过通行能力} \end{cases} \tag{7}$$

式中：η_1为自行车干扰系数；q为道路实测自行车交通量；Q为非机动车通路自行车通行量；w_1为单行非机动车通路宽度；w_2为单行机动车通路宽度。行人干扰修正系数建议值见表1。

表1 行人干扰修正系数建议值

干扰程度	很严重	严重	较严重	一般	很小	无
η_2	0.5	0.6	0.7	0.8	0.9	1.0

结合干扰系数公式可得到改进后的BPR综合阻抗函数[5]为

$$T_2 = \begin{cases} \alpha_2 + 0.15\left(\dfrac{X_2}{\eta_1 \eta_2}\right)^4 f_2 + d_2, 0 \leqslant \eta_1 \leqslant 1 \\ \alpha_2 + 0.15\left(\dfrac{\eta_1 X_2}{\eta_2}\right)^4 f_2 + d_2, \eta_1 \geqslant 1 \end{cases} \tag{8}$$

式中：T_2为开放小区支路时的行驶时间；α_2为小区支路通畅时的行驶时间；X_2为小区支路路段的饱和度；η_2为行人干扰修正系数；f_2为小区支路路段的车流量。

利用上述式子分别得出关闭、开放小区支路时的行车时间，用于评价交叉口服务水平，进而间接评价小区开放对周边道路通行的影响。

5.1.3 运输基础设施水平

运输基础设施水平的技术评价是从技术因素方面分析服务体系内部的结构和

功能，为优化和决策提供技术支持[6]，其指标可分为运输网的连通度（反映道路运输服务体系自身的技术状况）和饱和程度（反映道路运输服务体系对社会经济需求的适应程度）。本文通过运输网络连通度、运输网络饱和程度两个指标反映运输基础设施水平。

1. 运输网络连通度

运输网络连通度反映各节点之间的连接程度，其计算公式如下：

$$D_n = \frac{\frac{L_n}{\varsigma}}{\sqrt{AM}} \tag{9}$$

式中：D_n 为运输网络连通度，$n=1,2$；A 为区域面积；M 为区域内的节点数目；ς 为变形系数（反映线路的弯曲程度），通常取 1.1～1.3。

利用式（9）分别得出关闭、开放小区支路时的运输网络连通度，以此评价道路运输设施水平，进而间接评价小区开放对周边道路通行的影响。

2. 运输网络饱和程度

运输网络饱和程度又称为网络能力适应度，它是反映公路网能力适应需求的程度和公路网的拥挤程度的公路网特有指标。利用饱和程度可给出对公路网直观的、综合性的评价。运输网络上的实际交通量与设计容量的比值即为饱和程度，其计算公式如下：

$$E = \frac{\sum_{i=1}^{n} u_i L_i}{\sum_{i=1}^{n} U_i L_i} \tag{10}$$

式中：u_i 为第 i 条道路的交通量；U_i 为第 i 条道路的容量；L_i 为第 i 条道路的长度；E 为运输网络饱和程度。

利用式（10）分别得出关闭、开放小区支路时车辆的运输网络饱和程度，以此评价道路运输设施水平，进而间接评价小区开放对周边道路通行的影响。

5.1.4 道路拥挤度评价模型的建立

考虑到层次分析法（AHP）[7]可用于对无结构特性的系统评价以及多目标、多准则、多时期等的系统评价，且能把多目标、多准则又难以全部量化处理的决策问题化为多层次单目标问题，通过两两比较确定同一层次元素相对上一层次元素的数量关系后，最后进行简单的权重计算即可。故本文在上述评价小区开放对道路拥挤度影响的指标体系基础上，采取改进的层次分析法建立综合评价模型。

具体建模步骤如下所述。

1. 归一化处理

根据层次分析法建模需要，为统一量纲，首先对上述指标体系中第三准则层的车流量、行车效率、车流密度、延误时间、排队长度、行车时间、运输网络连通度和运输网络饱和程度8个指标进行归一化处理，其计算公式如下：

$$Z_i = \frac{y_i}{\sqrt{\sum_{i=1}^{n} {y_i}^2}} \tag{11}$$

式中：Z_i 为第 i 个指标归一化后的值；y_i 为第 i 个指标。

2. 运用改进的层次分析法确定评价指标权重

步骤1：构造各层因素间的比较判断矩阵——三标度比较矩阵。

根据道路拥挤度评价指标体系，构造各层因素间的比较判断矩阵。以同一层次的要素作为准则，对下一层的某些要素起支配作用，同时它又受到上一层次要素的支配。对于上一层因素而言，在其下一层次上所有与它关联的因素中依次两两比较其重要性，对指标而言有“重要”“同等重要”“不重要”三种情况，分别用“2”“1”“0”三种数值标度定量表示。由此得出的矩阵称为三标度矩阵，它表示各因素之间相对于上一层因素的重要性关系。例如 F 因素与下一层次中的 F_1、F_2、F_3 有联系，其三标度比较矩阵的一般形式为

$$\boldsymbol{C} = \begin{bmatrix} c_{11} & c_{12} & \cdots & c_{1n} \\ c_{21} & c_{22} & \cdots & c_{2n} \\ \vdots & \vdots & \vdots & \vdots \\ c_{n1} & c_{n2} & \cdots & c_{nn} \end{bmatrix} = (c_{ij})_{n\times n} \tag{12}$$

其中 c_{ij} 的取值及含义见表2。

表2 各指标重要程度量化取值表

c_{ij} 取值	含义
2	第 i 个元素比第 j 个元素重要
0	第 i 个元素没有第 j 个元素重要
1	第 i 个元素与第 j 个元素同等重要且有 $c_{ii}=1$，即元素自身比较重要性相同

根据三标度比较矩阵的一般形式和各指标重要程度量化取值表，得到三标度比较矩阵分别为：

$Y-b_i$ 三标度比较矩阵：

$$C_0=\begin{bmatrix}1&0&0\\2&1&0\\2&2&1\end{bmatrix} \tag{13}$$

b_1-c_1,c_2,c_3 三标度比较矩阵：

$$C_1=\begin{bmatrix}1&0&0\\2&1&2\\2&0&1\end{bmatrix} \tag{14}$$

b_2-c_4,c_5,c_6 三标度比较矩阵：

$$C_2=\begin{bmatrix}1&0&2\\2&1&2\\0&0&1\end{bmatrix} \tag{15}$$

b_3-c_7,c_8 三标度比较矩阵：

$$C_3=\begin{bmatrix}1&0\\2&1\end{bmatrix} \tag{16}$$

步骤 2：求出 AHP 间接判断矩阵。

三标度比较矩阵并不能准确地反映各因素在某准则下的相对重要性程度，因此必须将其变换成具有层次分析法特点和性质的判断矩阵，称为 AHP 间接判断矩阵。利用前述比较矩阵 C，计算各因素重要性排序指数 r_i，即

$$r_i=\sum_{j=1}^{n}c_{ij}\ (i=1,2,\cdots,n) \tag{17}$$

$$r_{\max}=\max\{r_i\} \tag{18}$$

$$r_{\min}=\min\{r_i\} \tag{19}$$

若用 $A_{\max}$ 表示最大排序指数对应的元素，$A_{\min}$ 表示最小排序指数对应的元素，用 b_m 表示 $A_{\max}$ 与 $A_{\min}$ 比较时按某种标度给出的重要性程度（取 $b_m=\frac{r_{\max}}{r_{\min}}$），则可用下式给出各元素间的相对重要性程度，即判断矩阵的元素

$$b_{ij}=\begin{cases}\dfrac{r_i-r_j}{r_{\max}-r_{\min}}(b_m-1)+1, & r_i\geqslant r_j\\ 1,r_{\max}=r_{\min} & \\ \left[\dfrac{r_j-r_i}{r_{\max}-r_{\min}}(b_m-1)+1\right]^{-1}, & r_i<r_j\end{cases} \tag{20}$$

从而得到四个 AHP 间接判断矩阵，分别如下：

$Y-b_i$ 间接判断矩阵：

$$\boldsymbol{B}_0=\begin{bmatrix}1 & 1/3 & 1/5\\ 3 & 1 & 1/3\\ 5 & 3 & 1\end{bmatrix} \tag{21}$$

b_1-c_1,c_2,c_3 间接判断矩阵：

$$\boldsymbol{B}_1=\begin{bmatrix}1 & 1/7 & 1/3\\ 7 & 1 & 5\\ 3 & 1/5 & 1\end{bmatrix} \tag{22}$$

b_2-c_4,c_5,c_6 间接判断矩阵：

$$\boldsymbol{B}_2=\begin{bmatrix}1 & 1/3 & 3\\ 3 & 1 & 5\\ 1/3 & 1/5 & 1\end{bmatrix} \tag{23}$$

b_3-c_7,c_8 间接判断矩阵：

$$\boldsymbol{B}_3=\begin{bmatrix}1 & 1/3\\ 3 & 1\end{bmatrix} \tag{24}$$

步骤 3：一致性检验与各因素权重的确定。

对判断矩阵做一致性检验：为检验矩阵的一致性，首先计算出它的一致性指标：

$$CI=\frac{\lambda_{\max}-n}{n-1}，n\text{表示判断矩阵的阶数} \tag{25}$$

显然，当矩阵具有完全一致性时，$CI=0$；$\lambda_{\max}-n$ 越大，CI 越大，矩阵的一致性越差。为判断矩阵是否具有满意的一致性，要将 CI 与平均随机一致性指标 RI 进行比较。对于 1～11 阶判断矩阵，*Satty* 氏一致性指标 RI 的值[8]见表 3。

表 3 *Satty* 氏一致性指标 *RI* 值

N	1	2	3	4	5	6	7	8	9	10	11
RI	0	0	0.58	0.90	1.12	1.24	1.32	1.41	1.45	1.49	1.51

当判断矩阵阶数 $n\leqslant 2$ 时，矩阵总有完全一致性；当 $n>2$ 时，$CR=CI/RI$ 称为矩阵的一致性比率。当 $CR<0.1$ 或在 0.1 左右时，矩阵具有满意的一致性，否则需重新调整矩阵。

使用 MATLAB 7.0 对各判断矩阵的一致性比率 CR 进行求解，得到的结果见表 4。

表 4 各判断矩阵的一致性比率

CR	CR_1	CR_2	CR_3	CR_4
比率值	0.0172	0.0237	0.0234	0

由表 4 可知，CR_1 代表道路通行水平、交叉口服务水平和运输基础设施水平三者之间的一致性比率；CR_2 代表车流量、行车效率、车流密度三个指标之间的一致性比率；CR_3 代表延误时间、排队长度、行车时间三个指标之间的一致性比率；CR_4 代表运输网络连通度、运输网络饱和程度两个指标之间的一致性比率；所有矩阵的一致性比率 CR 均小于 0.1，都具有较好的一致性。

步骤 4：层次总排序及分析比较。

对于各因素权重，根据层次分析理论，利用最大特征值所对应的特征向量确定，而权重不能有负值，所以当特征向量为负数时，需取其相反数。

利用层次单排序的计算结果，计算同一层次所有因素对于最高层相对重要性的排序权值，得出优劣顺序，即层次总排序。根据所得到的特征向量，将某层元素相对于上一层元素的权重进行汇总，见表 5。

表 5 各层权重汇总

C_i	b_i			最终权重
	0.1047	0.2583	0.637	
c_1	0.0934	0	0	0.0098
c_2	0.6581	0	0	0.0689
c_3	0.2485	0	0	0.0260
c_4	0	0.2986	0	0.0771
c_5	0	0.5752	0	0.1486
c_6	0	0.1262	0	0.0326
c_7	0	0	0.25	0.1593
c_8	0	0	0.75	0.4778

由表 5 可知，每个指标均有对应的最终权重。指标层包括车流量最终权重 k_1、行车效率最终权重 k_2、车流密度最终权重 k_3、延误时间最终权重 k_4、排队长度最终权重 k_5、行车时间最终权重 k_6、运输网络连通度最终权重 k_7、运输网络饱和程

度最终权重k_8。

3. 道路拥挤度评价模型

对于准则层和指标层权重，根据层次分析理论，利用最大特征值所对应的特征向量确定。这些指标中既存在正理想指标，又存在负理想指标，故对负理想指标需要进行相应修正。行车效率和运输网络连通度这两个指标为负理想指标，二者对应的权重分别为k_2和k_7，因此，做出修正后道路拥挤度函数可表示为

$$Y = k_1 - k_2 + k_3 + k_4 + k_5 + k_6 - k_7 + k_8 \tag{26}$$

根据道路拥挤度评价模型计算出道路拥挤程度，即可评价小区开放对周边道路通行的影响。

参考文献[9]制定出拥挤度的等级，具体见表6。

表6 拥挤度分级

拥挤度等级	拥挤度	交通状况
A级	0～0.4	畅通车流，基本无延误
B级	0.4～0.6	稳定车流，有少量延误
C级	0.6～0.8	不稳定车流，交通拥挤，延误较大
D级	0.8～1.0	强制车流，交通堵塞，延误最大

如表6所列，当拥挤度为A级时，畅通车流，基本无延误；当拥挤度为B级时，稳定车流，有少量延误；当拥挤度为C级时，不稳定车流，交通拥挤，延误较大；当拥挤度为D级时，强制车流，交通堵塞，延误最大。

5.2 基于仿真模拟的车辆分配模型

建立车辆通行的数学模型即建立一个将车辆进行合理分流，使整体车辆通行状况达到最佳状态的数学模型。本文将按确定单位时间内通过的车辆数、确定道路选择标准、确定车辆分流方案这3个步骤来建立车辆分配模型。

5.2.1 确定单位时间通过的车辆数

在这个区域内，所有车辆均有可能来到这个位置，且每一辆车能否到这个位置都是互不干扰的。单位时间内通过的车辆数服从泊松分布：

$$P(x = k) = \frac{\lambda^k}{k!}\mathrm{e}^{-\lambda} \tag{27}$$

因此，车辆行驶的这一段时间T内通过的车辆数N可以用计算机模拟产生的服从泊松分布的随机数λ来代替。考虑时间T内车辆到达情况服从均匀分布，则

当前道路上车辆数 N_0 随时间的变化函数为

$$N_0 = \frac{\lambda}{T}t \tag{28}$$

5.2.2 确定车辆分配标准

根据问题一中选取的三个层次，在每个层次中选取一个指标，运用层次分析法将选取的三个指标综合起来建立一个道路选择模型。考虑到行车效率（P）、延误时间（O）、运输网络饱和程度（E）这三个指标敏感度较高，到达目的地的整体性较优，具有代表性。根据公式（11）将三个指标进行归一化处理，问题一中已得出这三个指标的权重，具体见表 7。

表 7 三个指标占相应上一阶层的权重

指标	行车效率	延误时间	运输网络饱和程度
权重	0.059156	0.034509	0.15925

用权重比重的方法计算这三个指标的最终权重，其计算公式如下：

$$W_i = \frac{w_i}{\sum_{i=1}^{3} w_i} \tag{29}$$

运用上式计算，得到的结果见表 8。

表 8 三个指标的最终权重

指标	行车效率	延误时间	运输网络饱和程度
最终权重	0.233897	0.136445	0.629658

由表 8 的计算结果可得车辆分配函数：

$$y = z_2 b_2 + z_3 b_3 - z_1 b_1 \tag{30}$$

式中，y 表示道路拥挤程度。

根据车辆分配模型，每当出现开放小区支路情况时，我们可以用该模型帮助车辆进行道路选择。若当前道路的拥挤程度大于小区支路，则选择支路；反之选择当前道路。

根据表 6 中对道路拥挤度的分级，可评价小区开放对周边道路通行的影响。

5.2.3 确定车辆分流方案

根据车辆分配模型可得到车辆分流方案，其判断流程图如图 2 所示。

图 2 中，N、h 分别表示主干道和小区支路的车辆数。根据本文所建立的模型，

计算出主干道和小区支路的拥挤度后，即可利用上述流程图得出车辆分流方案，即主干道车辆数为 N 辆，小区支路车辆数为 h 辆。

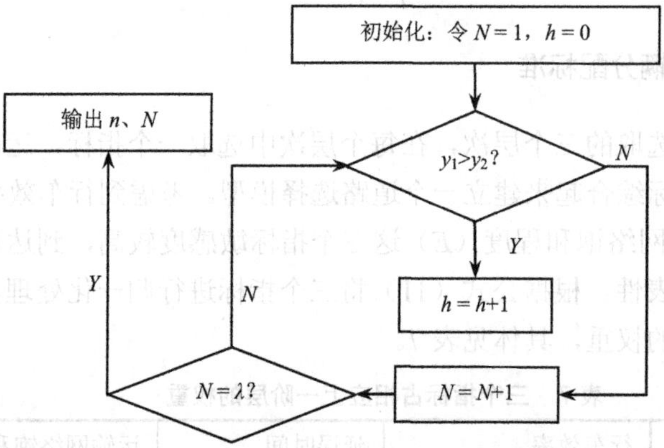

图 2　车辆分流方案流程规划图

5.3　不同类型小区开放前后对道路通行影响的定量分析

小区开放产生的效果与小区结构及周边道路结构、车流量有关，而小区结构主要由小区内支路的数目以及连接方式体现，周边道路结构由周边道路数目体现，车流量由小区地理位置体现。根据控制变量的原则，我们构建了单一主干道型小区、双主干道型小区、三主干道型小区和四主干道型小区 4 种小区类型，以进行定量比较，分析不同类型小区开放前后对道路通行的影响。

假定小区内所有车道均只能单向通行，并根据《城市道路设计规范》，设定以下参数：单行主干道宽度为 7m，小区边长为 450m，支路宽度为 4m，支路长度为 600m，主干道限速为 40～80km/h，支路限速为 20～40km/h。同时按照问题二中的车辆分配模型，运用计算机仿真模拟生成问题一评价指标体系中的相应指标。

5.3.1　单一主干道型小区

单一主干道型小区在城市中多见于依山傍水的高级建设小区。单一主干道型小区内部道路主要有两种形式：支路型和环路型。下面对这两种常见道路形式逐一分析。

1. 支路型

支路型小区模型图如图 3 所示。

O 点为设置的检测点，依据式（27）和式（28），通过 MATLAB 7.0 进行数值模拟，并结合问题一和问题二中各项评价指标的计算方法和模型，仿真模拟各项指标数据，见表9。

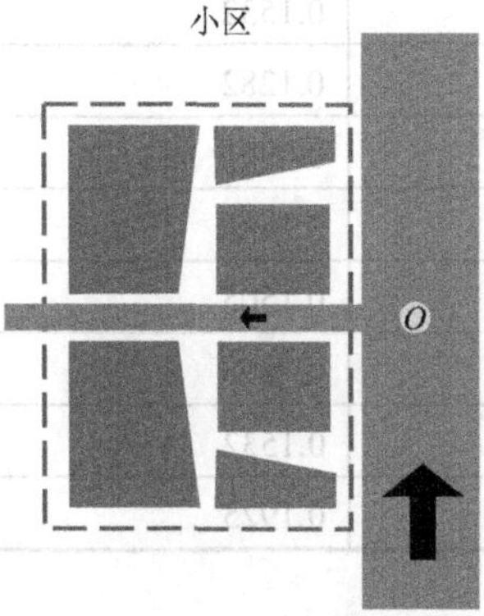

图3　支路型小区模型图

表9　支路型小区各项指标结果

指标	开放前	开放后
车流量	0.3181	0.1590
车流密度	65	45
行车效率	0.4576	0.6657
延误时间/s	33.25	28.178
行车时间/s	29.0543	24.2845
排队长度/m	24	15
饱和度	0.75	0.6
连通度	1.2	2.4

由表9可发现，道路通行水平有所提高，开放社区后车流量、车流密度减小，行车效率提高；交叉口服务水平有所提高，开放社区后延误时间、行车时间和排队长度减少；运输基础设施水平有所提高，开放小区后饱和度下降，连通度上升。单独从各个指标上来看，开放该类型的小区对缓解交通压力有比较积极的影响。

从整体来看，按照问题一中的方法建立综合评价指标来进一步分析开放小区对周边道路的影响。首先按照式（11）将各个指标归一化处理，结果见表10。

对指标进行归一化处理后，将其代入式（26），计算开放社区前后周边道路的拥挤度，并根据表6进行分级。结果见表11。

表10　支路型小区指标归一化结果

指标	开放前	开放后
车流量	0.1532	0.1332
车流密度	0.1282	0.1230
行车效率	0.0981	0.1617
延误时间/s	0.1486	0.0348
行车时间/s	0.1505	0.1374
排队长度/m	0.1898	0.1532
饱和度	0.1532	0.1332
连通度	0.1925	0.2722

表11　支路型小区开放前后拥挤度

项目	开放前	开放后
拥挤度	0.6329	0.2809
拥挤度分级	C级	A级

由表11可知，开放小区之后主干道拥挤度下降，拥挤分级也从C级降至A级。综上所述，不管从单一指标来看，还是从整体综合评价来看，支路型小区开放之后都能够对周边道路交通拥堵起到缓解作用。

2. 环路型

环路型小区模型图如图4所示。

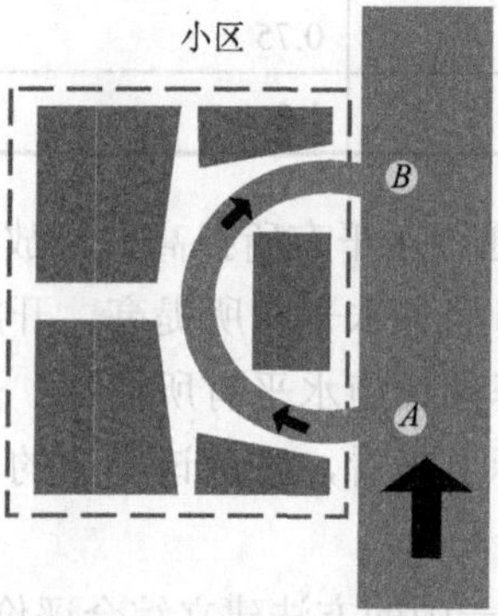

图4　环路型小区模型图

图4中，A 和 B 为检测点，A 点处于分叉路口之前，B 点处于车辆汇入口之后。当小区开放后，这两个点是车流量发生突变的两个点，数据敏感性高，检测

意义大。同理，仿真模拟各项指标数据，代入式（11），求得各个指标归一化后的值，结果见表12。

表12 环路型小区指标归一化结果

指标	未开放	开放时 *A* 点	开放时 *B* 点	开放时主干道整体
车流量	0.1532	0.1332	0.2098	0.1715
车流密度	0.1282	0.1230	0.1871	0.1550
行车效率	0.0981	0.1617	0.2108	0.1862
延误时间/s	0.1486	0.0348	0.1091	0.0720
行车时间/s	0.1505	0.1374	0.2127	0.1750
排队长度/m	0.1898	0.1532	0.2481	0.2007
饱和度	0.1532	0.1332	0.2298	0.1915
连通度	0.1925	0.2722	0.3685	0.3203

由表12可知，当小区开放时，*A* 点交通压力明显缓解，而 *B* 点由于车辆汇入交通压力变大，主要体现在车流量、车流密度、饱和度和排队长度增加上。但也存在一些指标轻度好转，比如通行效率和连通度提高。这样单以 *A* 点或者 *B* 点通行状况来评价整条路是不合适的，因此以 *A* 点和 *B* 点的均值来代表整条路的交通情况更合理。

开放小区后，主干道的各项指标中，有部分指标缓解交通压力，也有部分指标加重交通压力。进一步归一化后，再把各指标的数值代入式（26）中，以拥挤度分级来分析开放小区对周边道路的影响。结果见表13。

表13 环路型小区开放前后的拥挤度

项目	开放前	开放后 *A* 点	开放后 *B* 点	开放后主干道整体
拥挤度	0.6329	0.2809	0.9139	0.5974
拥挤度分级	C级	A级	D级	B级

由表13可知，开放小区后，拥挤度分级发生了改变，但拥挤度的变化不大，即主干道拥挤度相比于开放前并没有显著提升，基本处于同一水平。综上所述，开放小区后对周边道路基本不产生影响，在考虑小区内行人以及居民正常生活的前提下，不建议开放环路型小区。

5.3.2 双主干道型小区

双主干道的参数设置相同，即小区开放前，两条主干道的各项指标均一致。双主干道型小区模型图如图5所示。

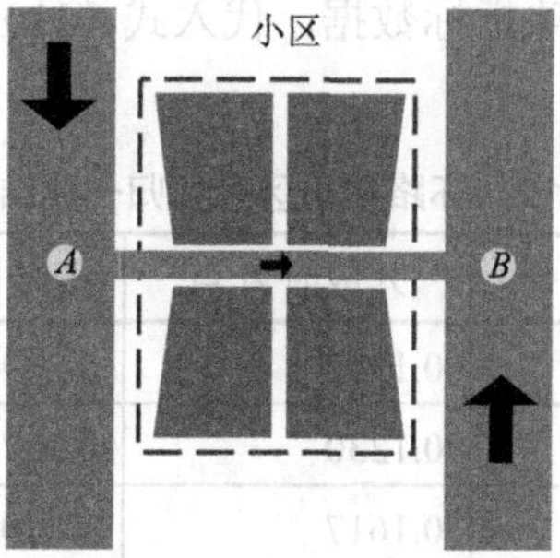

图5 双主干道小区模型图

如图5所示，A点和B点为设置的检测点，同理，依据式（27）和式（28），通过MATLAB 7.0进行数值模拟，结合问题一中各项评价指标的计算方法，仿真模拟A点和B点开放前后的各项指标数据，然后代入式（11），求得各个指标归一化后的值，具体结果见表14。

表14 双主干道型小区指标归一化结果

指标	未开放	开放时A点	开放时B点	开放时主干道整体
车流量	0.1277	0.1277	0.1702	0.1490
车流密度	0.1277	0.1277	0.1702	0.1490
行车效率	0.1371	0.1299	0.1875	0.1587
延误时间/s	0.1588	0.1619	0.2097	0.1858
行车时间/s	0.1530	0.1493	0.2066	0.1779
排队长度/m	0.1277	0.1277	0.1702	0.1490
饱和度	0.1099	0.0984	0.1543	0.1263
连通度	0.2722	0.2722	0.3629	0.3176

对指标进行归一化处理后，将其代入式（26），计算开放社区前后周边道路的拥挤度，并根据表6标准进行分级。结果见表15。

表15 双主干道型小区开放前后的拥挤度

项目	开放前	开放后
拥挤度	0. 3956	0. 4607
拥挤度分级	A级	B级

由表15可知，开放小区之后主干道拥挤度上升，拥挤分级也从A级升至B级。综上所述，双主干道型小区开放之后不能够对周边道路交通拥堵起到缓解作用。

5.3.3 三主干道型小区

三主干道型小区也比较常见，多见于一边靠山或者靠海的小区。三主干道型小区模型图如图 6 所示。

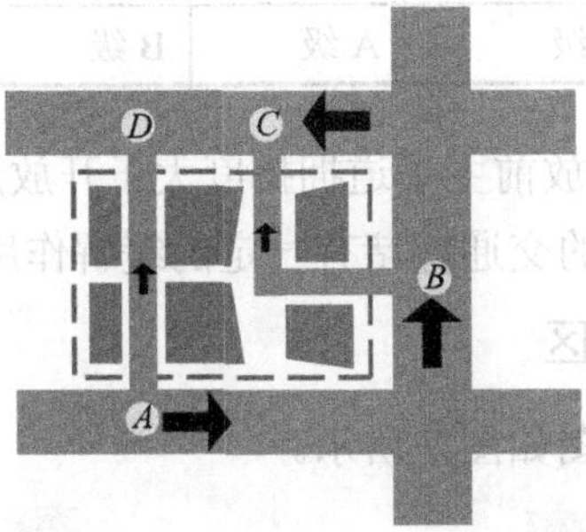

图 6　三主干道型小区模型图

同理，选择小区开放时会有车辆流出与汇入的 *A*、*B*、*C*、*D* 四个点作为检测点；仿真模拟各项指标数据并代入式（11），求得归一化的值，见表 16。

表 16　三主干道型小区指标归一化结果

指标	未开放	开放后 A 点	开放后 B 点	开放后 C 点	开放后 D 点	开放后 主干道整体
车流量	0.1149	0.1123	0.0749	0.2273	0.1549	0.1715
车流密度	0.1007	0.0836	0.0557	0.1844	0.1458	0.1550
行车效率	0.1654	0.1738	0.1159	0.3393	0.2012	0.1862
延误时间/s	0.1305	0.1206	0.0804	0.2512	0.1808	0.0720
行车时间/s	0.1149	0.1123	0.0749	0.2273	0.1549	0.1750
排队长度/m	0.1468	0.1389	0.0926	0.2858	0.2150	0.2007
饱和度	0.1149	0.1123	0.0749	0.2273	0.1549	0.1915
连通度	0.2722	0.3043	0.2029	0.5765	0.3415	0.3203

通过表 16 可以清晰地发现通过 *A* 点的分流各个指标都出现了好转，车流量、车流密度、排队长度都有所下降。然后经过 *B* 点的第二次分流各个指标好转情况更加明显。相反，*C* 点与 *D* 点由于车辆汇入，交通压力增大，各评价指标都有不同程度的加重。同样小区开放后以 *A*、*B*、*C*、*D* 四个检测点评价指标的均值代表主干道各项指标。

将以上归一化数据代入式（26），运用综合评价模型计算拥挤度，并对道路拥挤程度进行分级，结果见表 17。

表 17 三主干道型小区开放前后的拥挤度

项目	开放前	开放后 A点	开放后 B点	开放后 C点	开放后 D点	开放后 主干道整体
拥挤度	0.6162	0.2640	0.1812	0.5945	0.4636	0.4619
拥挤度分级	C级	A级	A级	B级	B级	B级

由表17可知，小区开放前主干道拥挤度大于开放后拥挤度。说明三主干道型小区开放后可对周边道路的交通拥堵有一定的缓解作用。

5.3.4 四主干道型小区

四主干道型小区模型图如图7所示。

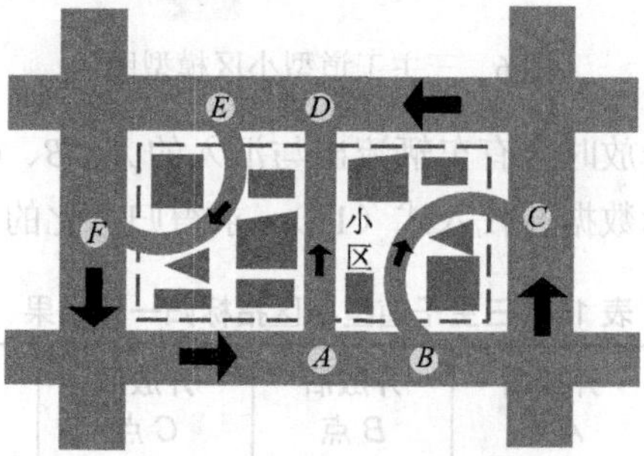

图7 四主干道小区模型图

同理，考虑四条主干道的车流量相同。如图7所示，A点至F点为设置的检测点，依据式（27）和式（28），仿真模拟各项指标数据，并结合问题一中各项评价指标的计算方法，获得A点至F点开放前后的各项指标数据，然后代入式（11），求得各个指标归一化后的值，具体结果见表18。

表 18 四主干道型小区指标归一化结果

指标	未开放	开放时 A点	开放时 B点	开放时 C点	开放时 D点	开放时 E点	开放时 F点	开放时主干道整体
车流量	0.1021	0.1021	0.0851	0.1731	0.1362	0.1021	0.1362	0.1196
车流密度	0.1021	0.1021	0.0851	0.1731	0.1362	0.1021	0.1362	0.1196
行车效率	0.1247	0.1151	0.0959	0.2046	0.1726	0.1343	0.1361	0.1405
延误时间/s	0.1749	0.1847	0.1539	0.3032	0.2266	0.1650	0.2364	0.2064
行车时间/s	0.1021	0.1021	0.0851	0.1731	0.1362	0.1021	0.1362	0.1196
排队长度/m	0.0916	0.0738	0.0615	0.1428	0.1340	0.1094	0.1162	0.1042
饱和度	0.1389	0.1308	0.1090	0.2298	0.1098	0.1472	0.1826	0.1498
连通度	0.1722	0.1925	0.2357	0.1878	0.2732	0.3043	0.2687	0.2939

对指标进行归一化处理后，将其代入式（26），计算开放社区前后周边道路的拥挤度并根据表 6 分级。结果见表 19。

表 19　四主干道型小区开放前后的拥挤度

项目	开放前	开放后
拥挤度	0.5586	0.3080
拥挤度分级	B 级	A 级

由表 19 可知，开放小区之后主干道拥挤度下降，拥挤度分级也从 B 级降至 A 级。综上所述，四主干道型小区开放之后能够对周边道路交通拥堵起到缓解作用。

5.4　关于小区开放的相关因素分析及合理化建议

5.4.1　小区类型与小区开放的关系

1. 小区类型与小区开放的关系分析

根据问题三中构建的小区类型，可以将小区粗略地划分 4 类，即单一主干道型小区（包括支路型和环路型）、双主干道型小区、三主干道型小区、四主干道型小区。不同类型的小区开放后对周边道路的影响是不同的。我们将小区可开放性 H 定义为小区开放前道路拥挤度与开放后道路拥挤度的比值。那么第 i 种类型小区可开放性 H_i 的具体计算方式如下：

$$H_i = \frac{Y_{1i}}{Y_{2i}} \tag{31}$$

式中：Y_{1i}、Y_{2i} 表示小区开放前和小区开放后第 i 种类型小区主干道的道路拥挤度。

由以上公式可知小区可开放性 H 越小，小区开放的可能性越小。$H=1$，表示小区开放前后对交通压力无影响。根据式（26）和式（31），求得不同类型小区的可开放性，见表 20。

表 20　不同类型小区的可开放性

小区类型	单一主干道支路型	单一主干道环路型	双主干道型	三主干道型	四主干道型
开放前	0.6329	0.6329	0. 3956	0.6162	0.5586
开放后	0.2809	0.5974	0. 4607	0.4619	0.3080
H	2.253115	1.059424	0.858693	1.334055	1.813636

2. 高峰情况与小区开放的关系分析

由问题三可知，单一主干道环路型等类型的小区的开放对缓解交通压力作用并不明显，反而造成了小区内的安全问题和环境问题。因此，一般情况下不主张开放单一主干道环路型小区。而在一些紧急的、交通压力很大的情况下，也可以开放一段时间以缓解交通压力。以环路型小区为例，其开放前与开放后 A 点、B 点各指标归一化值见表 21。

表 21 环路型小区开放前后检测点的归一化指标

指标	未开放	开放时 A 点	开放时 B 点	开放时主干道整体
车流量	0.1532	0.1332	0.2098	0.1715
车流密度	0.1282	0.1230	0.1871	0.1550
行车效率	0.0981	0.1617	0.2108	0.1862
延误时间/s	0.1486	0.0348	0.1091	0.0720
行车时间/s	0.1505	0.1374	0.2127	0.1750
排队长度/m	0.1898	0.1532	0.2481	0.2007
饱和度	0.1532	0.1332	0.2298	0.1915
连通度	0.1925	0.2722	0.3685	0.3203

分析表 21 可知，虽然小区开放后主干道整体上相比于开放前没有出现评价指标的显著好转，但在 A 点存在的车辆分流作用，极大地减轻了该路段的交通压力，起到了瞬时减压的作用。因此，建议在早、中、晚交通高峰期开放此类小区。

3. 行人阻抗与开放的关系分析

小区开放后，小区内部道路会受到行人与非机动车辆的影响，进而影响行车速度和行人的安全。本文仅以只考虑行人且非机动车干扰系数 $\eta_1 = 0.8$ 的情况为例。小区开放情况下支路的行驶时间的具体算法如下：

$$T_2 = \alpha_2 + 0.15\left(\frac{1.25X_2}{\eta_2}\right)^4 f_2 + d_2 \tag{32}$$

式中：T_2 为小区开放时支路的行驶时间；α_2 为小区支路通畅时的行驶时间；X_2 为小区支路路段的饱和度；η_2 为行人干扰修正系数；f_2 为小区支路路段的车流量。

将问题三中单一主干道支路型小区的参数代入式（32），得到 T_2 与 η_2 关系图，如图 8 所示。

由图 8 可知，支路的行驶时间随着行人干扰修正系数减小而增加。建议将人行道与机动车道分开，提高小区支路通行能力。

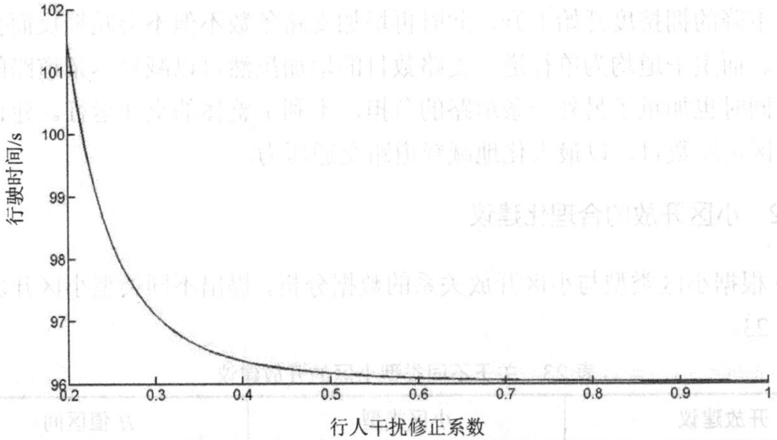

图 8　支路行驶时间与行人修正系数的关系

4. 支路条数与小区开放的关系分析

一般情况下，小区内部支路条数越多，小区开放后对交通压力的缓解能力越大，但实际上过多的岔路口会造成车辆的滞留，反而不利于缓解交通拥堵。小区内部支路开放条数示意图如图 9 所示。

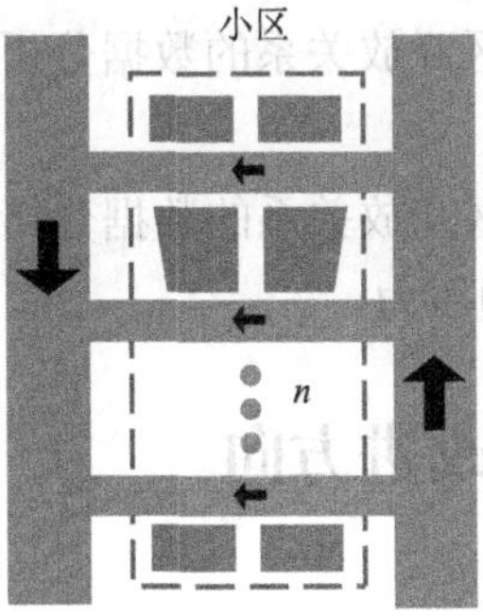

图 9　小区内部支路开放条数示意图

本文以问题三中的实际情况为例，说明支路条数与拥挤度之间的关系。具体见表 22。

表 22　支路条数与拥挤度关系

支路条数	1	2	3	4
开放前拥挤度	0.6264	0.6264	0.6264	0.6264
开放后拥挤度	0.5633	0.4591	0.5122	0.5582

由表 22 可知，开放后拥挤度随着支路条数变化而变化，当支路条数大于 2

时，原本下降的拥挤度开始上升，此时再增加支路条数不但不会减轻反而会加重交通阻塞。而主干道均为单行道，支路数目的增加虽然可以减轻本条道路的交通压力，但同时也加重了另外一条道路的负担，不利于整体的交通运行。建议设置合理的小区道路数目，以最大化地减轻道路交通压力。

5.4.2 小区开放的合理化建议

（1）根据小区类型与小区开放关系的数据分析，提出不同类型小区开放的建议，见表23。

表23 关于不同类型小区的开放建议

开放建议	小区类型	H 值区间
建议开放	支路型、四主干道型	$H > 1.5$
条件开放	环路型、三主干道型	$1 < H < 1.5$
不建议开放	双主干道型	$H < 1$

（2）根据高峰情况与小区开放关系的数据分析，建议在早、中、晚交通高峰期开放此类小区。

（3）根据行人阻抗与小区开放关系的数据分析，建议将人行道与机动车道分开，提高小区支路通行能力。

（4）根据支路条数与小区开放关系的数据分析，建议设置合理的小区道路数目，以最大化地减轻道路交通压力。

六、模型优缺点及改进方向

6.1 模型的优点

（1）本文从道路通行水平、交叉口服务水平和运输基础设施水平三个方面对道路拥挤度进行分析，考虑的影响因素覆面较广、代表性强，并运用层次分析法确定出综合评价指标，建立评价指标体系，增强模型的实用性与快捷性。

（2）本文构建的小区类型较全面，并通过控制变量的方式进行“横向”和“纵向”比较，较为全面地反映出小区开放对其周边道路交通的影响。

6.2 模型的缺点及改进

（1）本文在评价指标的选取上，数目需要增加，全面性仍需进一步提高。

（2）本文在小区类型的构建上存在较强的主观性，与现实中的小区设置有差异。

（3）从建立层次结构模型到给出成对比较矩阵，主观因素对整个过程的影响很大，这就使得结果难以让所有决策者接受。可运用专家群体判断的办法加以克服。

6.3 模型的推广

（1）可通过改变该模型各指标的权重以完成不同侧重点的评价，如通过增加运输基础设施水平的权重来侧重体现出基础设施建设对小区交通的影响。

（2）可增加该模型各类评价指标数目，增强模型评价的全面性。

（3）采用的改进层次分析法避免了主观因素的干扰，能客观地进行多目标的综合评价，是一种用于科学决策的经济效益综合评价实用方法，可应用于企业综合实力的评价、大学实力的综合评定和医疗效率的综合评价等方面。

参考文献

[1] 陈宽民．道路通行能力分析[M]．北京：人民交通出版社，2011.

[2] 赵明，侯忠生，晏静文，等．数据驱动的信号交叉口交通状况评价[C]//中国自动化学会控制理论专业委员会（Technical Committee on Control Theory, Chinese Association of Automation）．第二十七届中国控制会议论文集．北京：北京航空航天大学，2008：5.

[3] DOWLING R. Definition Interpretation And Calculation Of Traffic Analysis Tools Measures of Effectiveness -Final Report[R]. Dowling Associates, 2006.

[4] 任福田，刘小明，荣建．交通工程学[M]．北京：人民交通出版社，2008.

[5] 李向朋．城市交通拥堵对策——封闭型小区交通开放研究[D]．长沙：长沙理工大学，2014.

[6] 任乐．道路运输服务体系评价指标体系研究[D]．西安：长安大学，2004.

[7] 郭金玉，张忠彬，孙庆云．层次分析法的研究与应用[J]．中国安全科学学报，2008（5）：148-153.

[8] HILLIER F S, LIEBERMAN G J．运筹学导论[M]．胡动权，译．北京：清华大学出版社，2007.

[9] 王尧．城市道路交通拥堵评价与判定方法研究[D]．北京：北京工业大学，2014.

【论文评述】

本文以“小区开放对周边道路交通影响综合评价模型”为标题，将问题与优化方法结合在一起，贴切准确。

本文从道路通行水平、交叉口服务水平和运输基础设施水平三个方面对道路拥挤度进行分析，考虑的影响因素覆盖面较广、代表性强，并运用层次分析法确定出综合评价指标，建立评价指标体系，增强模型的实用性与快捷性。本文构建的小区类型较全面，并通过控制变量的方式进行“横向”和“纵向”比较，较为全面地反映出小区开放对其周边道路交通的影响。

在模型建立过程中，模型假设科学、合理、专业，针对每个模型进行分析、建立、求解，条理清楚；同时，大量使用表格，使论文结构层次清晰、脉络分明。

（魏调霞）